U0189765

中国服饰之美

中国文物学会纺织文物专业委员会　审定

王亚蓉　贺阳　主编

安蕾　副主编

中国纺织出版社

内容提要

为了更好地将我国古代服饰在抢救、保护、研究、传承、创新、开发等一系列研究领域进行有机整合，将传统服饰文化精髓与现代科技创新相结合，2018年10月，由中国文物学会纺织文物专业委员会主办、北京服装学院承办的“中国文物学会纺织文物专业委员会第四届学术研讨会”正式召开。本论文集就是这场学术交流的集中体现。

本论文集在沈从文先生逝世三十周年之际出版，以秉持先生“以物证史”的研究精神，采用第一手资料研究，结合现代考古发掘、民族学研究成果等材料，深入细致地分析了大量中国古代文献记载与考古文物图片，以传统服饰为基点，内容涉及历代传统服饰的考古发现与保护研究，中国传统服饰的研究、设计与复织，运用中国传统元素设计创新服饰研究等。多角度、多维度对服饰进行了阐述和论证，彰显了中华传统服饰文化的永恒魅力。

图书在版编目(CIP)数据

中国服饰之美 / 王亚蓉，贺阳主编 .-- 北京 ：中国纺织出版社，2019.1

ISBN 978-7-5180-5455-8

Ⅰ. ①中… Ⅱ. ①王… ②贺… Ⅲ. ①服饰—历史—中国—文集 Ⅳ. ① TS941.742-53

中国版本图书馆 CIP 数据核字（2018）第 225372 号

策划编辑：李春奕　　责任编辑：谢婉津　谢冰雁　苗　苗
责任校对：楼旭红　　责任设计：何　建　　责任印制：王艳丽

中国纺织出版社出版发行
地址：北京市朝阳区百子湾东里 A407 号楼　邮政编码：100124
销售电话：010—67004422　传真：010—87155801
http：//www.c-textilep.com
E-mail：faxing@c-textilep.com
中国纺织出版社天猫旗舰店
官方微博 http://weibo.com/2119887771
北京玺诚印务有限公司印刷　各地新华书店经销
2019 年 1 月第 1 版第 1 次印刷
开本：889 × 1194　1/16　　印张：20
字数：290 千字　　定价：88.00 元

凡购本书，如有缺页、倒页、脱页，由本社图书营销中心调换。

编委会

主　编： 王亚蓉　贺　阳

副主编： 安　蕾

顾　问： 安家瑶

编　委： 贾　汀　赵　娜　高丹丹

刘育红　赵芮禾

主办单位： 中国文物学会纺织文物专业委员会

承办单位： 北京服装学院

序一

2014年10月，中国文物学会纺织文物专业委员会在江西省靖安县成立了。四年来，纺织文物专业委员会不断成长壮大，在研究、保护、实验考古等方面的成果累累。2018年10月，中国文物学会纺织文物专业委员会和北京服装学院联合主办第四次年会，这将是纺织考古、纺织文物保护和传承的一次盛会。

纺织技术是人类文明进程中的不可缺少的重要一环。中国纺织历史悠久，特别是蚕丝的最早利用带动了丝织技术的高度发展，到春秋战国时期，丝织品已十分精美，是罗马帝国贵族争相炫耀的奢侈品。丝绸之路应运而生，并成为联系东西方文明的纽带。我国有着极为丰富的纺织品和服饰的文物资源，但有机物难以保存与提取是世界性难题。王孖和王亚蓉自20世纪70年代即参与考古现场的纺织品的提取和保护，通过大量的考古实践：马王堆汉墓、荆州马山楚墓、法门寺地宫、新疆尼雅古墓群、老山汉墓、靖安东周墓等丝织品的提取和保护，探索出一套行之有效的科学技术，并培养出一批年轻的技术骨干，为我国纺织服饰品的保护复原与研究做出了杰出贡献。

纺织品与现代文明息息相关。把我国优秀的传统文化与当代社会需求结合起来，将我国古代纺织和服装进行创造性转化和创新性发展，激活其生命力，创作出跨越时空、超越国度、富有永恒魅力的作品，引领生活时尚，这是文物界的梦想，也是社会需求。北京服装学院在这方面进行了有益的探索并取得瞩目的成绩。

预祝中国文物学会纺织文物专业委员会第四次年会举办成功！

安家瑶

2018年8月26日

安家瑶

中央文史研究馆馆员，中国社会科学院考古研究所研究员，德意志考古研究院通信院士，中国文物学会副会长。

长期从事隋唐长安城的考古发掘和研究，主持多项重要考古发掘，如：唐长安大明宫含元殿、太液池及丹凤门遗址；唐九成宫37号殿址；唐长安城西明寺、西市、圜丘遗址等。近年致力于中国文化遗产的保护和展示工作。

序二

“分别礼数，莫过舆服。”

服制是古代中国传统礼制的重要组成部分，作为一个多民族国家，中国各民族服饰又有着其独特的传统与风格，服饰蕴含着礼制传统与地域文化，其中织造技艺是服饰构成的技术基础，同时传说、神话、习俗以及手工艺人的个性又使得同一区域各民族的服饰呈现出多元特征，最终形成中国服饰文化丰富多元的历史脉络。

中国文物学会纺织文物专业委员会与北京服装学院合作举办的“中国文物学会纺织文物专业委员会第四届学术研讨会”，旨在通过考古出土以及传世纺织服饰文物的保护、修复与研究等手段，促进中国纺织服饰文化的传承与发展。此次大会特邀各大博物馆、研究机构和高校的专家学者，进行多学科的研究和交流，拓宽研究的深度和广度，为传统纺织服饰文化的研究和设计创新搭建平台。

本次研讨会论文征集主题分为三个方面：一、历代传统服饰的考古发现与保护研究；二、中国传统服饰研究、设计与复织；三、运用中国传统元素设计创新服饰研究。在众多的来稿中我们甄选出最有价值的论文编辑成书，为读者提供有学术意义的研究方法和研究成果。许多作者以各自的学术优势，从文献、图像和实物等多方面进行考证，研究领域涉及传统纺织服饰的礼仪、功能、形制、结构、纹样、织造等，让我们一窥传统服饰的体系和服饰传承的方法。出土和传世的纺织服饰品的样式、色彩、纹样、技艺等，既是文化历史的基因，也是仍在实际生活中延续与传承的活化石。

以王亚蓉先生为领军人物的“实验考古”方法，按出土实物的原貌进行纺织服饰的“复原”，以严谨的方法与程序，复制古代织物纤维、织机、织造技术以及成衣等，在复原过程中感悟先人的造物方法与观念，再现传统服饰令人惊叹的技艺高度与美学质量，这是切实了解中国古代生活文化与精神价值的科学途径，是最踏实、最具实践性的方法。

“礼失求诸野”。2016年，我们在中国社会科学院考古研究所修复的明代服装上发现，其领子剪裁方法、结构与苗族、瑶族、彝族、柯尔克孜族等民族服装结构惊人的一致；之后又在中国丝绸博物馆发现早至汉代、宋代的服装也是一样的领部结构。这说明古代的服饰制度依然存活在如今的乡野民间，一些少数民族地区服饰还在沿袭传统的制衣结构与方法。于是我们组织到少数民族地区进行田野考察，研究其服饰结构、穿着方式以及服饰印染方法、纹样制作、缝纫技艺等，抢救性记录散落在少数民族地区的中国传统服饰结构的遗存与线索。

“实验考古”“田野考察”都是从最直观的实物和造物程序入手，结合文献和图像的考据以再现与印证传统服饰的构成，是细化、完善中国服饰技术与文化史研究的最直接、有效的方法。随着考古学的不断发展和研究的深化，新的科技手段的介入，以及一代代研究学者的不懈努力，我们会更多地领会传统服饰文化传递的重要信息，这些信息在古代构成了中国独有的服饰系统，定义了中国礼制要素与精神基因，也会在将来指引子孙后代在日渐西化的语境中永不迷失自己的文化来源与方向。

传统服饰文化是博大的设计灵感源泉与基因库，将传统的服饰资源转化为设计生产力，利用设计创新拉近现代生活与传统文化的距离，让我们的存在变得更加踏实、自信、独特、辉煌。

贺阳

2018年8月于北京

贺阳

北京服装学院民族服饰博物馆馆长，教授，博士研究生导师。

专注中国服饰研究，主要研究方向：中国服饰传统中“节用”与“慎术”造物观，“人与物”“器与道”之间的关系，服饰礼仪、功能、材料与技艺，当代中国服饰创新设计等。主持多个科研项目、艺术策展，发表多篇论文，出版多部学术专著。

主要设计作品：2008年北京奥运会、残奥会系列服装，中华人民共和国60周年庆典北京志愿者服装、群众游行国旗、国徽方阵服装，第十六届亚运会颁奖礼仪服装，航天员中心“神七”“神九”“神十一”宇航员舱内工作服、睡袋包、地面保暖装置等。作品曾在中国美术馆展出。

主要荣获奖项：中华人民共和国科学技术部颁发的科技奥运先进个人，首都统战系统参与奥运、服务奥运先进个人，中国创新设计红星奖特别奖，“中国国际青年设计师大赛”银奖，北京市宣传文化系统“四个一批”人才（文艺界别），2008年北京教育教学成果一等奖，北京市师德先进个人，北京服装学院建校50周年特别贡献奖，纺织之光教师奖等。

致读者

由中国文物学会纺织文物专业委员会主办、北京服装学院承办的“中国文物学会纺织文物专业委员会第四届学术研讨会”即将于2018年10月开幕。受纺织文物专业委员会会长王亚蓉委托，中国纺织出版社有幸参与本届学术研讨会学术专著《中国服饰之美》的出版工作，为推动我国传统纺织服饰文化的保护、传承与发展尽一份绵薄之力。

中国素有“衣冠王国”之美誉，在长期的社会实践中，各族人民以聪明才智和卓越技艺创造了绚丽多彩的纺织服饰艺术。传统的纺织服饰是当今中国纺织服装设计的灵感源泉，只有深刻解读，才能在时尚设计中传达深挚的文化意蕴，使设计有深度、有内涵。然而，纺织服饰文物易腐蚀、不易保存，其抢救和保护工作异常艰巨，也使得相关研究窒碍难行。

在这样的背景下，中国文物学会纺织文物专业委员会已经连续三年举办学术研讨会，为全国文博、考古、教学与研究机构的专家、学者、师生提供了学术交流的平台，并甄选优秀的研究成果结集成书，共享学术成果，传播优秀传统文化，增强中华民族的文化自觉和文化认同。

2018年正值中国服饰研究泰斗沈从文先生逝世三十周年，沈先生钜儒宿学、博物通达，践行“以物证史”，开创了中国古代服饰研究事业。本届学术研讨会倡导沈先生的研究精神，立足实物与文献考察，弘扬“中国服饰之美”。专著集合多位研究者的专题性研究成果，对传统纺织服饰进行多维度的系统梳理和深入研究，具有重要的学术价值。

作为沈从文先生的助手，王亚蓉老师沿着先生开创的道路身体力行，在纺织考古、研究领域工作逾40年，贡献卓越，被誉为“大国工匠”，为了培育新人、传播知识，还不辞辛苦在北京大学、北京服装学院、中国社会科学院担任博士、硕士生导师，并为我社专业图书出版提供学术指导。而作为全国知名时尚学府的北京服装学院，一直致力于中国传统服饰文化传承与设计创新，以贺阳教授为杰出代表的高校教师，集教学、研究与设计于一身，硕果累累。

中国纺织出版社是国内唯一以纺织服装图书为主的专业出版社，专注优质图书的耕耘，期望携手各位专家、学者、院校与机构，肩负起保护、传承、传播传统文化的使命，使其流光溢彩、永存后世，也为行业发展带来有益的思考与启迪。

中国纺织出版社

2018年8月30日

目录

美之韵生

——再见旗袍之美

鲍殊易 ❶

摘　要：就旗袍之美展开论述，百年旗袍的传统似乎并不很长，但在华夏文明历程中，仍可作为同时期服饰文化的索引，以它为点，可窥当时时物之线条、工艺发展之高度、人文精神的社会状态等。于今，对传统旗袍之美的继承、理解、创造该持有开放的态度，用现代化的、工业化的、信息化的现代模式和传统旗袍对话，最大限度地将其纳入到我们的生活中，在实践中体会旗袍之美。为传统之美在文化继承和商业消费市场的对话过程中注入新的动力。

关键词：旗袍的结构之美；审美标准；继承；创新

The Nurture of Beauty

— The Recurrence of Cheongsam's Art

Bao Shuyi

Abstract: This essay mainly discusses the beauty of Cheongsam. Compared with the word "tradition", the hundred-year Cheongsam is seemed so young. However, in the history of Chinese civilization, it is still considered as the index of contemporary dress culture because it is a kaleidoscope to refract the shape of objects, the development of craft, and the humanistic spirit of society at that time. Nowadays, it should be open-minded to the inheritance, comprehension and creation of Cheongsam's beauty, as well as talking to traditional Cheongsam in a mordernized, industrialized and informational mode, through which Cheongsam could be brought into our life at the greatest extent and its beauty could be represented in practice. Therefore, a new force could be added into the traditional beauty during the conversation between cultural inheritance and commercial custom market.

Key Words: the structure beauty of Cheongsam's ; aesthetical standards; inheritance; creation

❶ 鲍殊易，鲁迅美术学院讲师。

再见旗袍之美，已是芳华数载。

一、传统

旗袍作为有着百年历史传承的服饰品种，承载了很多的华夏服饰文化变迁。时年，官方就曾对其做过详细的规定，并写入法令，昭告天下。包括对穿着人的限定，旗袍的结构搭配，并严格规定了其社会属性等。这是一种自上而下的审美要求，对旗袍的后期发展输入了很多外化的意义，如礼仪性。虽然有着严格的规定，但却无法限制其作为生活用品在日常生活中的流动性。这种横向的流动性，表现为款式上的悄然融合（旗袍与汉族服饰的融合），审美上的逐渐认同。这是旗袍得以连续传承的动因之一。

这种连续传承的关系还表现在旗袍自身结构的演变上，即形成了自己完整的制作工艺体系。包括结构设计上的技术演变（裁剪技术的不断更新），相对应的对纺织面料的适应性增强（旗袍面料的选择多样性），稳定且具有标识性的部件组合（立领圆头，偏襟，开衩等的部件设计）及盘口的专业制作工艺（嵌条的制作，针脚的处理）。

二、现今

一种被社会生活广泛认同的审美观表现在服饰上，呈现的是以某一服饰品种为基调的形象被大量的复制，旗袍在繁盛时期亦然。而今，社会和人在彼此构建过程中，通过高速大量的交流，使时间和空间被以不同的方式定义。人类无法停止，却为内心而驻足思考。一种审美观长时间普遍被接受已很难满足人类心灵的建设，甚至人们对审美活动本身都给予了不同的理解和诠释，服饰在面对审美多样性的时候也必然在形式和意义上不断改变，重新定义。现今旗袍亦然。

“胖不可穿，矮不可穿。”很多人没有接触过旗袍，却在试穿之前在心理上层层设限，抛开对以往旗袍经典造型的极端记忆，更多的是对旗袍所表现的女性完美韵味的一种心理忌惮，抑或是现今人们对自我存在心理的关注。如今，旗袍已经不再是人们对美的述求的唯一途径了。需求的改变，使旗袍作为消费产品的设计结构组成也相应改变。现在的旗袍会出现在旗袍爱好者和钟情中式风格的消费者身上。表现在产品上就是外形接近传统旗袍形式的旗袍和含有旗袍元素的改良旗袍两大类，这是一种日常的穿着。另外，旗袍还会出现在礼仪性场合，如作为职业服，演出服，婚庆服装等，尤其是会出现在时装表演的舞台上，这不是产品的发布，而是一种纯粹的以展示旗袍为目的的演出。这类旗袍更多的是一种即时功能性的体现，旗袍本身只是一种大的主题概念，演出效果才是目的。最后，还会在展览馆、博物馆等处看到旗袍。旗袍这时多为历史遗留的老物件，它以实物和照片等不同的形式出现。这时的旗袍本身是一种旗袍文化的传承，是一种华夏服饰文化的宣传和保护。展示时的旗袍不具有实用功能。

三、旗袍之美

旗袍在现今所呈现的多样性，也使其本身的审美内容变得更加丰富。

（一）结构工艺之美

立领、偏襟、纽襻、小冒袖、开衩，在服装结构上做到高度提炼，这种提炼最大程度地将女性的脖颈、肩部、身体进行了归纳，这种近乎符号化的简洁处理，使旗袍在世界服装类别中保持着自己独特的魅力。这也是很多人对旗袍一直执迷的原因。然而，现今的旗袍他们看不懂了，如装袖线条过挺、领口过散、假偏襟与后拉链、紧身程度与高开衩等。

当年制作旗袍的老艺人掀布于空，铺展于平案之上，剪一刀则转眼幻化成一件旗袍，这旗袍结构上是宽松连袖便于行动的低开衩，要的是人体与面料之间存有一定空隙，使穿着者在行动时，身体若隐若现，体现的是当时当境女性所普遍认同的一种含蓄美。现今，女性的社会角色变得非常丰富，即使同一个人在不同的时间、空间也会有不同的形象定位。她们对身体结构、面部妆容、发饰都有了更高的要求，并且随着科技的发展，这些形象的塑造绝非难事。丰富的女性形象预示着女性审美的内容也变得更加丰富。这种强烈而独立的自身定位，在面对服饰时，审美主体是女性本身，而不是服饰。旗袍也不例外。

所以，当今旗袍在围度上的加放量控制在 3~4cm，如果用弹力面料都还要负加放时，让很多人反感的高开衩也就理直气壮地出现了。这是审美主体对自己健康曲线的展示，另一方面功能上也就必须放开了。这种尺寸甚至攀爬到超短裙位置的高开衩，有人认为是对旗袍的亵渎，离经叛道。而旗袍作为社会产物，对社会实际生活的折射作用是不可避免的，高开衩的出现是这一综合文化和审美的实际写照。相反，按图索骥回归到以前的位置，在旗袍日常穿着的推广上，反倒起到了抑制作用，毕竟旗袍不是现今生活的基本服饰。说到日常穿着，高开衩反倒好解决（这毕竟是依据个人品位，工艺处理相对简单），其实真正让很多人放弃旗袍的却是旗袍的立领。因为，脖子粗、脖子短、立领的紧束感都使很多人望而却步，设计人员与其纠结开衩的上升与下落，不如就旗袍市场化后，旗袍立领的内外领轮廓线与领口线的协调多做研究，使旗袍立领对穿着者脸型的修正，脖子的曲线设定与舒适度，季节要求等有更大的适应性。

说到适应性，也就提到了现在占主流消费市场的量产旗袍，这些量产旗袍所呈现的特点，恰恰也就是之前我们提到很多人对现今旗袍有很多看不懂的“缺点”。现今的量产旗袍以国标尺寸作为依据，结合各自品牌的消费客户信息，做适当调整，当然仍难免在结构造型上因人而异，就连南方产的旗袍在北方都会有很大的号型差异。量产本身这个适应大多数的模糊值和旗袍结构上要求的精度值必然出现落差。落差虽然存在，但量产旗袍也使旗袍第一时间出现在消费者面前，它本身紧密结合目前飞速发展的纺织行业，使新的面料花型，富含纺织工艺的材质与消费者见面，加之融入针对品牌定位和审美情趣的专业设计。现今的旗袍就像很多现代化产品一样，符合现代消费节奏，并且在快速而大量的和消费者对话过程中，完善自身审美结构，塑造新的旗袍审美方向。

那么旗袍的精致度呢？其实，旗袍比照之前，在结构上的要求更加精细了。很多人对现今旗袍的审美标准是相当于第二层皮肤。消费主体不论拥有什么样的体型状况，在面对旗袍时，都想拥有线条美，贴体度高，规避体型缺陷，在穿着旗袍时最大限度地达到内心对旗袍完美意向的指标。旗袍定制模式的大量出现，一方面弥补了量产旗袍的模糊值，满足了现代人对现今旗袍的精致审美要求。更重要的是，旗袍定制模式使现代人找到了和传统旗袍文化深入接触的途径。现今的人不管是对旗袍传统文化了解也好，还是内心对旗袍之美臆想也罢，在定制过程中，其实是在和定制设计师共同对传统服饰之美的一次继承，也是对现今旗袍之美的一次定位。未来旗袍的审美形式，其实是现代人和现代生产模式共同锻造的。

换言之，我们对传统旗袍之美，对传统旗袍结构工艺之美的继承、理解、创造该持有开放的态度，用现代化的，工业化的，信息化的现代模式和传统旗袍对话，最大限度的将其纳入到生活中，在实践中体会旗袍之美。

（二）旗袍的内在美

在生活中体会旗袍的美，但有时候我们觉得不美。例如看到阿姨们撑伞持扇，迈着夸张的台步，穿着浓烈色彩的大花旗袍，我们会觉得造作，失去了旗袍含蓄的美。又如旗袍用色，有人认为旗袍本该用色清雅，穿上道骨仙风，仙气逼人。用色纯度过高，图案装饰都会抹杀旗袍的气质。

但其实素雅的旗袍着实对穿着者的体态、气质要求很高，稍不留神，可能会被认为具有一定的宗教信仰。而时下，又是一个多元化的社会，旗袍的内在美难道只有含蓄吗？今天对女性美的定位立体、多层次，含蓄优雅绝不该是旗袍所担负的唯一装饰职能，也许就是为了表达内心，如表达性感。也许就是为了适宜场合需要，如年会婚礼。也许就是样貌平平，穿旗袍搏个特别，要个点击率。毕竟旗袍在现今林林总总的服饰品中穿着者还是较少的。

最终，其实就又说到了对传统美，对传统旗袍之美的理解、继承、再创造上。

旗袍是有形的物质文化遗产，蕴含着国人精湛的手工技艺之美，承载国人对逝去岁月的完美记忆。因此很多人对旗袍之美的理解停留在旧时的记忆中，难以割舍，认为旗袍有如之前提到的神韵、形制，乃至工艺制作都是以前的好。指责一些穿旗袍的人不懂旗袍，穿跑了调调。时过境迁，即使现代人完全穿对了以前的旗袍，又怎么能穿出从前的味道？又非影视戏剧创作，为何日常穿着也一定要穿出从前的味道？有如汉服，过分强调形制，既穿不出汉风，又失去了更多的和现代人沟通的机会，从汉服之风最热时发展到现在也没有找到一种恰当的存在模式。

很多喜欢旗袍的人的确不了解旗袍的文化背景知识，但是她们欣赏旗袍之美，并且亲身尝试，以自己的方式和理解去创作它的美，有时方式可能过于形式化，就如之前说的表演性的旗袍秀，不过这也恰恰说明民间对传统旗袍乃至传统文化的热爱，却又缺少正确的引导和基本知识的普及，这也是继承过程中对传统美的丧失。因此，人们穿旗袍表演时，就一定要撑个伞，持个扇，这也就是大家粗浅的记忆，实属正常。复原一般旗袍的形式，以致气韵，且要求所有人遵守，于旗袍的推广来说是不理智的。

几千年的华夏文明绵延久远，百年旗袍的传统似乎并不很长，但在这百年的历程中，旗袍仍可作为同时期华夏文化的索引，以它为点，可窥当时时物之线条、工艺发展之高度、人文精神的社会状态等。如今，在对旗袍乃至传统文化的继承上，也该立足文化背景，在尊重和保护传统工艺的基础上，投入新的艺术设计，设计出符合时代需求的产品。为传统之美在文化继承和商业消费市场的对话过程中注入新的动力。

人们对旗袍饱含华夏文化孕育魅力的认同和喜爱将和华夏文明一起一直走向远方。

参考文献

[1] 板仓郎寿 . 服饰美学 [M]. 李今山，译 . 上海：上海人民出版社，1986.
[2] 范玉吉 . 审美趣味的变迁 [M]. 北京：北京大学出版社，2006.
[3] 贡布里希 . 艺术与人文科学：贡布里希文献 [M]. 范景中，译 . 宁波：浙江摄影出版社，1989.

清东陵温僖贵妃“暗花绫镶织金锦两腰绵裤”修复保护研究[1]

高丹丹[2] 王亚蓉[3]

摘　要：“暗花绫镶织金锦两腰绵裤”为清东陵景妃园寝内墓主温僖贵妃身穿的内衣。本论文通过对文物现状分析、修复前信息采集、制订修复方案、消毒除霉、清洗、干燥整形，以及修复前后数据参数对比、预防性保护建议等多个方面，开展绵裤的修复保护及研究工作，探索纺织品文物修复实验研究，为以后此类服饰的修复研究提供一定的参考和借鉴。

关键词：清东陵；温僖贵妃；两腰绵裤；修复保护；研究

The Restoring and Protecting Research on "The Dual-waist Hakama made of Shadow Floral Twill and Gold Brocade" of Noble Consort Wenxi Buried on East Cemetery in Qing Dynasty

Gao Dandan　Wang Yarong

Abstract: "The dual-waist hakama made of shadow floral twill and gold brocade" is the underwear of Noble Consort Wenxi, who was buried in the Jingfei park of East Cemetery in Qing dynasty. This thesis analyzed the actuality of cultural relics, then collect information before repair. It made a detailed repair plan, of which will make an anti-mildew treatment to the fabric, wash, dry and adjust the shape of it. Recording all the parameters that compared between the time before and after repair. This thesis is also including the content in restoring and protection advice and other related aspects. In wish to carry out the hakama restoring protection and research work, and explore the restoration experiment of fabric cultural relics, it will offering references in researching there pair and protection of this kind of fabric cultural relics.

Key Words: East Cemetery in Qing dynasty, Noble Consort Wenxi, The dual-waist hakama, restoring and protecting; research

---

❶ 本论文为“北京市属高校高水平教师队伍建设支持计划青年拔尖人才培育计划（RCQJ02180201/003/003）”《中国传统织物的修复保护与复制研究》项目阶段性研究成果。

❷ 高丹丹，北京服装学院讲师，北京服装学院民族服饰博物馆馆员，博士。

❸ 王亚蓉，中国社会科学院考古研究所特聘研究员，博士研究生导师。

一、温僖贵妃身份考证及服饰发现背景

《清史稿卷二百十四・列传一》记载："其卒於康熙中及虽下逮雍正、乾隆而未尊封者，又有：温僖贵妃，钮祜禄氏，孝昭皇后妹。子一，允䄉。女一，殇。"[1]

温僖贵妃，钮祜禄氏，为满洲镶黄旗人，是清圣祖玄烨的妃子，太师果毅公遏必隆的女儿，孝昭仁皇后的妹妹，其家世显赫，在康熙二十年（1681 年）被册封为贵妃。二十二年，生皇十子允䄉，二十四年，生皇十一女，未满一岁殇。二十八年，康熙第三位皇后佟佳氏病逝后，由其主持后宫事务，卒于康熙三十三年（据《清史稿卷九十二・志六十七》载，卒于康熙三十五年），甲戌十一月初三日，谥曰"温僖贵妃"。三十四年九月初八日葬入清东陵景陵妃园寝，是景妃园寝中唯一的贵妃。

东陵景陵妃园寝温僖贵妃墓于 2015 年底被盗，被盗物品包括地宫中的凤冠、朝靴、绵被、朝服、披风、绵裤等。后有 12 件纺织品文物被公安机关追回，并于 2015 年 11 月由清东陵文物管理处将部分纺织品文物交由中国社会科学院考古研究所纺织修复部门进行紧急修复保护。"暗花绫镶织金锦两腰绵裤"为墓主温僖贵妃身穿服饰，笔者有幸在王亚蓉先生及考古所修复专家的指导下，对此件绵裤进行修复保护及研究。

二、文物现状分析

绵裤材质主要为丝织面料，属有机质文物，由于长期在地下环境中受到各种因素的侵蚀，其丝织物的机械强度已经受到损害，且墓葬内的微生物及尸身本身的污染物也会对其纤维造成不同程度的污损，其上携带的污物残留也会加快丝织品的老化和损伤，目前已出现了严重的褪色、霉斑、污损等劣化现象（图 1、图 2）。

[1] 赵尔巽，等. 清史稿：卷二百十四［M］. 北京：中华书局，1976：8913.

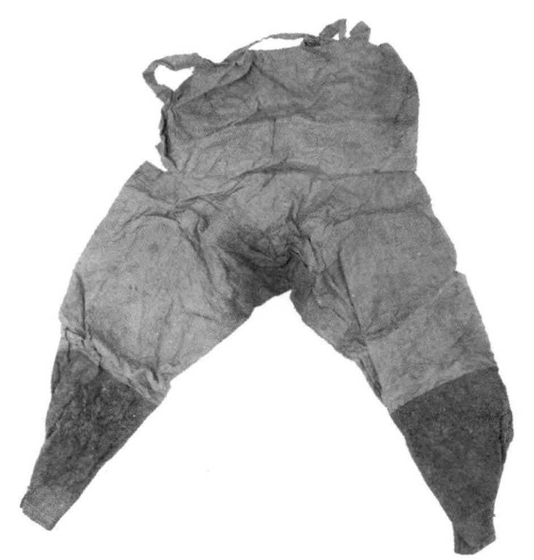

图 1　绵裤修复前正视图

图 2　绵裤修复前背视图

通过目测及显微镜观察，绵裤主要存在以下四大类病害问题：

（一）污染物

由于泥土和地下水的多年浸泡，多种盐、酸、碱等腐蚀物质及尸体污物的侵蚀，绵裤的裤腿两侧面料织物表面残留有白色、橘红色、褐色、黑色等片状、点状污染物。经检测分析其为霉菌、矿物质结晶、油脂、血渍的污染。前后裤腰内侧、裤腿里料上附大量黑色、深褐色残渣。绵裤的裆部有大片褐色尸液、血渍等残留污染物（图 3、图 4），其中大腰片一面裆部的污染面积相对较小，小腰片一面裆部的污染面积较大，污物痕迹延伸至小腰片之上。裤子里、面之间夹缝的薄絮也受到同样的污染。

图 3　裤腿面料污染物

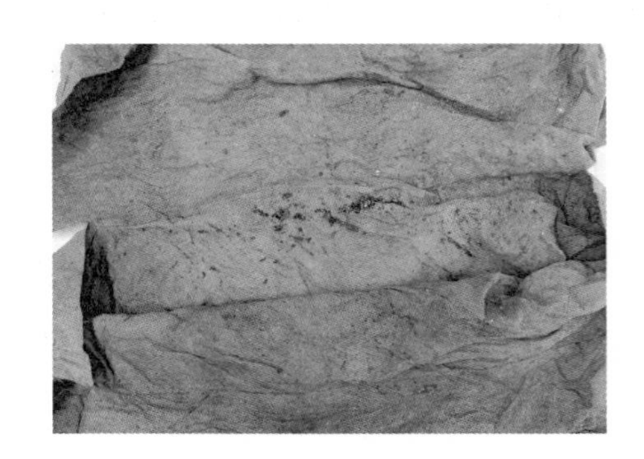

图 4　裤裆面料污染物

（二）霉变

绵裤裤腰、裤腿外侧、裤脚部织金锦面料霉变较严重，特别是裤脚织金锦面料盘扣系结褶皱处，更是残留较多白色霉斑（图 5）。

（三）表面附着物脱落

绵裤裤脚部织金锦面料上织有圆金、片金线，其金属线的胶黏剂多已溶融失效，致使圆金线、片金线纸背上的金属材质大面积脱落，织金纹样表面呈斑驳状（图 6、图 7）。

图 5　裤脚面料霉变

图 6　裤脚金属材质脱落

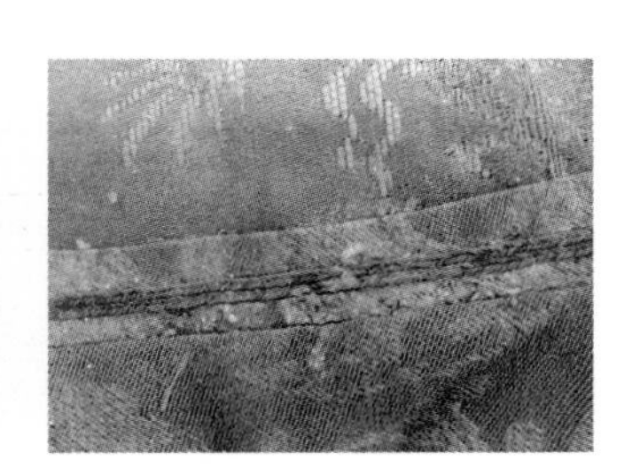

图 7　裤脚面料污染物

（四）褪色、织物脆化、丝线脱落

绵裤的纺织纤维经过长年累月的水解及污染物侵蚀，丝织物整体已无光泽，原始色彩已全部脱落，无法辨识。纤维的机械牢固度变弱，触摸后手感生涩板硬，且由于之前的人为破坏及保存不当，织物表面布满皱褶，裤腿面料局部有经线脱落的情况。

综上所述，绵裤受到病害污染严重（图 8~ 图 10），立即对绵裤进行病害分布图的绘制（图 11），并对该绵裤进行科学研究和修复保护，以实现纺织品文物的长期保存、展出陈列和后期研究。

图 8　显微镜下裤腿面料污染物

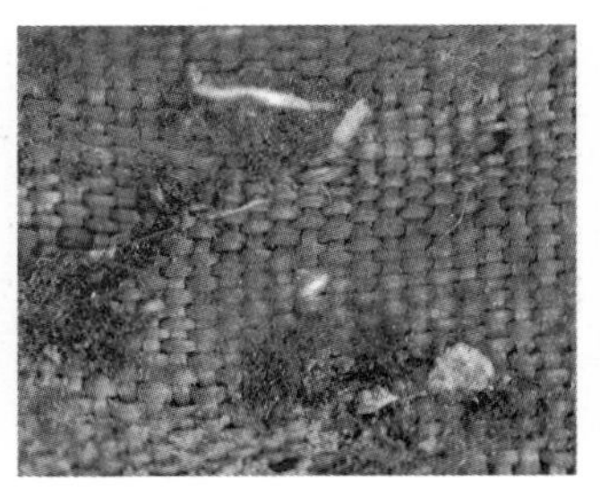

图 9　显微镜下裤腿里料污染物

图 10　显微镜下裤脚面料污染物

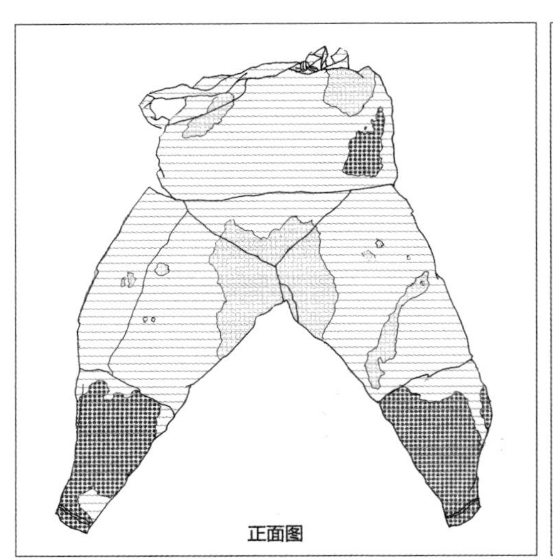

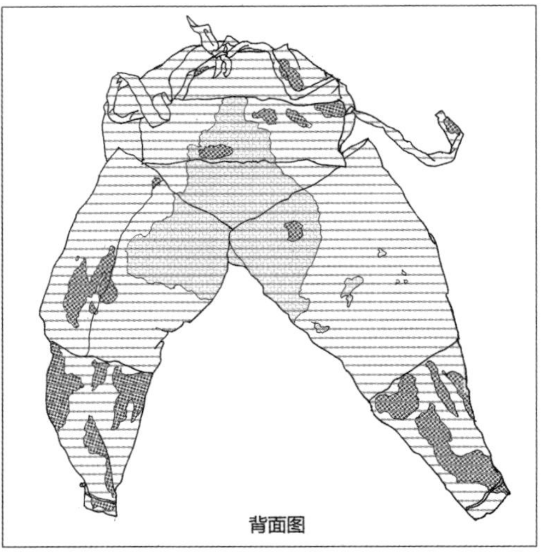

图例	编号	名称	编号	名称	编号	名称	编号	名称
	1	饱水	5	残缺	9	动物损害	13	破裂
	2	污染	6	晕色	10	微生物损害	14	糟朽
	3	印绘脱落	7	褪色	11	黏连		
	4	水渍	8	皱褶	12	不当修复		

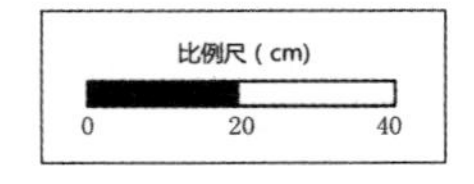

图 11　绵裤病害示意图（作者绘）

三、文物修复保护技术路线的探讨及拟定

根据纺织品文物保护修复的原则，在王亚蓉先生指导下，结合文物目前自身的情况，笔者与实验室的老师对其保护修复技术路线进行初步探讨，并由实验室老师指导[1]，拟定了修复技术路线图（图 12）。

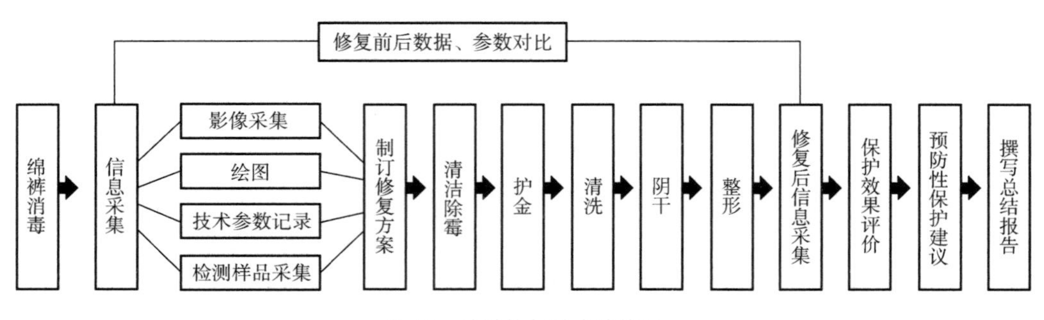

图 12　绵裤修复技术路线图

[1] 由中国社会科学院考古研究所赵芮禾、胡晓坤、邢文静老师指导。

此件绵裤的污染物病害较严重，亟待清洁，需针对不同的污染因素采取不同的技术路线和实施方法。裤腿上的污染物面积较大，使用拍打、软刷、吸尘器除尘、粮食制品除尘等方法已不能奏效。综合考虑此件绵裤丝织物的纤维强度，通过在面料及里料局部用棉签蘸冷、热水擦拭试验、观察后，认为其二次脱色概率较小，可以采用湿洗法进行清洗。另外，该文物为夹绵裤，中间所夹絮料亦受到了污染物的侵蚀，但由于该絮料较薄，面料里料绗缝间距较紧密，且文物本身并无脱线破损之处，遵循文物修复最小干预原则，决定不拆除絮料，直接进行清洗。再者，裤脚织金锦面料上的霉斑严重，为避免金线在清洗过程中二次脱落，可先使用酒精除霉、护金处理后再进行清洗。

经过充分的讨论，修复技术路线拟从消毒、影像采集、绘图、织物材质分析、面料组织结构品种鉴定、检测样品采集、除霉、护金、清洗、阴干、整形等多个环节入手，通过传统的保护技法与科学技术手段的结合，对文物进行恰当的保护修复，达到博物馆展陈的要求。

四、绵裤的修复实施过程

（一）消毒

根据出土文物的实际污损病害情况，选择采用整体熏蒸消毒法。

（二）修复前观察、测量、记录

为了达到修复及保护的目的，文物修复过程中总会直接或间接地对文物本体进行操作及干预，使得文物相关信息发生改变，因此需要我们在正式修复之前对可观测到的初始信息进行记录及保存。初始信息的记录包括图片记录、数据记录、文字记录等，以期真实准确地表现出修复保护前的状态，为修复后数据的对比及后人的研究提供相关参考。

1. 两腰绵裤形制基本信息记录

两腰绵裤为夹绵裤，其形制主要由裤腰、裤裆、裤腿、裤脚、系带五部分组成。裤腰有前后两片，其大小不同，上端两侧缝有系带；裤裆及裤腿面料由 8 片不同形状的裁片拼接而成，裤筒肥大，裤裆较深；裤脚处靠内侧前后有圆铜扣与扣襻系结，呈折叠收拢状。为了更好地修复保护，操作前我们将铜扣解开，使裤脚平展放置，裤整体呈 A 字型（图 13）。

修复前的裤面料并不平服，有较明显的褶皱及折痕，此时测量的基本数据为：大腰片长 72cm，宽 32.3cm；系带长 64.3cm，系带宽 4.3cm；小腰片长 52cm，宽 17.5cm；系带长 54.2cm，系带宽 2cm；总裤腿长 96cm，织金锦裤脚长 38cm，裤口肥 30.8cm。

图 13　绵裤裤腿平展后示意图

2. 两腰绵裤材料基本信息记录

两腰绵裤的缝制材料有面料、里料、絮料三大部分组成。通过使用爱国者 GE—5 数码观测王显微镜微距检测分析，裤裆及裤腿的面料为暗花绫；裤腰面料、裤里料为暗花绸；裤脚面料为织金锦；裤脚盘扣系带材质为暗花绫；扣子为圆铜扣；裤子里、面之间夹薄絮，因裤整体未破损，无法探查夹絮材质。

3. 两腰绵裤纹饰基本信息记录

裤腿面料的暗花纹样为梅花纹、兰花纹等小折枝花纹样；裤腰、裤子里料上的暗花纹样为对鹤团窠纹；裤脚面料纹样为四合如意云纹及龙纹；裤脚边饰织锦面料上的纹样为祥云杂宝纹。

（三）绵裤去残渣、除霉操作

前后裤腰内侧、裤腿里料上附大量黑色、深褐色残渣，部分与织物粘连度较小，采用物理方法去除，使用小刷子和镊子轻轻扫取下，放置于塑料试管中，以备后期成分检测分析。个别几处残渣与织物粘连紧密，不强取，等待在清洗过程中水软化后处理（图 14）。

绵裤虽已经过整体熏蒸消毒，但裤脚织金锦面料霉变痕迹较严重，特别是织金锦面料褶皱处，残留了较多白色霉斑，需要进行除霉操作。使用干净的软毛笔蘸取浓度为 75% 的乙醇溶剂涂抹霉菌污染处，待晾干后观察除霉效果，根据霉斑残留程度决定乙醇溶剂涂抹的遍数，严重的地方可涂抹 3~4 遍，直至霉斑彻底清除干净。

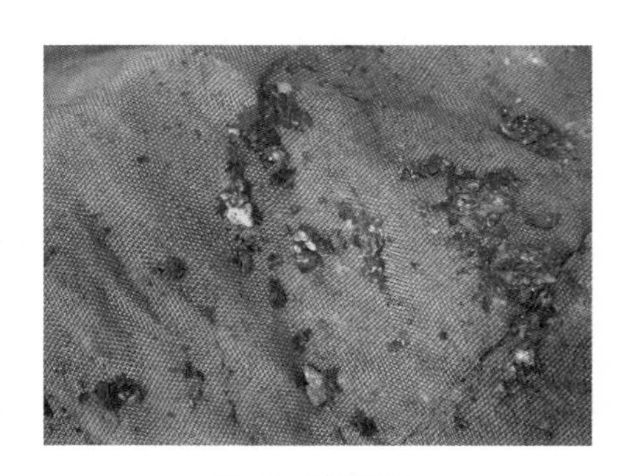
图 14　裤腿残渣

（四）绵裤的金线加固及保护

此件绵裤裤脚织金锦面料上的圆金、片金线金属材质大面积脱落，织金纹样表面呈斑驳状。在文物进行清洗之前，需先将有金线的部位进行加固及保护处理（图 15）。

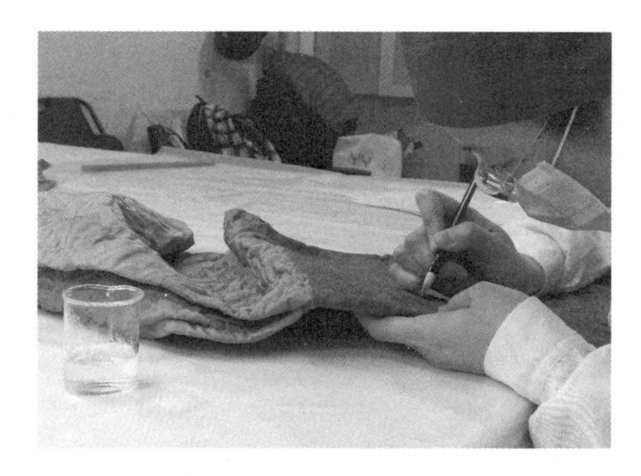

图 15　清洗前对裤脚织金锦的护金操作

聚乙烯醇缩丁醛由于其化学组成，能够生成耐水性好、黏合力强、高光学清晰度、高韧性的树脂薄膜，用后不形成腐蚀性气体，无残渣分解，是纺织品类黏合、加固保护的理想材料。因缩丁醛遇水不溶，在文物清洗时可以对金属材质起到黏结、覆膜保护的作用，避免其在清洗过程中的二次脱落。又因缩丁醛遇酒精后会溶解，清洗后可根据实际情况需要，用酒精溶解缩丁醛，是一种可逆性的保护材料。本次修复采用配制后浓度为 1%~2% 的聚乙烯醇缩丁醛溶液用干净的软毛笔蘸取后，仔细涂抹在有金线的部位。根据文物金线脱落的情况及织物糟朽程度，局部可重复操作 2~3 遍。

（五）绵裤的清洗

清洗纺织品文物一般采用去离子水或蒸馏水，自来水中含有漂白粉二氯化钙，对于织物颜色有损害，同时钙、镁离子沉积在织物中，清洗后的残留对纺织品的保护不利，所以原则上不建议使用。水洗法可清除水溶性污垢，添加表面活性剂可去除油脂，有机溶剂可清除疏水性的污物，当一种溶剂不能清除纺织品上几种类型的污渍时，有时可采取混合溶剂清洗的方法，但前提必须确保织物安全，质地无损坏，颜色无影响。根据文物实际状况，选用化学药品进行清洗时，应遵循越少越好的原则。

1. 脱色实验

绵裤清洗前需进行局部脱色实验。用棉签先后蘸取冷水、热水及清洗溶液，在绵裤不同材质、不同颜色的不显著位置进行局部轻轻擦拭，一般多选取边缘位置进行实验，查看是否有脱色的现象。确定无进一步脱色的情况后，再将文物整体移至清洗池中清洗。

2. 清洗池准备

将清洗池进行清洁，在池内铺大块薄绢，将绵裤移至池内薄绢之上，尽量展开铺平，再用薄绢将绵裤包裹覆盖，四周磁条固定。用薄绢将绵裤包裹既可避免绵裤直接与清洗池接触，又可在接下来清洗时对织物表面进行保护，清洗完成后还可以方便文物的提取。

3. 清洗

将提前备好的30℃温水从池内壁缓缓注入清洗池内（避免直接将水浇注在文物上），待水面没过绵裤后温水浸泡15~20分钟。这一过程可让绵裤的纤维在水中充分浸润，使部分固结在织物表面和深嵌于织物中的残渣、污垢得以软化、松散、溶解和去除。在浸泡的过程中用双手手掌轻拍水面，通过水波振动使得部分黏附于绵裤表面的残渣开始脱落，肉眼可见有褐色污水渗出，水面有油脂及粉末状杂质漂浮。20分钟后打开绵裤上层包裹的薄绢，将污水及散落池中的残渣排净（图16）。

图16　轻拍水面加快黏附的残渣脱落

由于这件绵裤丝织品上有霉斑、血渍、油脂等类型的污染物，特别是裆部污染严重，仅用去离子水清洗，其清洁力度达不到要求，因此将适量中性洗涤剂加去离子温水稀释后，用喷壶喷洒到污染处进行清洗。清洗时用软毛刷隔着薄绢垂直方向轻刷织物表面，避免刷子直接接触文物。刷洗的手法上尽量顺着织物的丝绺往同一个方向刷洗，或螺旋状转圈刷洗，避免来回折返刷洗（图17）。对于绵裤所夹的絮料部分，则采用手掌平放多次轻轻按压织物，通过夹絮间水流的交换进行清洗，按压时需注意掌力要轻缓均衡。裤脚织锦上的金线部分尽量避免刷洗及按压。清洗的时候还需注意对织物的褶皱处进行平整处理，理顺经、纬方向。在刷洗过程中可见

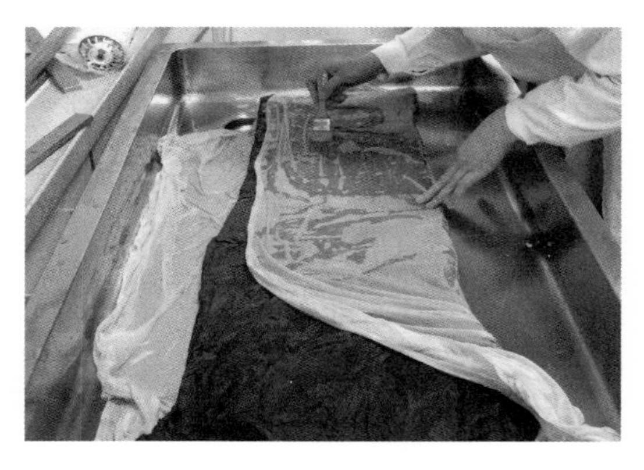

图17　软毛刷隔绢刷洗污渍部位

绵裤残留在织物表面的结晶、残渣基本脱落，部分油脂、血渍的污点被溶解，夹絮中的污水不断渗出，水面逐渐混浊，池底沉淀物增多。由于此绵裤出土前穿着于墓主身上，又在地下埋藏多年，受到尸液及地下环境的影响，其裆部及裤腿上的部分污染物已经渗透到纤维内部，无法彻底清除，在用软毛刷多次刷洗未能去除后，暂时保留，不再强行去除，以免伤害文物。

刷洗完成后，将污水排净，用干净的去离子水漂洗多次，去除残留在织物内的洗涤液及污水，直到 pH 试纸测试为中性为止。

（六）绵裤的干燥和整理

绵裤清洗完成后，将干净的脱浆白棉布覆盖到文物上，双手手掌轻轻按压吸收织物内残留的水分（图 18），待不滴水后，利用池内薄绢托取，平置于室内操作台上（提前将工作台上铺好多层洁净的脱浆白棉布），上面同时覆盖白棉布，手掌轻轻按压吸干织物表面多余水分，并对织物的面料及里料进行初步的平整、理顺织物经纬线，避光控温自然阴干（图 19）。

图 18　清洗后轻按干棉布吸收裤多余水分

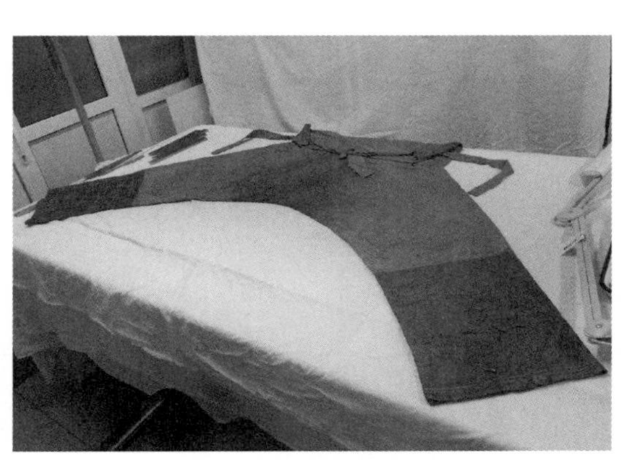

图 19　初步平整并控制干燥

刚清洗好的纺织品处于半潮湿状态时，可利用纤维在潮湿状态下易变形的特点，借助外界压力对织物进行局部整形操作，使织物最大程度地恢复到初始的平整状态。业内一般采用的平整方法包括熨烫，沙包、磁铁、有机玻璃板压覆，不锈钢针固定等，这件绵裤经过避光静置，在控制干燥的前提下，随时小心整理每一片织物的经纬线方向，平服不良褶皱，并用磁条压覆定型。对于褶皱比较严重的织物局部，一次平整可能恢复不到原来的平服状态，这时需要重复以上的步骤，反复平整，以达到目的（图 20~ 图 26）。

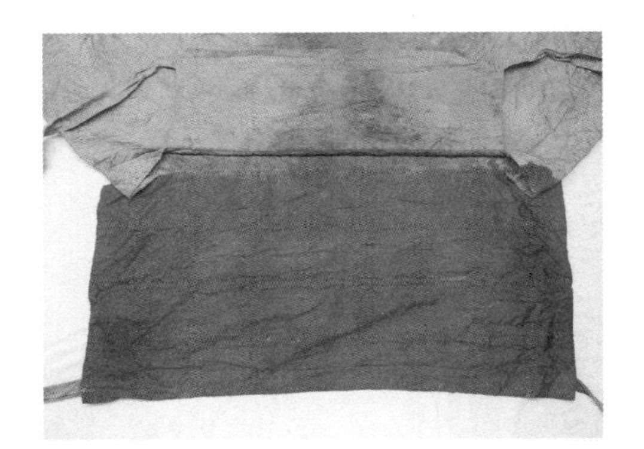

图 20　裤腰整形前

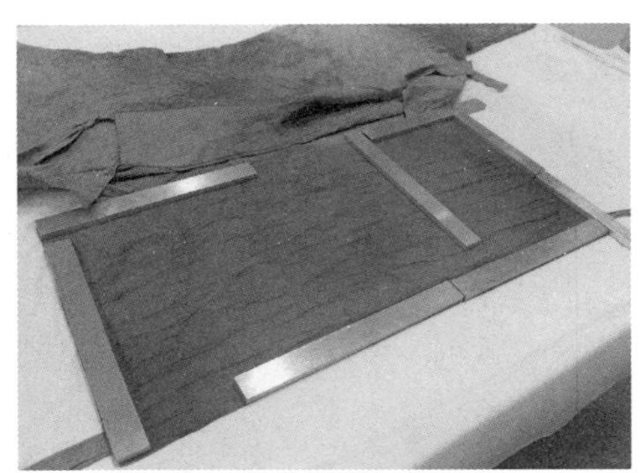

图 21　裤腰磁铁压覆定型

图 22　裤脚织金锦面料整形前

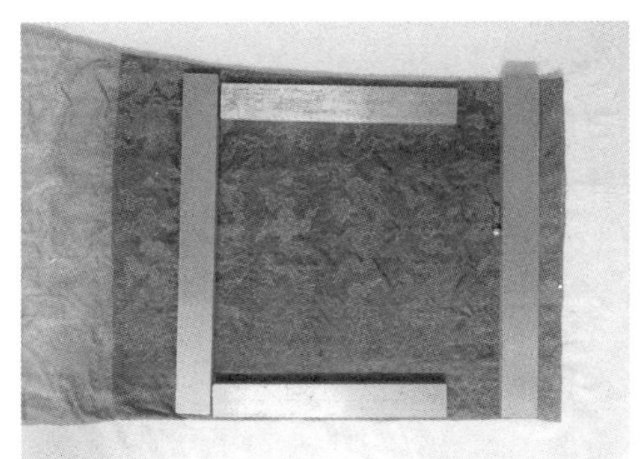

图 23　裤脚织金锦面料压覆定型

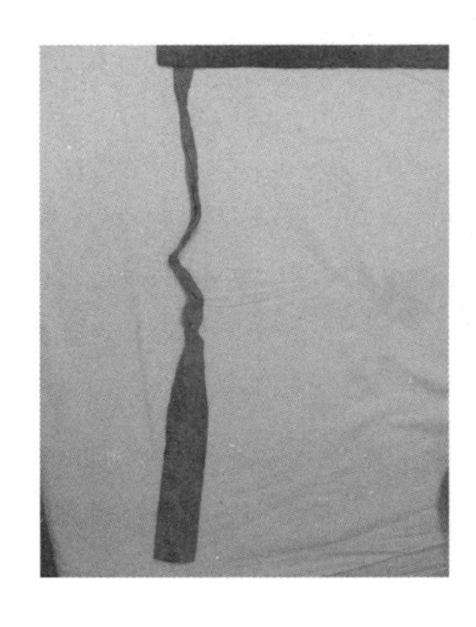

图 24　系带整形前

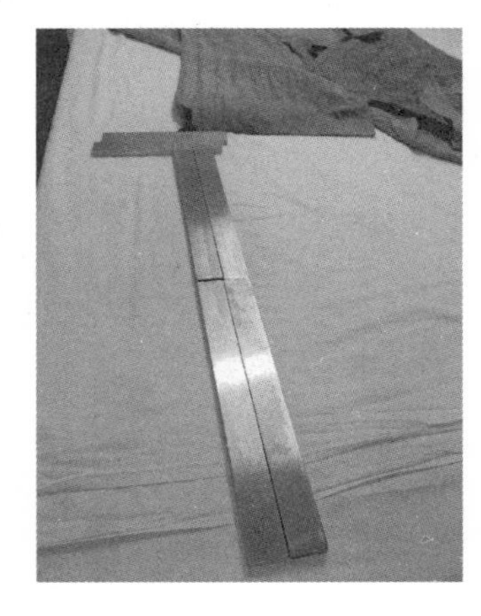

图 25　系带压覆定型

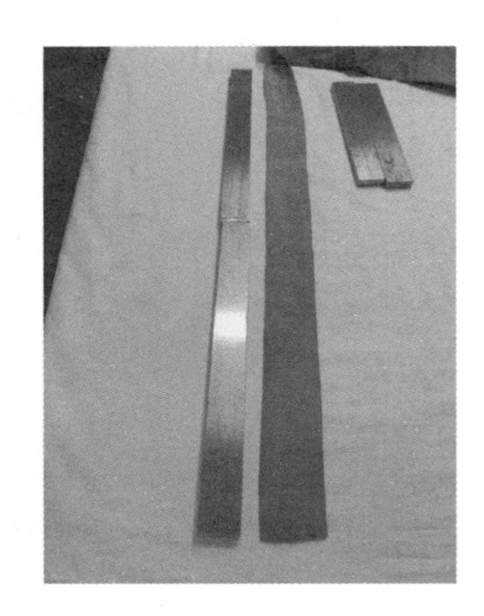

图 26　系带压覆定型后

五、绵裤修复后效果评价

经过消毒、清洁、除霉、护金、清洗、阴干、整形等历时一个多月的修复保护处理，绵裤廓型规整平服，丝织品的纹理和花纹图案更加清晰，面料色泽显现，另外织物纤维从污垢的束缚中解放出来，触感变软，恢复一定的弹性和柔韧性，没有出现可见断丝和破损（图 27~ 图 32），整体显示出良好的清洗效果。用手上下轻拍绵裤，内里绵絮蓬松柔软。从显微镜下可见织物组织结构规整，丝线干净，并显示出纤维特有的光泽，用于收藏、陈列均效果良好（图 33~ 图 35）。

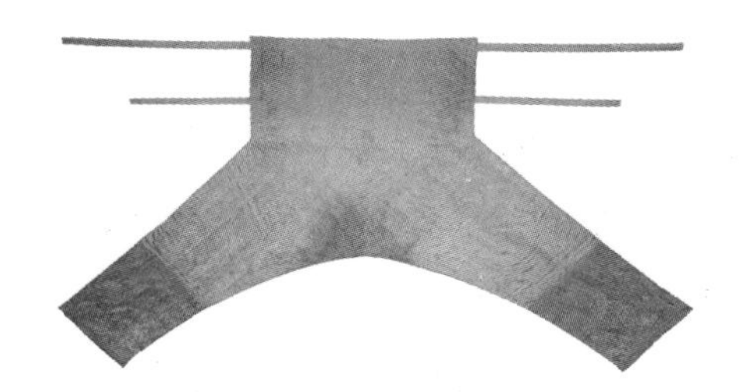

图 27　修复后绵裤正视图

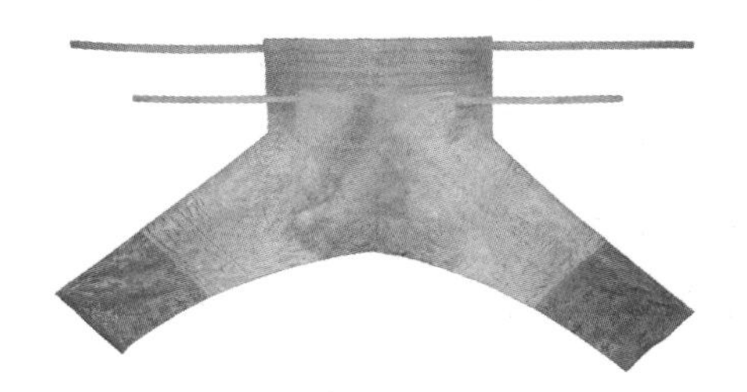

图 28　修复后绵裤背视图

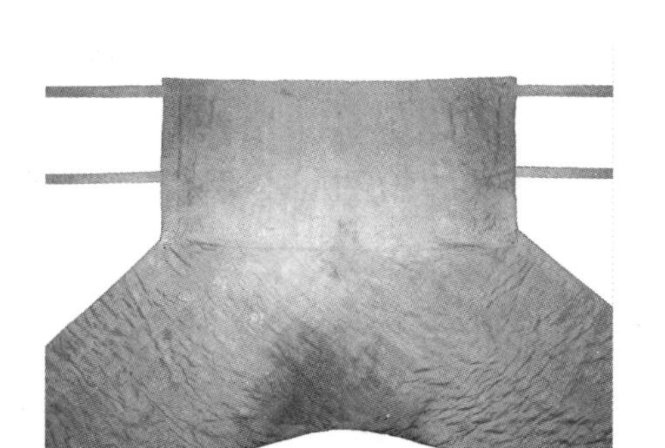

图 29　修复后绵裤裤腰

图 30　修复后绵裤裤腿

图 31　修复后绵裤裤脚缘饰

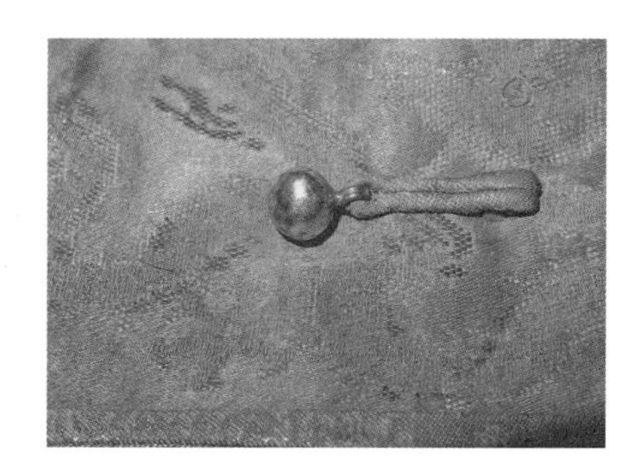

图 32　修复后绵裤裤脚扣饰

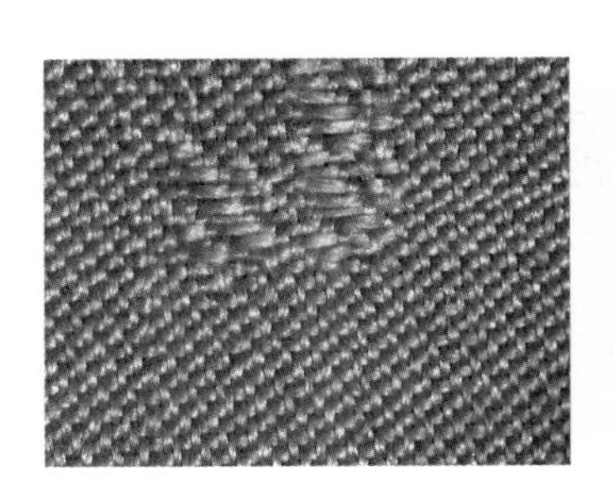

图 33　修复后显微镜下的裤腿面料

图 34　修复后显微镜下的裤腿里料

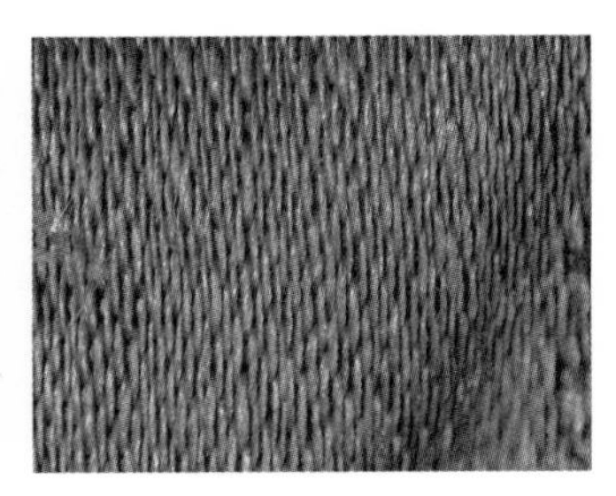

图 35　修复后显微镜下的裤脚面料

六、预防性保护建议

通过各种技术手段修复后，已经有效控制了已有的病害隐患，绵裤织物现状相对稳定，但是为了达到长期保护的目的，还需通过严格控制保存环境和采取科学的保护措施来维护，这也是文物保护中所提倡的“预防性保护”。

首先，要防止紫外线、有害气体及灰尘等的侵害。紫外线容易引起纤维的褪色和老化，因此在库房保管时，库房内所有光源尽可能加装防紫外线过滤装置。在陈列展览时，应控制紫外线辐射和可见光辐射，使用无紫外线光源，同时控制光照强度应低于 50Lux。

其次，应注意储存环境温湿度的控制。库房尽可能安装恒温恒湿设备，温度应控制在约 20℃，相对湿度约 55%，温湿度的波动应控制在 ±5%。

最后，在日常管理上，应注意经保护修复后的织物不能折叠或堆积，应根据该批纺织品文物的特点，选用相应的包装储存形式。平放保存于保管柜内，要确保使用无酸、无污染的材料进行包装。

七、修复后信息整理

修复后对绵裤的尺寸信息再次进行测量、记录，并将其与修复前测量数据进行对比（表 1），用显微镜记录织物微距图，并对文物正背面投影及细节进行拍摄，以便后期进一步研究。

表1　绵裤修复前后尺寸对比　　（单位：cm）

测量部位	修复前	修复后
大腰片　长 × 宽	72 × 32.3	73 × 35.5
大腰片系带　长 × 宽	64.3 × 4.3	65.5 × 4.5
小腰片　长 × 宽	52 × 17.5	52.5 × 17.7
小腰片系带　长 × 宽	54.2 × 2	55 × 2
总裤腿长	96	99
织锦裤脚长	38	39
裤口肥	30.8	32

温僖贵妃墓出土的两腰绵裤为平面直线裁剪为主的有腰夹绵裤，主要由裤腰、系带、裤裆、裤腿、裤脚五部分组成。裤腰下、两裤腿中间加入三角形大裆片、小裆片，与裤腿缝合共同构成裆部的结构，以满足裤腿的围度；裤腿面料则由 6 片裁片拼接而成，裤脚为上宽下窄倒梯形裁片缝合而成，上与裤筒相接，裤口镶边饰 2 条（图 36、图 37）。裤口上方内侧处有圆铜扣与扣襻一组，便于系结。裤整体呈大 A 字型，这样的造型使得裤腿与人体间空隙较大，在着装后呈现腰部合体，腰以下部位相当宽松的状态，既满足了人体腿部活动的松量，又实现了遮蔽人体曲线、弱化性别特征的目的。北京北郊四道口清墓出土浅驼色行云团龙纹暗花缎夹裤、故宫博物院藏顺治帝所穿用的黄色云龙纹织金缎夹裤的造型与温僖贵妃墓出土的两腰绵裤十分类似（图 38、图 39），可见这样的裤式形制、裁剪方式并非个例，具有一定的时代特征。

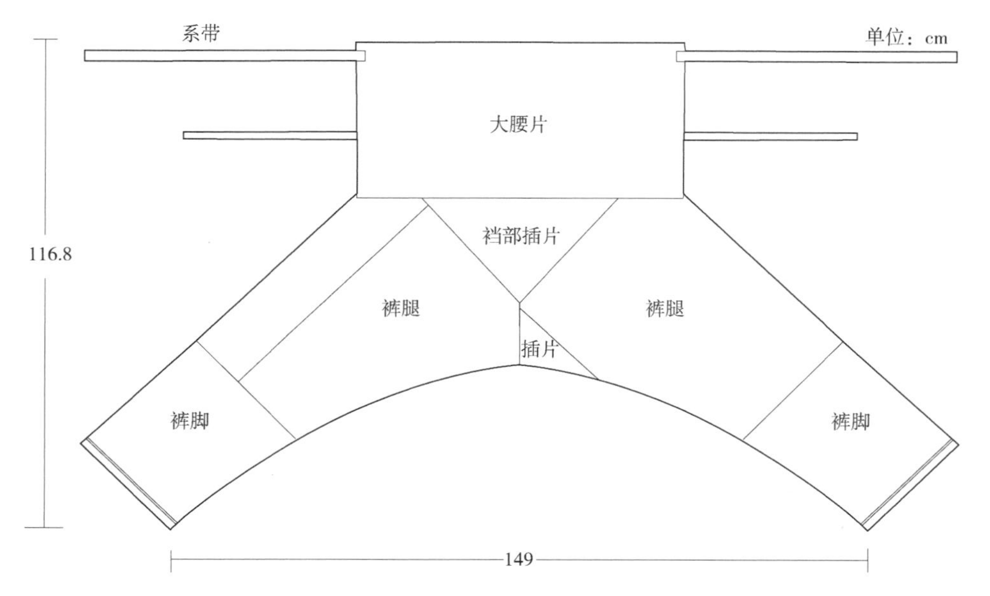

图 36　绵裤正面结构示意图（作者绘）

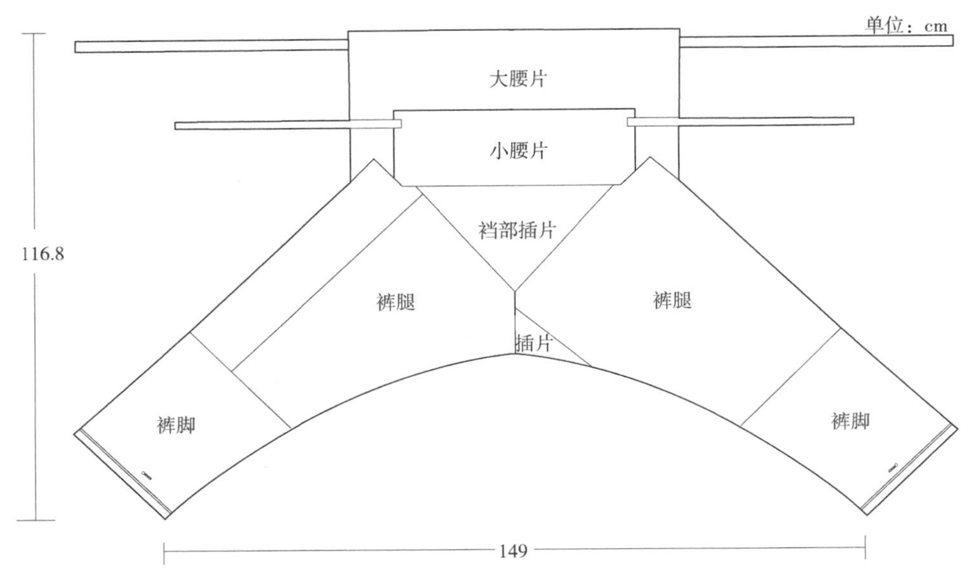

图 37　绵裤背面结构示意图（作者绘）

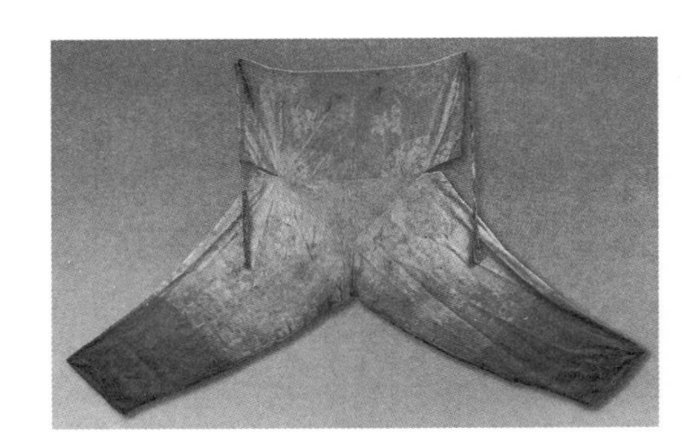

图 38　北京四道口清墓出土浅驼色行云团龙纹暗花缎夹裤

图 39　故宫博物院藏黄色云龙纹织金缎夹裤背视图

绵裤主要材料有面料、里料、絮料三大部分组成。裤裆及裤腿的面料为梅兰纹暗花绫，斜纹组织纬线起花（图 40）；裤腰、系带及裤里料为对鹤团窠纹暗花绸，平纹组织经线起花（图 41）；裤脚面料为织金云龙纹妆花缎（图 42），纹饰纬线使用盘金线织成（图 43）；裤口边饰面料为祥云杂宝纹织金绸，纹饰纬线使用片金线织成（图 44）；裤脚盘扣系带材质为梅兰纹暗花绫；扣子材质为圆铜扣；裤子里、面之间夹薄絮，因裤整体未破损，无法探查夹絮材质，按服饰品级及用途推测，应为丝绵。显微镜下可见，裤腿织锦龙纹盘金线上的金箔有部分脱落现象，而祥云杂宝纹织金绸边饰的片金线金箔几乎全部脱落，这种现象与金线的制成方式密切相关。通过使用爱国者 GE—5 数码观测王显微镜、XBOE25 倍便携显微镜在织物若干处进行采样，对其织物组织、织物经纬密度、织物纱线投影宽度、捻度进行测量分析（表 2）。

图 40　裤腿面料纹饰图

图 41　裤腰面料纹饰图

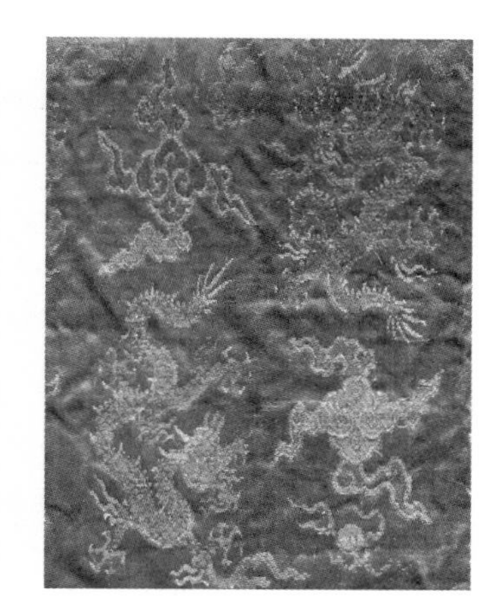

图 42　裤脚织金妆花缎纹饰图

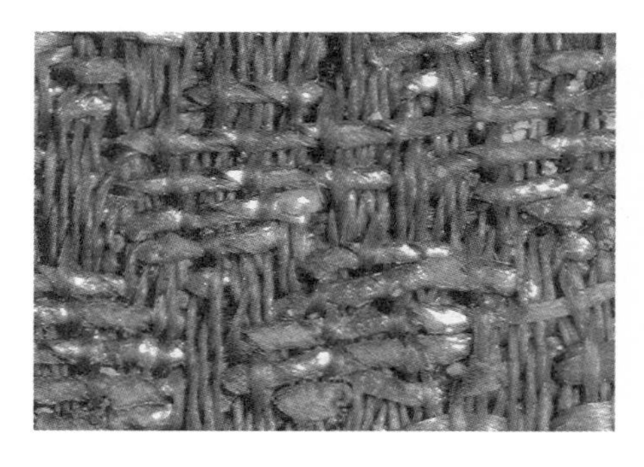

图 43　显微镜下的裤脚织金妆花缎圆金线

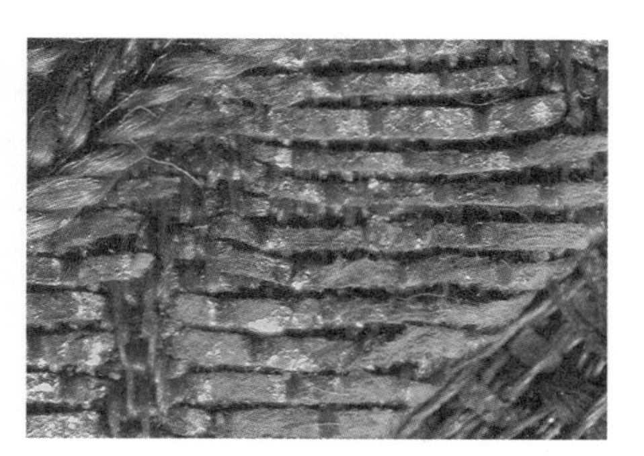

图 44　显微镜下的裤脚织金绸片金线

表 2　绵裤修复后织物组织测量数据

部位	材质	经密（根 /cm）	单根投影宽（mm）	经线捻度	纬密（根 /cm）	单根投影宽（mm）	纬线捻度
系带面料	对鹤团窠纹暗花绸	55	0.2	无捻	26	0.2	无捻
裤腿面料、盘扣系带面料	梅兰纹暗花绫	74	0.15	无捻	40	0.2	无捻
裤腿里料、裤腰面料	对鹤团窠纹暗花绸	58	0.18	无捻	36	0.25	无捻
裤脚面料	织金云龙纹妆花缎	112	0.075	Z 捻	62	0.25	无捻

温僖贵妃此绵裤贴身穿着于袍衣、衬裙等服饰之内，故掩盖于内的裤腰、裤腿面料均为绫、绸类丝绸面料，显微镜下可见其织造工艺规整细密，修复后面料触感柔软，穿着舒适，暗花纹饰简洁素雅，与其内衣穿用的需求吻合。显露在外的裤脚处使用织金云龙纹妆花缎和祥云杂宝纹织金绸，用料奢贵，面料纹饰精致华美，质感厚实硬挺，保证了服饰穿着活动中的装饰性，强调了着装者的高贵身份。

八、结语

《清史稿卷九十二・志六十七》曰："康熙三十五年，温僖贵妃钮祜禄氏薨，辍朝五日。命所生皇子成服，大祭日除，百日薙发，馀如制。"[1]温僖贵妃去世后，康熙帝下旨安排贵妃的华服大葬，可见其在后宫中享有的恩宠。此件"暗花绫镶织金锦两腰绵裤"为温僖贵妃身穿的内服，无论从服饰形制、材质、纹饰上无不体现出温僖贵妃在后宫的高贵地位。

本文通过对文物现状分析、修复前信息采集、制订修复方案、消毒、除霉、护金、清洗、干燥、整形、修复前后数据参数对比、预防性保护建议等多个方面开展绵裤的修复保护及研究工作，探索纺织品文物修复的实验研究，以期能有效保护好文物，为以后此类服饰的修复研究提供一定的参考。

参考文献

[1] 万依 . 故宫辞典［M］. 北京：故宫出版社，2016.

[2] 中国纺织品鉴定保护中心 . 纺织品鉴定保护概论［M］. 北京：文物出版社，2002.

[3] 国家文物局 . 中华人民共和国文物保护行业标准：馆藏丝织品病害及图示［M］. 北京：文物出版社，2009.

[4] 首都博物馆 . 首都博物馆馆藏纺织品保护研究报告［M］. 北京：文物出版社，2009.

[5] 国家文物局博物馆与社会文物司 . 博物馆纺织品文物保护技术手册［M］. 北京：文物出版社，2009.

[1] 赵尔巽，等 . 清史稿：卷九十二［M］. 北京：中华书局，1976：2707.

传承中的智慧

——苗族蜡染纹样结构与绘制程序考察

贺阳[1]

摘　要：苗族古老的蜡染纹样风格独特，丰富的装饰效果基于"九宫格""米字格"的结构特征变化而来，其绘制方法简单易学，变化形式多种多样，通过母亲教女儿的方式，世代相传。本文通过记录蜡染纹样的绘制程序及纹样的变化，研究蜡染纹样的传统设计方法及其背后的造物思想。

关键词：蜡染纹样；苗族；程序；九宫格；米字格

Wisdom in Inheritance

— the Structure and Drawing Procedures of Batik in Miao

He Yang

Abstract: The style of Miao nationality's ancient batik pattern is unique, and the rich decorative effect comes from the structure of "Nine rectangle grid" and "Mizi grid". The drawing method is easy to learn and the pattern forms are varied, which are passed on from mother to daughter, generation to generation. This paper studies the traditional design method and its thought of creation by recording the drawing process and change of the batik pattern.

Key Words: batik pattern; Miao nationality; process; Nine rectangle grid; Mizi grid

[1] 贺阳，北京服装学院民族服饰博物馆馆长，教授，博士研究生导师。

一、缘起

从2013年开始，笔者五次带学生赴中国西南地区进行传统服饰田野考察，主要考察的品种为蜡染。在手织的棉、麻土布上以蜡防染，以蓝靛染色的蜡染，是一代又一代西南少数民族妇女日常生活和节日庆典中最常见的服饰工艺。

每到一个村落，我们都在寻找能画蜡的人。带上我们事先准备好的蜡染实物照片，给碰到的人看，询问有没有会画“花裙子”“花衣服”的？谁还会画？或在赶集的时候，看到哪家卖的蜡染画得好，就跟着人家走，往往能找到想要找的人。

遗憾的是，很多地方已经没有人画蜡染了，蜡染几乎完全被鲜艳的化学染丝线、腈纶毛线刺绣或机器印花替代了。以前，蜡染是传承千年、风格独特又普通易得的寻常服饰工艺，但现在却因为工艺相对复杂、学习和制作的周期长、纹样古旧等原因，渐渐淡出人们的日常生活，是率先被遗弃与淘汰的传统手艺之一。妇女们卖掉了以前带有老纹样的旧衣服，做新纹样、新式样的服装来穿，觉得时兴、好看。少有年轻人愿意学习蜡染这门手艺，年轻女孩要上学，之后还要走出去上大学或打工，也不愿意花费工夫来学习蜡染。她们觉得彩色刺绣更漂亮，随时拿起来就能绣，很方便。比如，贵州关岭马槽洞花花苗（他称）的年轻人已经把蜡染纹样的衣服改成彩色丝线挑花了，虽然刺绣纹样还是按照古老蜡染纹样的样式，但蜡染独有的古朴生动的风格消失了。在当地有幸看到一位五十岁左右的妇女正在画蜡，说是给几个女儿做的，女儿们都不会画了，她做一些给她们穿，也只能做给女儿们穿了，小孙女们的衣服就无力管了。

贵州乌吉画蜡的人倒是很多，但纹样是新式样，有的做成围巾或桌布，大多卖给游客。

广西隆林蛇场乡马场村素苗（他称）的老婆婆们早已不画蜡染了，都找不到以前画蜡的工具了，应我们的请求，借用我们在别处买的蜡刀和蜂蜡演示了一下当年的手艺，可惜已经二十多年不画了，现在眼神也不好了，手艺也生疏了，花样和程序也记不清了。

但也有例外，云南麻栗坡彝族白倮人，还在按祖先留下的方法画，不轻易改变，年轻姑娘也愿意学，还怕自己不如别人画得好，她们认为这是最终认祖归宗的符号，也觉得自己民族的纹样好看。

老的蜡染纹样，结构严谨有序，与数理和规矩有关，纹样大多互为图底，讲究阴阳平衡。新纹样少了些规矩，更加随意自由，多为具象的花鸟类型，想怎么画就怎么画。有的老纹样看上去复杂多变，如果没有人教授，一时不知如何下笔，很难画对每个细节。带着疑问，我们每到一处都请求当地妇女为我们演示怎么绘制老纹样，边画边聊，方得知一般女孩子在六七岁时先学数纱绣，这是根据平纹布的纹理，数着纱线的根数进行刺绣的一种方法，多为几何纹样。学习数纱绣可以帮助理解和掌握纱线垂直、水平方向和错位形成的斜向之间的关系，纹样的变化是基于网格结构的“九宫格”和“米字格”。女孩通过学习刺绣，对纹样结构有了一定的理解，到十五六岁才开始学习画蜡，她们叫“点蜡”，点蜡也是按照“九宫格”和“米字格”结构来完成的。

二、“程序化”——纹样易学的秘密

在过去，什么样的蜡染纹样放在衣服上，什么样的蜡染纹样放在裙子或背扇上，都有讲究，不能乱来。母亲教女儿，从最简单、最基础的开始学习，完全按照前人传下来的方法和程序传承，其中“程序化”是最核心的手段，以下用几个调研的实例来说明。

例一：贵州省六枝特区梭戛乡高兴村一组杨云珍家采访记录

杨云珍今年 14 岁，初二，学习画蜡两年了，即便嘴上说不喜欢点蜡和刺绣，但还是在母亲的指导下认真地学习、模仿。

以下是杨云珍跟母亲学习的一个简单蜡染纹样的步骤：顺着布的经纬线，用指甲在布上划出水平、垂直方向的线，压痕在布上形成连续的小方格（图 1）。

图1 指甲压痕

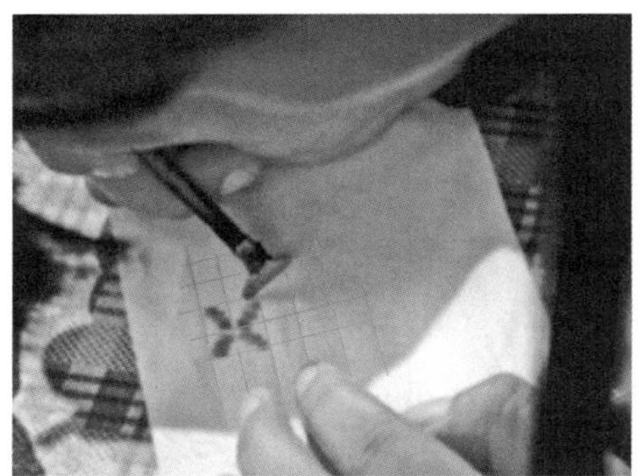

图2 利用方格对角线组成“X”状的图形

在方格的对角线上画连续的三个点，相邻的四个方格画出方向不同的三个点，组成“X”状的图形，然后再依次画出多个“X”图形（图2）。

在“X”图形之间的空白处填充由四个点组成的小花朵，形成图底关系良好的适合纹样（图3）。

在图形外围画两个方框，用短线条填充方框间的空白，一个完整的纹样就画完了（图4、图5）。

杨云珍虽然是初学不久，略显生涩笨拙，但有网格结构的控制，大关系还是不错的。好的效果会使初学者产生喜悦和成就感，也是激励初学者继续画下去的动力。按照程序来画，简单的要素可以通过组合变得丰富，也易于理解和掌握。

杨云珍目前还在学习基础纹样，她妈妈熊国秀则能利用基础纹样变化出更为复杂的组织，熊国秀画的衣袖上的纹样就是一个例子（图6）。

轮到妈妈熊国秀演示，她画之前并没有用指甲划格子，因为熟练，格子已经在心中了，她很快就画好了下面这个纹样（图7）。

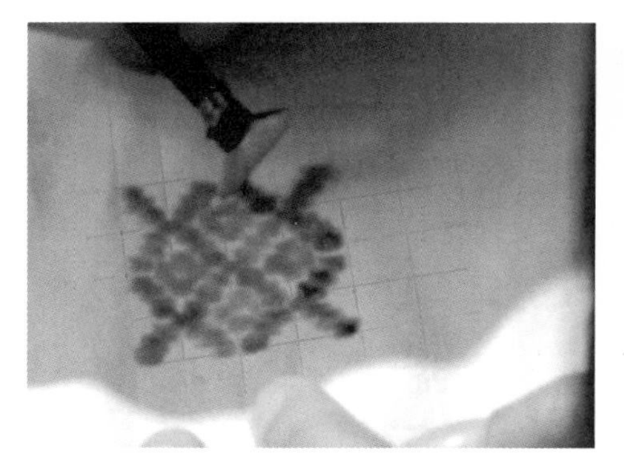

图3 空白处填充由四个点组成的小花朵

图4 画外框

熊国秀的绘制步骤（图8）：在“无形的小方格”结构中由外往里画，先填充正方形，三个一组，组成“之”字形，之后垂直对称画出另一排“之”字形，组成菱形纹样；然后在菱形内部填充扇形；最后在中心部位填充树叶形。每个图形都占一个“无形的小方格”，图形顶端部分要充满方格的顶部，保证每个单位的最大值一致。在秩序中寻求变化，有节奏，有韵律，具有丰富的细节与美感。

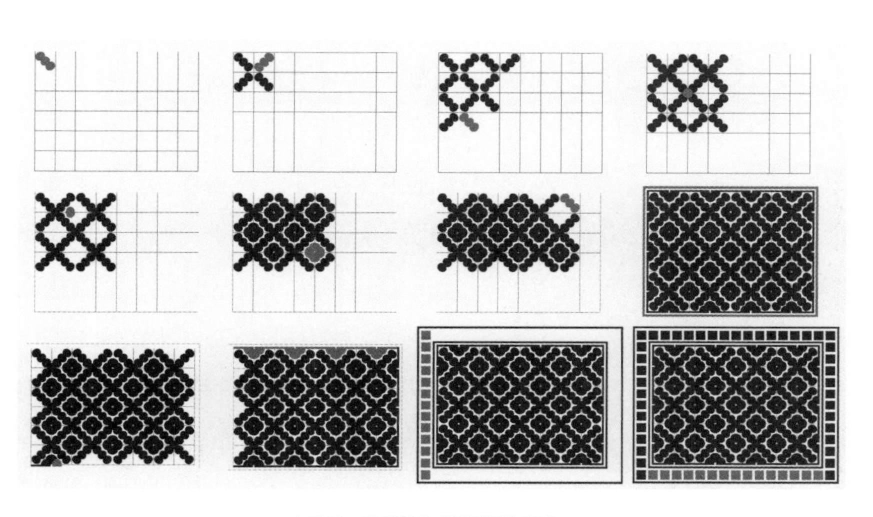

图5　步骤图（谢菲绘制）

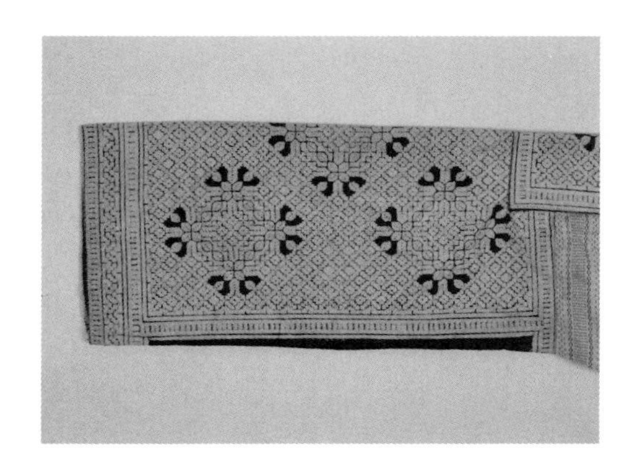

图6　杨云珍的妈妈熊国秀画的衣袖上的纹样

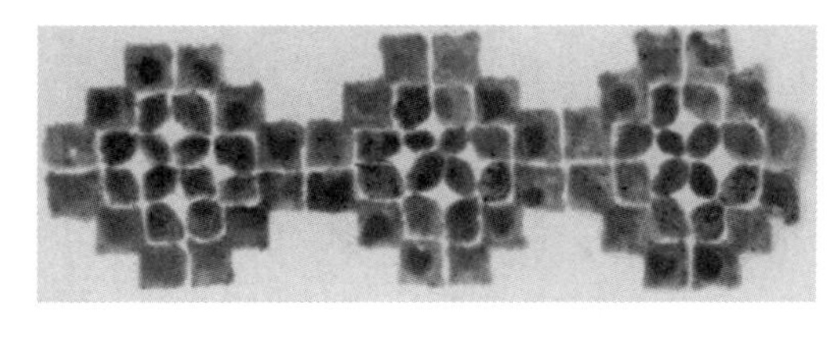

图7　熊国秀绘制的蜡染纹样

图8　步骤图（谢菲绘制）

例二：贵州省毕节市织金县官寨乡屯上村中寨组 26 岁的马嫣家采访记录

马嫣学习点蜡两年左右，别的女孩由母亲传授点蜡技艺，但她小时候喜欢读书，十几岁的时候还没有学点蜡。嫁人后在家教养孩子，得空才跟婆婆学习点蜡，主要给自家人做衣服用，有人买的话也会卖点儿。

这里列举的是马嫣绘制的“拉链形花纹”（图 9）。

马嫣先用指甲在布上划了多排间距约为 2mm 的直线道道，然后在预定的位置上用蜡画了两条细细的辅助线，接着在辅助线中间画一排连续的短竖线，之后在短竖线的上、下方再画短竖线，上、下排的短竖线错位并空一格不画，共画三排短线就成了“拉链形花边”。她同时展示了只画两排短竖线的同种纹样。这样画出的纹样均匀整齐，方向和间隔好控制。

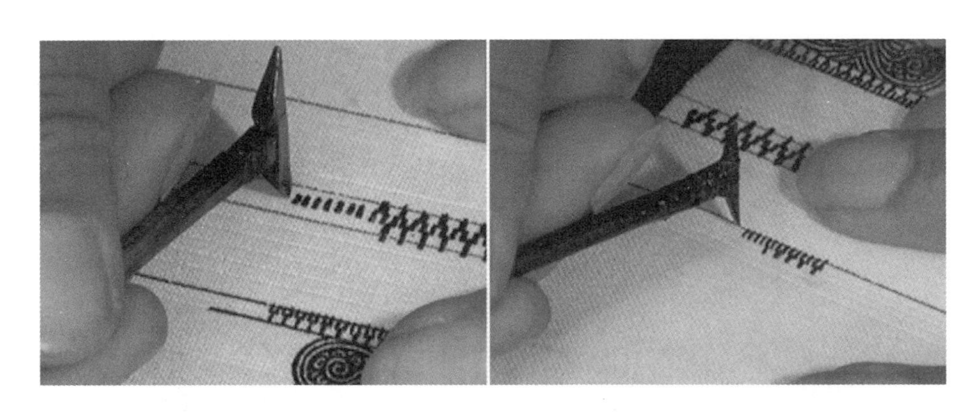

图 9　三排短线和两排短线的“拉链形花边”

例三：贵州省关岭县麻龙村上寨组 63 岁的杨银秀家采访记录

杨银秀从十多岁开始学点蜡，成年后很少画了，直到三年前出车祸摔断了腿，不能再出去打工才重新点蜡，画成后卖给不会画的村民，也能补贴一些家用。

杨银秀绘制的是蜡染裙子中间部分的纹样，她用指甲掐出对折中线，拿一个小学生用旧的三角板比着，用指甲划出几排与中线呈 45° 角的左斜线，再画与之垂直交叉的右斜线，两排斜线形成菱形网格（图 10）。

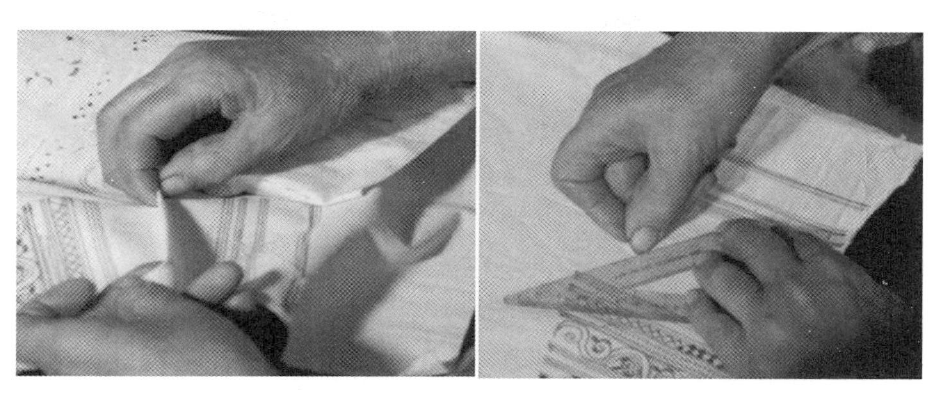

图10　对折中线与斜线菱形网格的绘制

然后以菱形交叉点为中心，画出多个小正方形。像流水作业一样，先画每个正方形的垂直方向的线，旋转布料 90°，再画正方形的水平线，其实还是画垂直方向的线，因为垂直画直线顺手，线容易保持平行，准确性高。可以减少布料旋转的次数，6 米长的裙料不方便转来转去，在绘制过程中，可以将裙料两端长出的部分随时卷起来，成为合适的大小，这样好操作。

之后顺着指甲划出的斜线，连接这些小正方形（图 11）。

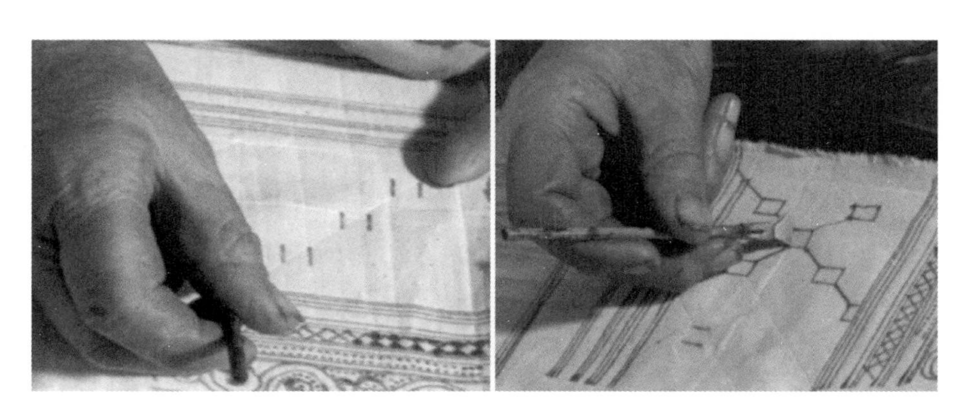

图11　画斜线连接小正方形

在画好的图形外加两圈外形一致的轮廓线（图 12）。

沿着轮廓线外围再装饰两圈小点子。注意小点子在中间部分的拐弯处变成了圆顺的弧形，因为弯度太小顺势成为弧线更简化，形成直与曲、刚与柔的转换（图 13）。

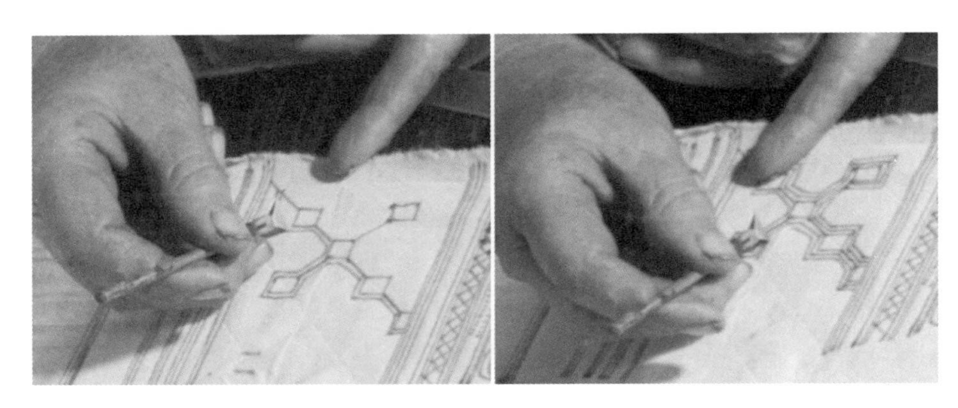

图 12　画两圈轮廓线

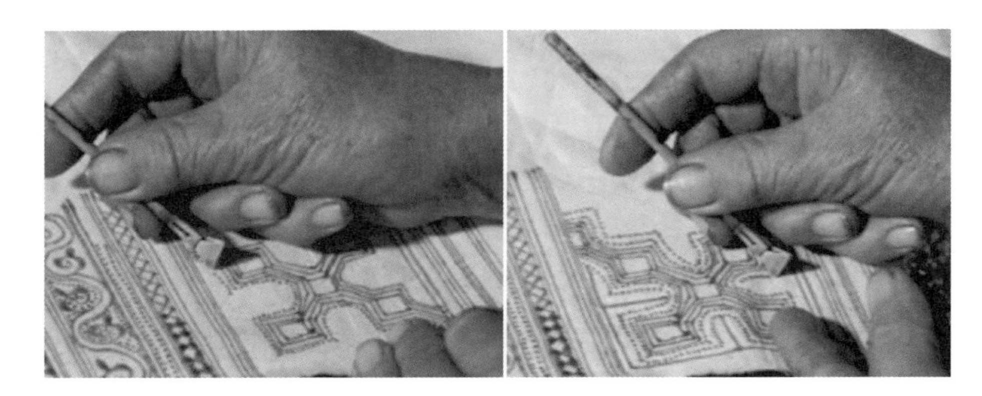

图 13　画两圈点状线

接下来在画好的图形空白处，像“三叶草”的图形里，画“十”字纹，边缘的空白处只有半个“三叶草”，只需画出一根垂直线。再用小点装饰这些刚画的线，显得丰满一些。最后，在最先画的小正方形内画出黑白分明的九宫格（图 14）。

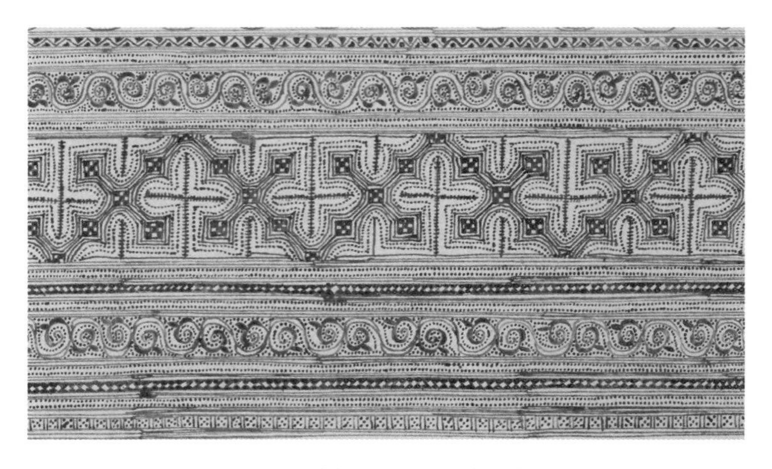

图 14　中间部分是画完的纹样

我们把画好的布片拿回来后，发现中间下方一边缘处，一条垂直线上漏画了装饰的小点，也许是忘了，也许是空间小不想画了，画的过程是随意而自由的，这并不难看，也不影响大关系。

看似非常复杂的纹样，被程序分解成简单易学的步骤，在简单的骨架上，分层次绘制，使纹样变得丰满漂亮（图 15）。先人的智慧真的是令我们折服啊！

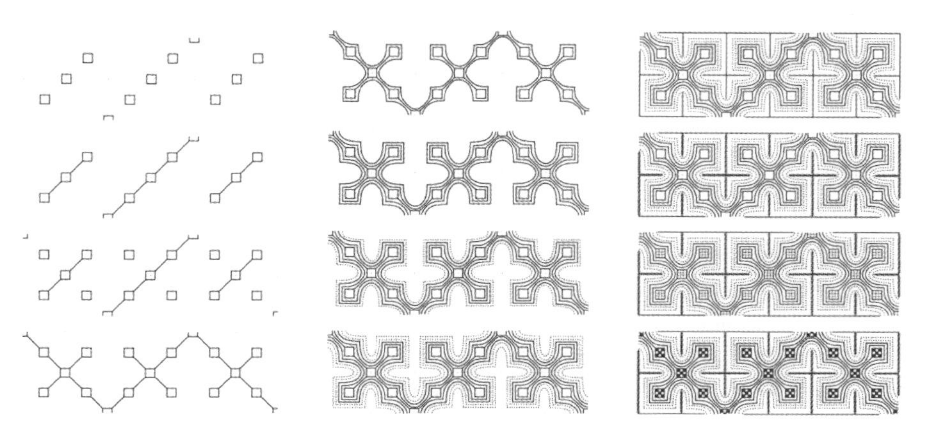

图 15　步骤图（谢菲绘制）

例四：贵州省丹寨县扬武镇排倒村 81 岁的罗云芬家采访记录

一开始因为我们听不懂对方说的话，无法采访。跟附近小卖部的人打听，知道罗云芬老人家画的蜡染会卖到农村合作社，那儿收购了也许再转卖别人。我们请罗云芬老人画了上衣袖子上“太阳花”和“卍”字纹（图 16）。

图 16　袖子上的圆形“太阳花”和方形的“卍”字纹

罗云芬老人画“太阳花”的步骤如下：

先将一块长方形白布对折，之后在对角线方向再对折，用指甲压实折痕，打开后布上有三条呈放射状的直线。用废旧手电筒上的一个圆环扣在白布上，用力拍压，在布边中心处印出一个半圆形和围绕着它的四个圆形（图 17）。

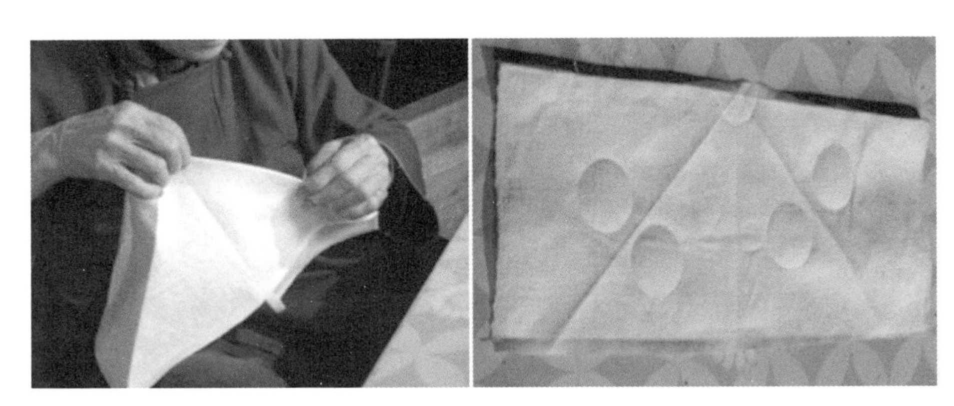

图 17　对折线和拍压出的半圆形、圆形

在布边的半圆形处画三个半圆的弧线，在宽一点的弧线内填充小点。之后顺着对折线的折痕，在半圆形中画两条相交的线，并在扇形区域内填蜡。

沿着对角线折痕，画出两条紧挨着的平行直线，在有圆形、半圆形印记的位置停住。另起头，先画一边的旋涡状圆圈，以两条曲线为单位画圆圈（图 18）。

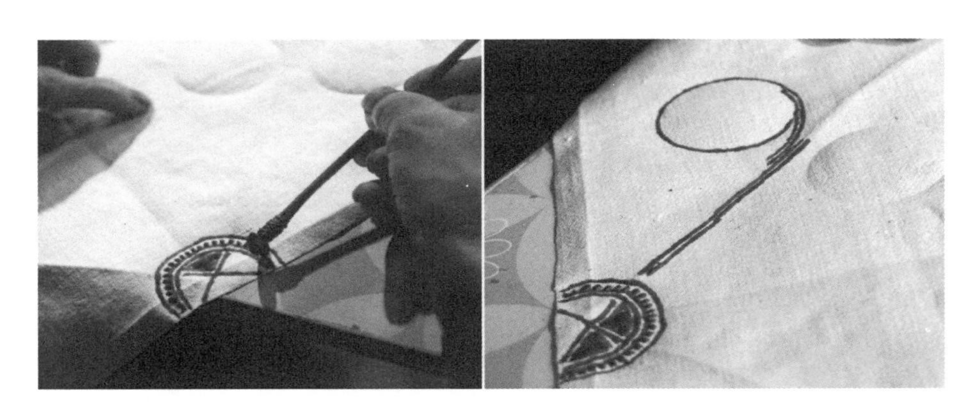

图 18　“太阳花”填蜡过程一

另一边也对称画上旋涡状圆圈，直到画满圆圈，两条线在圆心交汇成太极图样。在旋涡外画月牙状图形，左右两边对称（图 19）。

因为时间关系，我们没有让老人按步骤画全，明白过程了，就让老人画我们想看的下一步“卍”字纹（图 20）了。罗云芬老人画“卍”字纹的步骤如下。

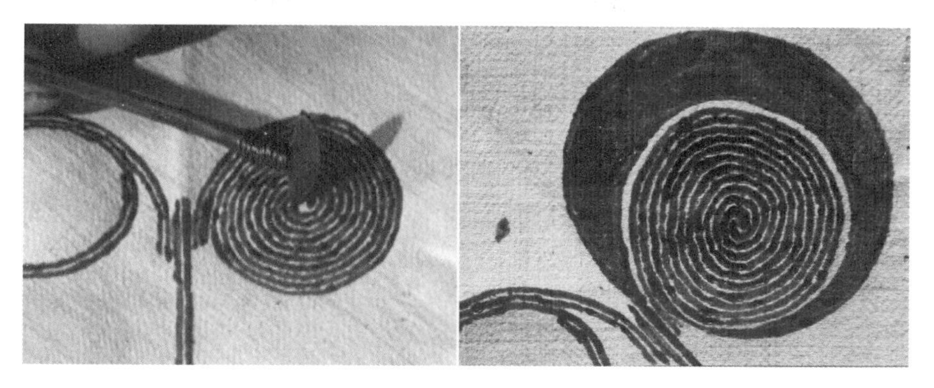

图 19　“太阳花”填蜡过程二

图 20　袖子上的“卍”字纹

在两条平行线间，先画出五条依次缩短的一组平行线。再将布料旋转 90°，画出四条依次缩短且与上组线垂直相连的另一组平行线。再次将布料旋转 90°，画出另一组平行直线，也是四条（图 21）。

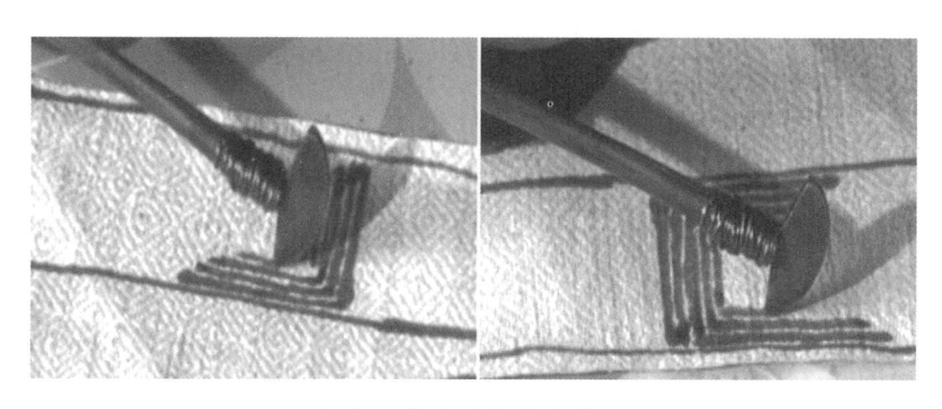

图 21　“卍”字纹填蜡过程一

接着第三次将布料旋转 90°，这次要画出七条平行直线，外侧的三条依次缩短的平行线是下一个连续的万字纹的开始。在围合的方框中心，画出“十”字纹，之后以一个三折的回纹连接直线和“十”字纹末端，每画一个三折的回纹，都要旋转布料 90°（因为布料较小，转动方便），直至画完“卍”字纹，再重复画下一个“卍”字纹（图 22、图 23）。

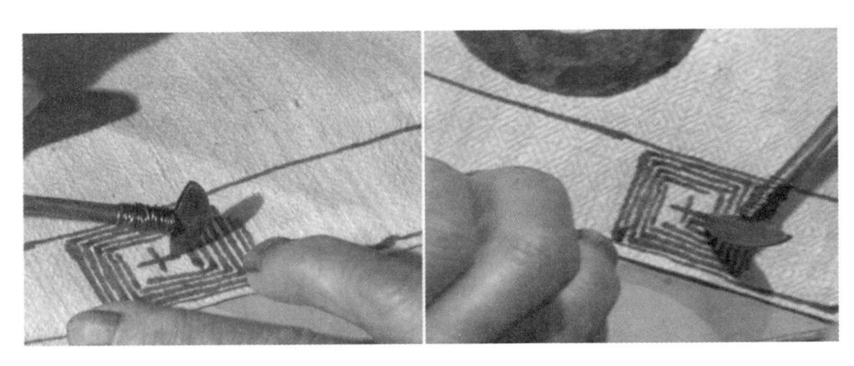

图 22　“卍”字纹填蜡过程二

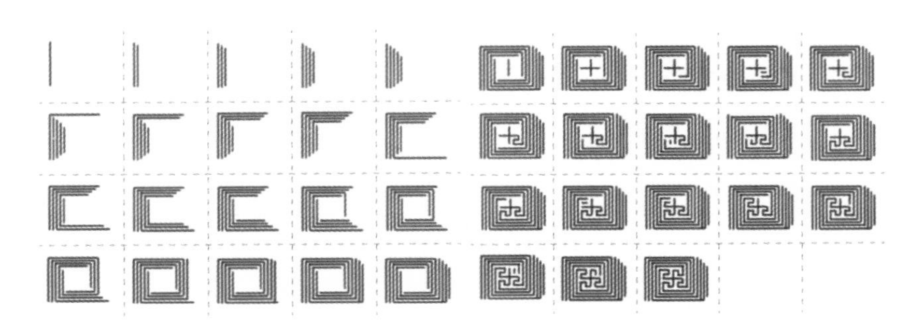

图 23　步骤图（谢菲绘制）

老人采用同一方向的线条成组画，旋转布料再成组画的方法，简化了步骤，提高了效率，线条间的平行关系更加精准。把图形编成组，便于理解结构，也不会看得眼花头晕算不清圈数。这样的步骤，即使一边画、一边带孩子、一边喂鸡、一边聊天都不会画错。

例五：贵州省六枝特区新窑乡桥梁村牛场坝组 40 岁王兴玉家中采访记录

我们抵达寨子后，四处询问，找到了王兴玉家。王兴玉正在画裙子上的蜡染纹样，横条纹的蜡染纹样，看似简单，其实每个条纹的宽度和顺序都有讲究，不能出错。宽窄不同的长长的直线中间，穿插着漩涡纹、锯齿纹、小花朵等，靠下摆处用直线和锯齿纹间隔出许多方形，里面是各种变化的纹样（图 24）。

在王兴玉的笔下，造型不同的纹样丰富有趣，在此列选了几种八角星纹样的画法。八角星纹样主要有两种结构，一种是方格内画“井”字的“九宫格”结构，另一种则是画对角线的“米字格”结构。在这两种结构的基础上可以变化出多种八角星样式的纹样（图25、图26）。

图24 蜡染纹样绘制

图25 五种不同八角星纹样的绘制步骤

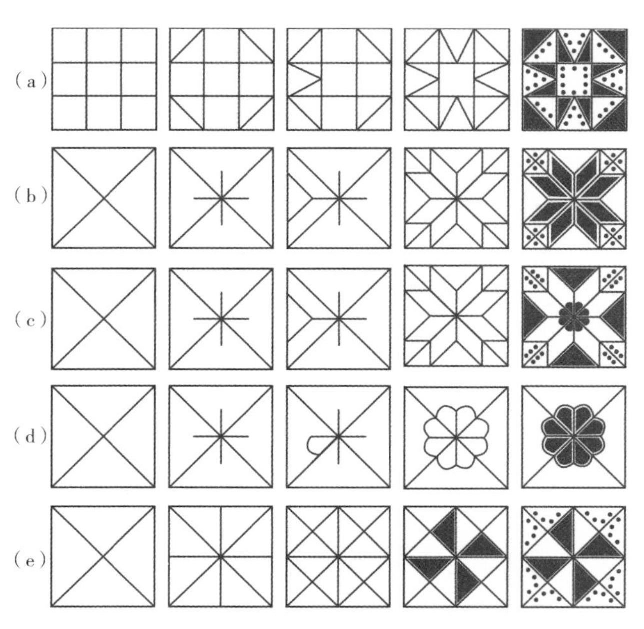

图26 步骤图（李欣慰绘制）

三、万变不离其宗——基础结构与万千变化

仔细观察苗族蜡染纹样，很多都是从“九宫格”“米字格”的结构中变化而来的（图 27、图 28），每一个图形元素都源自结构也依附于结构，层次分明，不易出错。

图 27　以“九宫格”结构绘制的纹样（谢菲绘制）

图 28　以“米字格”结构绘制的纹样（谢菲绘制）

观察苗族服饰中的古老纹样，我们可以感知纹样中的“规矩”，结构大多为基于方形、菱形及对角线的基本结构，也就是“九宫格”“米字格”的基本结构。纹样在框架约束中形成，但稍做增减和变化，就可以变化出丰富多彩的纹样组合（图 29~图 31）。

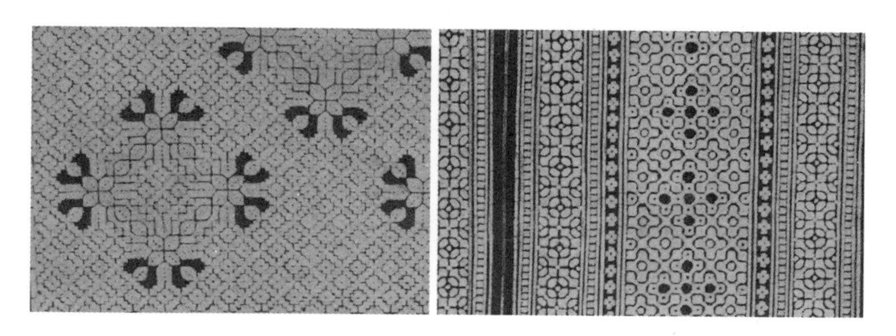

图 29　贵州省六枝特区梭戛乡苗族上衣袖子蜡染纹样

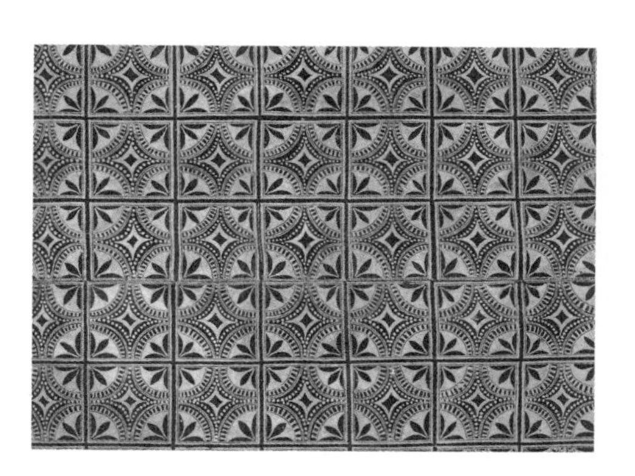

图 30　贵州省丹寨县扬武镇排倒村
苗族被单蜡染纹样

图 31　贵州省贵定县
小花苗服装纹样

四、结语

苗族蜡染的纹样以“九宫格”“米字格”结构为构成基础，配合直线、曲线、圆点、圆形、扇形、方形、三角形、锯齿形等简单图形元素，组合成二方连续或四方连续的样式，在变通中呈现多样性，但依然保持鲜明的族群风格特征，同时满足功能和审美的双重需求，好的设计能经受住时间的考验，是持续使用和传承的结果。

由于苗族蜡染绘制方法简单、程序性极强，因此使得绘制蜡染纹样变得容易，技艺门槛低，一个普通的女孩，不管她聪明与否，都能够迅速掌握。这是先人留下的可传授的方法，具有普适性，同时更蕴含深刻的仁厚与慈悲。因为每个女孩结婚后必须负责家庭所有成员的穿衣问题，方法简单易用很重要，能减轻女性的日常劳作的压力。这种简单的技术一旦入门以后，又有极大的发挥弹性与空间，聪慧的女性可以在技艺熟练的过程中发挥想象、精进到更高的境界，这就是传统的玄思与力量。

每一块手工完成的蜡染纹样，都是独一无二的，即使是相同的主题也表现得风格多样，这既与地理环境、习俗和民族文化相关，也与绘制的工具、材料和程序相关，更为重要的是，与每一位手作妇女的独特体会和感悟相关，纹样是群体沿袭与个人观察的互动结果。

以恭敬、谦卑的态度向乡村的手工艺人学习，以手艺的程序设计为基本线索，研究传统造物的思想与逻辑，感受想象的力量与手的智巧。

洞藏锦绣六百年

——两件元代对襟半臂短袄的保护与研究

贾汀[1]

摘　要：20世纪末在河北隆化出土的元代珍贵文物一经发现即引起轰动。本文记述了这批纺织品文物中的两件半臂短袄的科学修复保护及研究过程。在修复保护的基础上，通过对两件半臂短袄服饰形制、纹样图案及组织结构等方面的剖析，对"半臂"这一服装形制进行了初步的探讨研究。

关键词：元代半臂；保护修复；形制研究

Six Hundred Years of Beautiful Brocade Relics in Cave

— Protection and Research on Two Double-breasted, Half-sleeves, Lined-Short Jackets of the Yuan Dynasty

Jia Ting

Abstract: The precious cultural relics of the Yuan dynasty unearthed in Longhua, Hebei Province at the end of the 20th century caused a sensation. This paper describes the scientific restoration and protection process of two half-sleeves, lined short jackets among these textile relics. On the basis of restoration and protection, the preliminary research on this costume style—"half-sleeves"was carried out through the analysis in the costume style, pattern and structure of this two half-sleeves, lined short jackets.

Key Words: half-sleeves garment of the Yuan dynasty; protection and restoration; costume style research

[1] 贾汀，北京服装学院民族服饰博物馆副研究馆员。

一、文物的历史背景

20世纪末，在河北隆化鸽子洞出土元代文物67件套，这批文物一经发现即引起轰动。洞中物品因何藏于经年无人出入的山崖之上？又是何人所藏？至今仍是一团迷雾，待后人考证。鸽子洞出土的珍贵文物中有6件文书，根据其中《元至正二十一年正月赦文》《元至正二十一年四月过房残契》《元至正二十二年兴州湾河川河西寨王清甫典地契》等出土文书记载，这批洞藏文物具体时代应为元至正二十一～二十二年间（1361~1362年），属于元末明初时期。此时正值明军大举北伐，隆化处于战事频发的地方。据推测，鸽子洞出土物品的主人可能为躲避战乱，匆忙之中将这批物品藏于洞中，之后因故未能返回取走。鸽子洞出土的纺织品、骨角器质地精良、工艺考究，加之结合文书记述内容来看，物主应该不是一般平民百姓。

河北隆化鸽子洞出土文物中共5件一级品，其中衣衾类文物中有两件对襟半臂短袄均为一级文物，它们在颜色、服装形制、织造工艺等方面基本相同。蓝地菱格“卍”字龙纹双色锦对襟绵袄、蓝绿地黄龟背梅花双色锦对襟袄面，这两件短袄具有典型的元代半臂形制特点，与史料记载完全吻合（图1、图2）。

图1　蓝地菱格“卍”字龙纹双色锦对襟绵袄（修复前）

图2　蓝绿地黄龟背梅花双色锦对襟袄面（修复前）

二、保护修复

由于这批纺织品文物出土后未经过科学、系统的保护修复，加上隆化民族博物馆的库房保管条件所限，故已出现明显的劣化态势。笔者有幸参与了这批珍贵纺织品文物的修复保护工作，并主持修复了这两件半臂短袄。

图3　白色霉渍

（一）文物保存现状分析

根据观察及科学分析，目前这两件文物主要存在以下五个问题。

1. 霉变

纺织品文物属有机质文物，加之在埋藏过程中受到多种污染，存在各种污渍。出土之后未经清洗养护，保管条件不佳，出现长霉现象。因霉变已发生褪色、变黄、霉斑等不良后果，直接改变了纺织品文物的外观，降低了纺织品文物的质量（图3）。

图4　混合污渍

2. 多种污染物

出土的这两件半臂短袄为穿用过的服饰，文物存在粉尘、油污、汗渍、锈蚀、植物污染物等多种混合污染物，已影响到文物的外观，不利于保管，且在适宜的温湿度条件下极易滋生霉菌。这些残留在文物上的污染物，有些停留在织物表面，危害尚不明显且较易于去除；有些已经渗透至纤维内部和夹层中，影响到文物的外观，这类顽固污染物必须彻底清除干净（图4~图7）。

图5　油渍

图6　锈蚀

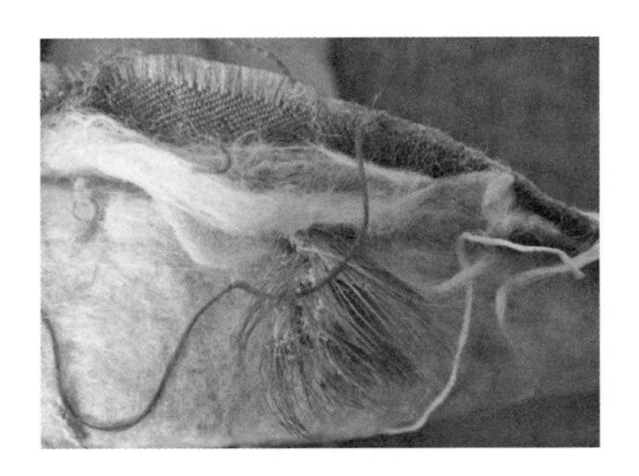

图 7 草籽及霉渍

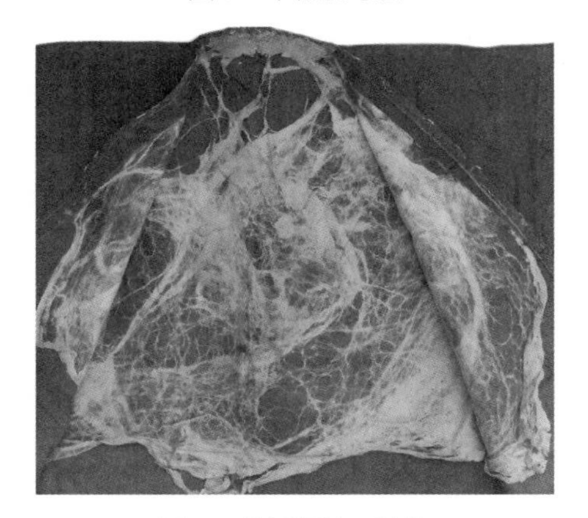

图 8 绵絮板结、脆化

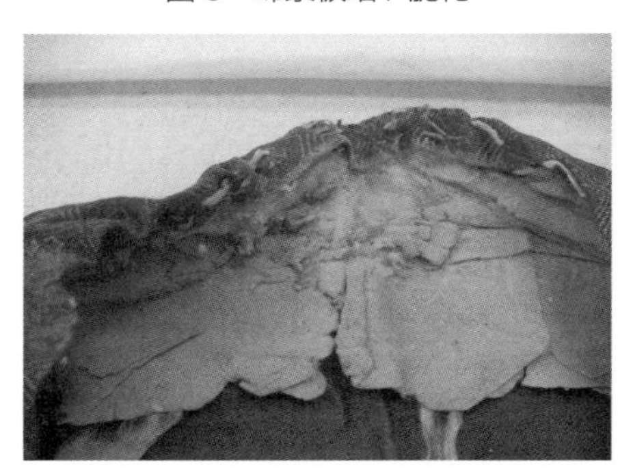

图 9 糟朽

3. 硬化、脆化

纺织品文物出土后各种环境参数都发生较大变化，加速了纺织品文物的劣化过程。这批元代纺织品服饰有的已开始变硬、脆化，遇外力极易发生断裂。尤其蓝地菱格“卍”字龙纹双色锦对襟绵袄内残留有绵絮，绵絮板结、糟朽，附着大量污染物（图 8）。

4. 糟朽

由于藏品单位没有专用于纺织品保管的文物库房，这批纺织品文物长期处于不适宜的自然环境，温湿度的波动和光照加快了织物纤维的老化程度，带来的直接后果就是纤维强度受损，有些看似完好的地方几乎是一触即碎，变得极为糟朽（图 9）。

5. 人为损坏

由于发现者为偏僻农村的几个少年，这批纺织品出土后，大多被孩子们撕扯嬉戏，故损坏、破碎极为严重，给修复和研究工作加大了难度（图 10、图 11）。

（二）保护修复技术路线和实施方法

根据文物病害状况，从消毒、织物分析、组织鉴定、清洗、整形、加固、补配等多个

图 10 破损

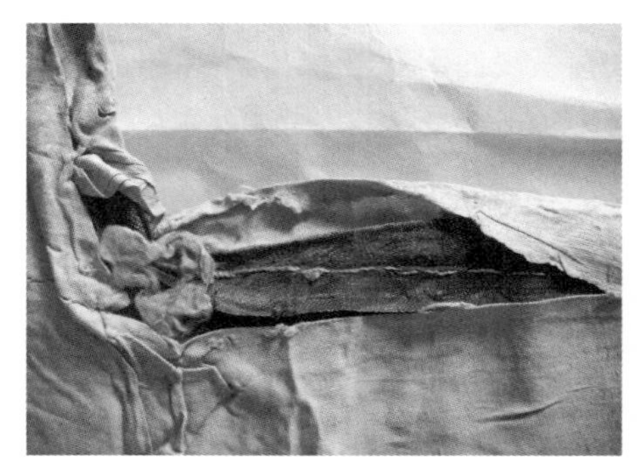

图 11 撕裂

环节进行修复保护，具体工作流程如下：消毒→修复前观察及记录（文字记录、绘图记录等）→科学检测分析（织物染料测定、面料颜色测定等）→制定修复方案→实施修复（清洁→阴干→整形→修复材料选择及预处理→织补、加固）→预防性保护，通过以上环节对其进行修复保护。

1. 消毒

选择环氧乙烷消毒法。环氧乙烷是当前用于文物杀虫灭菌比较理想的熏蒸剂，具有灭菌谱广、杀虫力强、渗透力强、挥发性好、低残留等优点，绝大部分霉菌及孢子、虫卵、幼虫、蛹、成虫都能被杀死，因此，环氧乙烷消毒法是目前运用比较广泛、有效、成熟的技术。

2. 修复前观察及记录

（1）观察记录：记录包含形貌特点、织造技术、面料材质、病害现状等详细情况的观察描述。

蓝地菱格“卍”字龙纹双色锦对襟绵袄：

半臂形制，对襟，镶缘。衣长66cm，袖展通长103cm。下摆宽55cm，袖口宽36cm，缘宽4.7cm，白绢领围宽2.4cm。立领内外衬纸边。袄面为蓝色织锦面料，蓝色地上显浅灰蓝色花纹。纹样为“卍”字方棋纹地龙纹图案，单位纹样高9cm，宽5cm，纹样为一正一反两条夔龙，呈四方连续排列。

面料经线：蓝色，投影宽0.015cm，无捻，密度63根/cm，三根一组，2/1斜纹。纬丝共有两组，均为浅蓝色，一组地纬、一组纹纬，投影宽均为0.03cm，无捻，密度均为44根/cm，幅宽28cm，颜色保存较好。里衬为白色绢，经线：白色，投影宽0.02cm，密度34根/cm；纬线：白色，投影宽0.02cm，密度34根/cm。幅宽58.5cm。衣襟镶白色纱地戳纱绣花边，采用白、黄、绿、棕、湘等颜色丝线，纳绣花卉、蝴蝶及人物图案。白色纱地为二经绞组织，绞经密度为36根/cm，纬线密度20根/cm。

文物表面遍布粉尘及白色霉渍。背部及两袖部有大面积脂肪、汗渍混合污染物。面料多处撕裂，衬里有破损。袄内絮丝绵，但大部分缺失并污渍严重，衣下摆处内里有草籽及携带白色霉渍。领缘内衬糟朽、酥脆。多处压痕、褶皱。

蓝绿地黄龟背梅花双色锦对襟袄面：

半臂形制，对襟，宽领。衣长64cm，袖展通长98cm。前衣长60cm，其下摆两面宽各26cm，后襟衣长64cm，下摆宽55cm，袖口宽32cm，领宽4.2cm。面料幅宽57cm。缝纫时扣边0.8cm，采用加捻黄色丝线，针脚0.3~0.5cm，针距0.5~0.8cm。

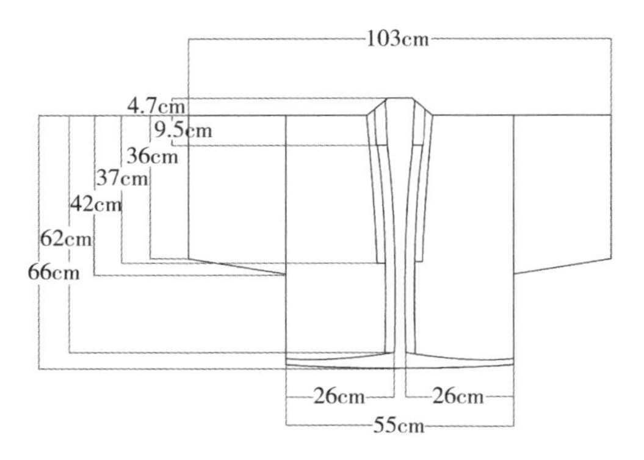

图 12　尺寸图

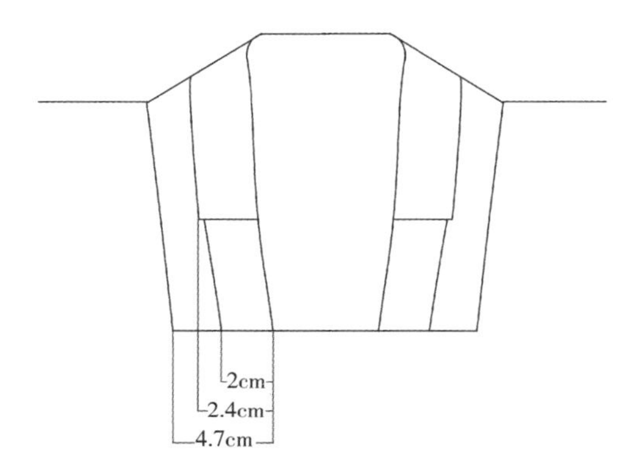

图 13　领部尺寸图

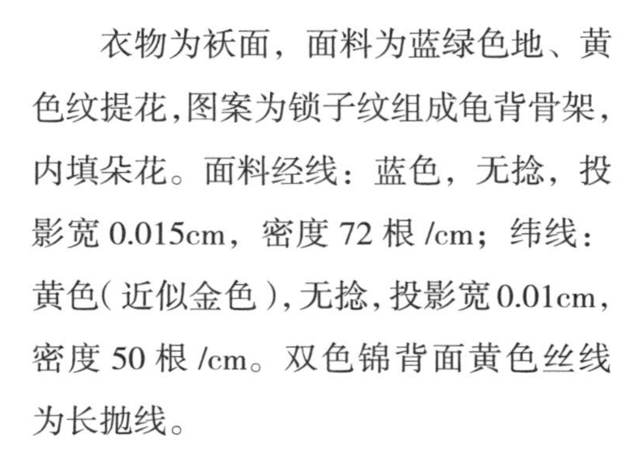

衣物为袄面，面料为蓝绿色地、黄色纹提花，图案为锁子纹组成龟背骨架，内填朵花。面料经线：蓝色，无捻，投影宽 0.015cm，密度 72 根 /cm；纬线：黄色（近似金色），无捻，投影宽 0.01cm，密度 50 根 /cm。双色锦背面黄色丝线为长抛线。

文物表面遍布粉尘、白色霉渍及油渍。领缘镶边缺失。内里无衬，故内部丝线有多处磨损、脱落，尤其衣下摆磨损严重。背部中心处有锈斑。整体压痕、褶皱严重。

（2）绘图记录：一般绘制服饰尺寸图、病害图、纹样图、面料织造结构图等。

蓝地菱格“卍”字龙纹双色锦对襟绵袄（图 12~ 图 15）。

图 14　单位纹样图

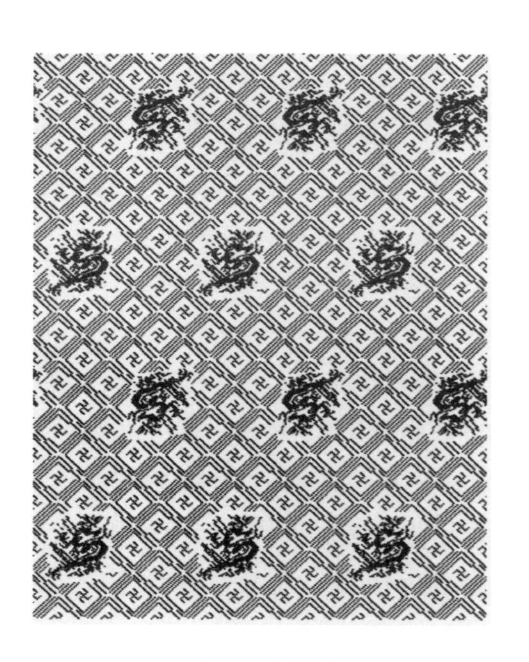

图 15　纹样图

蓝绿地黄龟背梅花双色锦对襟袄面（图 16~ 图 18）。

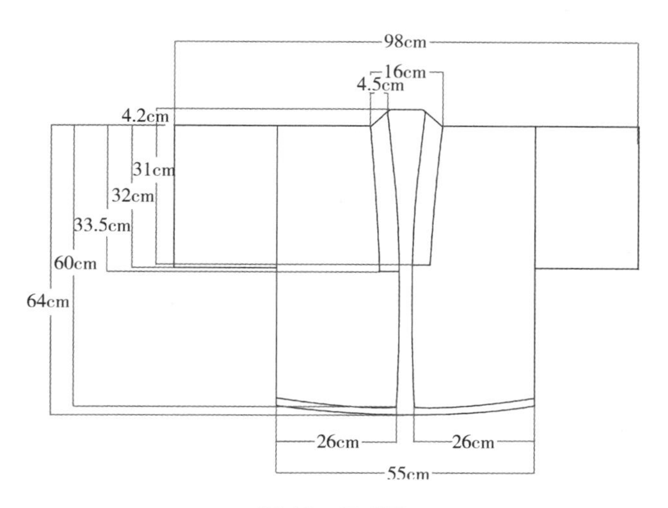

图 16　尺寸图

图 17　单位纹样图

图 18　纹样图

3. 科学检测分析

（1）织物染料测定

本次染料测定综合采用显微观察、激光拉曼测试、高效液相色谱分析等方法对鸽子洞出土的纺织品纤维进行分析研究。该组样品均为修复时织物脱落的少量丝线（长度最小的约 1cm），通过多种分析手段相互佐证表明，这两件服饰样品均为丝织品，系采用蓝草中的靛蓝染色，色素成分有靛蓝素和靛玉红。样品中色素成分比例并不相同，推测至少在元代人们已经能够有意识地调整制靛工艺，从而染出自己需要的色光❶。

（2）面料颜色测定

利用美国爱色丽分光光度仪测定，该检测主要验证在纺织品文物清洗方面，保护修复的效果是否科学有效。

以蓝地菱格卍字龙纹双色锦对襟绵袄为例，对其几处代表性部位进行色彩量化及清洗前后色差对比，测试结果表明右襟边缘镶边包裹处及左袖处清洗后亮度有所增加，对本身的蓝色色泽影响甚微。右下衣角污渍处，清洗前 b^* 值偏大，表明色彩偏黄，而清洗后 b^* 值明显降低，偏文物本身应该有的蓝色色调，可见污渍已经基本去除。同样右襟白色污渍处、背面右腋下部与背面右腋下白色污渍处 b^* 值均有所降低，表明清洗后已基本去除了文物受污染时泛黄的色彩，使文物重返本色❷（表 1）。

表 1　蓝地菱格“卍”字龙纹双色锦对襟绵袄清洗前后颜色测定比对表

测试点	右襟边缘镶边包裹处		左袖		右下衣角污渍处	
	清洗前	清洗后	清洗前	清洗后	清洗前	清洗后
L^*	32.91	35.9	37.37	39.36	35.72	38.14
a^*	–2.95	–4.15	–4.19	–4.26	–2.13	–4.04
b^*	–5.36	–4.9	–3.39	–1.96	3.23	–3.86
△ E	3.25		2.45		7.73	
测试点	右襟白色污渍处		背面右腋下部		背面右腋下白色污渍处	
	清洗前	清洗后	清洗前	清洗后	清洗前	清洗后
L^*	36.54	35.71	40.04	37.28	40.36	38.99
a^*	–3.45	–4.55	–5.06	–5.7	–4.02	–5.34
b^*	–0.52	–3.66	–1.63	–5.01	–3.21	–6.36
△ E	3.43		4.41		3.68	

4. 实施修复保护

这两件服饰折叠挤压在土坑中几百年，服装形制、面料已叠压变形，折皱严重，并有多处撕裂、破损状况，均需要平整、加固和补配。根据污染状况，可以发现污染因素由人们日常生活中常接触的一些物质所造成，如油渍、汗渍、蛋白、泥土、灰尘及碳酸钙结晶等。针对不同的污染因素采用不同的技术路线和实验方法。本次修

❶ 何秋菊 . 织绣品蓝色染料科学分析［G］// 隆化民族博物馆 . 洞藏锦绣六百年——河北隆化鸽子洞藏元代文物 . 北京：文物出版社，2015：70–73.

❷ 贾汀 . 纺织品文物的保护修复技术路线［G］// 隆化民族博物馆 . 洞藏锦绣六百年——河北隆化鸽子洞藏元代文物 . 北京：文物出版社，2015：21–39.

复根据制定的修复方案，实施了清洁→阴干→整形→修复材料选择及预处理→加固、补配→预防性保护等环节对其进行修复保护（图 19~ 图 22）。具体修复技法可参见《洞藏锦绣六百年——河北隆化鸽子洞洞藏元代文物》一书。

图 19　蓝地菱格“卍”字龙纹双色锦对襟绵袄正面（修复后）

图 20　蓝地菱格“卍”字龙纹双色锦对襟绵袄衣襟镶白色纱地纳绣花边（修复后局部）

图 21　蓝绿地黄龟背梅花双色锦对襟袄面正面（修复后）

图 22　蓝绿地黄龟背梅花双色锦对襟袄面背面（修复后）

三、两件半臂短袄形制考

（一）半臂形制发展渊源考证

关于半臂这种形制的服饰，最早的记述见于汉代刘熙《释名·释衣服》：“半袖，其袂半襦而施袖也”[1]。但这一时期出土实物中可以分辨出短袖衣的文物十分鲜见。沈从文在《中国古代服饰研究》中记述：“半臂又称半袖，是从魏晋以来上襦发展而出的一种无领（或翻领）、对襟（或套头）短外衣，它的特征是袖长及肘，身长及腰”。《事物纪原》卷三引《实录》说：“隋大业中，内官多服半臂，除即长袖也，唐高

[1] 刘熙．释名：卷 4［M］// 丛书集成初编．北京：商务印书馆，1939：81.

祖减其袖，谓之半臂”[1]。据此自唐代短袖罩衣，正式被称之为半臂。半臂开始流行时，起于隋代宫廷内，先为宫中内官、女史所服，唐代传至民间，男女均可穿着。到了唐代中后期，半臂逐渐演化为妇女的专用服装。半臂的兴盛时期是在唐代前期，中期以后便有了显著的减少。隋唐时期半臂有对襟、套头、翻领或无领式样，袖长齐肘，身长及腰，以小带子当胸结住。因领口宽大，穿时袒露上胸。多穿在衫襦之外。隋唐时期半臂的服装形制大量出现在壁画、陶俑等文物中。至宋代，半臂在多数文献中被称为半袖或背心。这一款服饰在武士之间十分流行，主要得益于在行走时穿着十分便利。而官员之间穿着这种服饰只局限在私室或燕居。自战国一直发展到宋代，半臂是一直存在的一种服装类型，其形制基本上都是遵循着对襟短袖长服，也可以是对襟短袖上襦的样式，形制没有出现较大的变动，只是不同时期适用人群和场合有所区别。[2]（图 23~ 图 25）

图 23　唐代缠枝宝花团窠花卉纹锦半臂
（成都博物馆藏）

图片来源：周询、杨叶语，《半臂唐衣半江山》，成都博物馆公众号，2017.https://mp.weixin.qq.com/s/GxPtw8BXLt5j2Z4jnQMmJw?。

图 24　法门寺地宫出土唐代大红罗地对襟蹙金绣半臂冥衣
（法门寺博物馆藏）

图片来源：黄能馥、陈娟娟，《中国丝绸科技艺术七千年》，北京：中国纺织出版社，2002：98。

[1] 高承 . 事物纪原：卷 3［M］// 丛书集成初编 . 北京：商务印书馆，1937：107.

[2] 胡越 . 元代襦裙半臂形制特点及来源考证［J］. 兰台世界 .2015（18）：136.

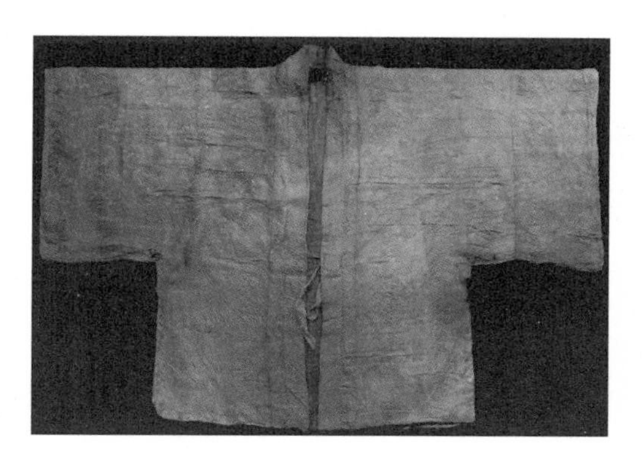

图 25　黄岩南宋赵伯澐墓出土对襟缠枝葡萄纹绫袄
（中国丝绸博物馆藏）
图片来源：高丹丹、贾荣林，《浅谈“敬天惜物”造物思想在中国传统服饰中的应用》，文物鉴定与鉴赏，2017（11）：70。

（二）元代半臂形制考证

元代服装，以长袍为主，样式较辽代的稍大。半臂的服用更加普遍、更加多样化，从宫廷至民间、从百官至普通民众，无论男女皆服用。自元代起，半臂成为男女短袖服的通称，但女性穿着更为普遍。妇女常在常服襦裙外套一件半臂，称为襦裙半臂。形制上也较前代有所变化，主要有以下三种形制。

1. 直领齐腰式半臂

这种款式基本延续了唐宋时期的短袖、直领、对襟、束带的半臂形制。元代这种款式半臂有不少出土实物。其中内蒙古元代集宁路古城遗址出土、内蒙古博物馆藏的棕色罗花鸟绣夹衫是目前所发现的元代彩绣服饰中的重要代表之作。这件服装短袖、对襟、直领，其中彩绣图案多达 99 个，题材为元代流行的春山秋水。在洛阳道北元墓发掘的元代文物中，出土一侍女俑，该陶俑身穿的服饰就是对襟直领齐腰半臂袄，这是典型的隋唐服制形式。除此之外，在西安曲江池西村，考古工作者发掘的文物中，也有女俑身着窄袖衣，外套形制为直领齐腰半臂短袄（图 26）。元代壁画中也出现了大量此种形制的服饰，如陕西横山罗圪台村元墓壁画《墓主夫妇并坐图》，图中墓主夫妇 6 人坐于长塌上，男主人坐于中间，头戴深红色帽，内着红色窄袖长袍，外穿白色宽袖长袍。五位夫人发饰相同，均头梳双丫髻，内穿左衽袍，外罩各色直领齐腰半臂短袄（图 27）。1982 年内蒙古赤峰市元宝山区宁家营子村老哈河西岸“沙子山”西坡发现了元代壁画，壁画中有彩绘《墓主人对坐图》，其中女主人身穿左衽紫色长袍，外罩直领深蓝色齐腰式半袖袄。女主人身后站立的女仆身着窄袖左衽粉红袍，外罩直领、齐腰式半臂袄（图 28）。

图 26　陕西西安曲江元墓出土加彩女俑
图片来源：华梅，《中国服装史》，天津：天津人民美术出版社，1999：255。

图 27　陕西横山县元墓壁画《墓主夫妇并坐图》
图片来源：张宏瑜，《穹庐一曲本天成——蒙元时期内蒙古等地区墓室壁画中的女性形象研究》，西安：陕西师范大学，2016：54。

图 28　内蒙古赤峰市宁家营子元墓壁画《墓主人对坐图》
图片来源：董新林，《北方地区蒙元墓葬初探》，考古，2015（9）：117。

2. 方领过腰式半臂

由于元朝与高丽之间的政治联姻，元代宫廷内高丽式服饰盛行一时，对半臂的服饰形制也有所影响，其形制与比肩的衣袖很相似，但此衣是方领、过腰式。元代诗人张昱《宫中词》：“宫衣新尚高丽样，方领过腰半臂裁。连夜内家争借看，为曾着过御前来”[1]。中国丝绸博物馆藏元代云头龙凤杂宝纹暗花绫半臂袍，领型为方形，对襟有七颗纽襻的半臂袍（图 29）。

3. 交领过膝长袍式半臂

元代出现了一种与前代半臂形制迥异的交领、右衽、腰束带、两边开衩、袍长过膝的半袖长袍，一般穿在质孙服外。这是极富元代特色的蒙古式服饰形制。《元史·舆服志》载：“服银鼠，则冠银鼠暖帽，其上并加银鼠比肩。俗称曰襻子答忽。”[2]上文所叙述的衣服搭配形式是当时元朝统治者在每年冬季，所能够穿的十一种服装中的一种，在当时又被称之为答忽衣。这种蒙古族所着交领、右衽、袍长过膝的半臂就是元代流行的比肩。[3]

图 29　元代云头龙凤杂宝纹暗花绫半臂袍（中国丝绸博物馆藏）
图片来源：张国伟，《元代半臂的形制与渊源》，内蒙古大学艺术学院学报，2013，10（1）：58。

（三）小结

根据文献记载及考古出土的壁画、陶俑等实物相互佐证，本次修复保护的两件鸽子洞出土半臂短袄皆属直领齐腰式半臂形制。这种传习了隋唐时期的半臂形制服饰在文献及实物例证中最为常见，可以说元代在建国之后，随着政治的稳定，当时蒙古贵族及百姓更喜传统形制的半臂短袄。元朝虽是中国历史上第一个由少数民族执政的朝代，但在礼仪制度上更是积极效仿之前的汉唐之制。从半臂形制的发展可以看出，元朝作为一个多民族国家，服饰形制既继承了古时遗风，又吸纳了多元文化元素，并结合蒙古族特点形成了其特有的服饰文化体系。

[1] 柯九思，等 . 辽金元宫词［M］. 陈高华，点校 . 北京：北京古籍出版社，1998：17-19.
[2] 宋濂，等 . 元史：卷 78［M］. 北京：中华书局，1976：1929-1930.
[3] 董晓荣 . 敦煌壁画中蒙古族供养人半臂研究［J］. 敦煌研究，2010（3）：31.

明代环编绣獬豸胸背技术复原研究❶

蒋玉秋❷

摘 要：本文以中国丝绸博物馆藏的一件明代胸背为研究对象，从文化角度对胸背中的神兽形象进行考证，通过比对明代文献、图像及实物中的“麒麟”与“獬豸”的异同，建议将原考古报告中补服称谓的“麒麟”更定为“獬豸”。其次，从技术角度对胸背的主体环编工艺进行分析与复原实践，通过实地考察文物、比对同期实物等方法，对复原胸背的配色进行了推断，选定了能形成原物外观的材料，将胸背不同部位的工艺技法分项处理，最终按等比例、同工艺完成该獬豸胸背的技术复原。

关键词：环编绣；獬豸；胸背；技术复原

Research on Technical Restoration of the Needlelooping Xie Zhi Badges in Ming Dynasty

Jiang Yuqiu

Abstract: This paper is based on one of badges in Ming dynasty collected in China National Silk Museum. The image of mythical creatures is investigated from cultural perspective. Through comparing similarities and differences of “Qi Lin” and “Xie Zhi” in literatures, images and material objects, it is suggested that “Qi Lin”in original archaeology report should be changed to“Xie Zhi”. Besides, this paper analyzes and restores needlelooping technology of badge from technical perspective. Through field investigation and comparison of material objects, the role of restored badge is inferred. Meanwhile, the materials which can form the appearance of original object are selected. Craft and techniques of different parts of badge are finally applied to complete technical restoration of“Xie Zhi”badges.

Key Words: needlelooping; Xie Zhi; badge; technical restoration

---

❶ 本文为北京市社会科学基金项目：明代经典服装形制复原研究（17LSA001）的成果之一。

❷ 蒋玉秋，北京服装学院副教授，博士，研究方向为中国传统服饰。

中国丝绸博物馆藏“麒麟绣补云鹤团寿纹绸大袖袍残片”（图 1），原物于发掘于浙江省嘉兴市王店镇李家坟墓葬群，根据 M1 出土的墓志铭，已知葬墓时代为明嘉靖时期，M2 为墓主李湘，M3 为其正妻，M1 和 M4 为李湘之妾。据发掘报告，这件出土于 M4 的袍服，色彩尽失、残帙数片，但前后两方胸背（图 2）除了局部破裂和脱线外，整体保存较好。胸背尺寸为 35cm 见方，祥云地上托起一只仰头啸天、怒目圆睁、火焰缭绕的神兽，考古报告中将其定名为“麒麟”，但是否正确不无疑问。胸背质地细密，工艺特别，特殊之处在于不同部位肌理方向不一，胸背正面清晰可见盘金线、丝绒线，而反面只有各单元纹样外轮廓的钉缝痕迹，中心部位留空（图 3）。这种独特的肌理，在技术上以织造方式难以实现，唯一可行的工艺则是流行于元、明时期的环编绣。本文借用包铭新先生对“复原”的界定——复原研究是通过对文物本身及相关材料的研究以求对文物原貌的再现，而技术复原不仅需对文物外观、色彩、纹样的物质性原貌进行再现，更需对形成外观的非物质性制作技术进行实践再现。笔者有幸参与此次中国丝绸博物馆明代系列研究课题，近距离对胸背进行实物分析，并尝试对其进行技术性复原。

图 1　出土袍服残片

图 2　獬豸胸背正面

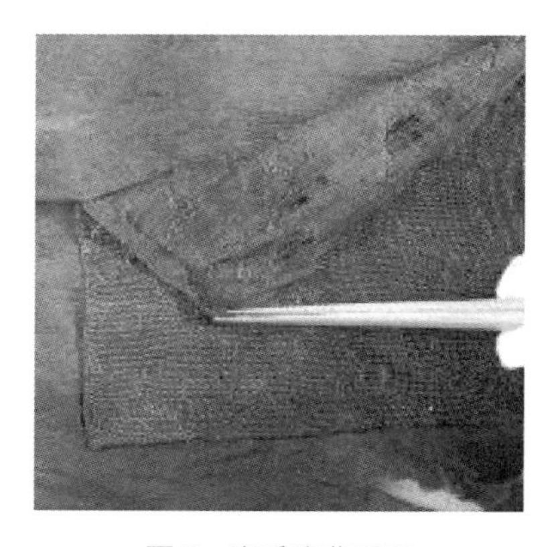

图 3　獬豸胸背反面

一、基于明代环编绣獬豸胸背的研究

（一）胸背花样：是麒麟，还是獬豸

《嘉兴王店李家坟明墓清理报告》中原称此胸背花样为“麒麟”，但比对其形，发现“麒麟”与“獬豸”相混淆，前者为“公侯驸马伯花样”，后者为“风宪官花样”。

两种神兽形象的载绘见于明代书籍《大明会典》及《三才图会》，《大明会典》中的麒麟形象为跪坐于山石之上，四周环以海浪、松柏、云朵。麒麟本身特征为：头生两角，嘴鼻如龙，浑身鳞片，头肩、脊背、股腿、尾巴均饰有燃烧的火焰。它的身体朝左，但头部呈回首望月状，后足叩地，前左足如跪状，右足撑地，足为偶蹄。《三才图会》中所绘麒麟形象，虽并非专用于胸背花样，但可做比对参考，其最重要的特征也是足为偶蹄。

獬豸在《大明会典》中的形象为：蹲坐于天地之间，头顶独角，束鬃上扬，头脸似麒麟。但身体无鳞，足为爪趾。《三才图会》中所绘獬豸则身有鳞甲，尾巴扫地，头上独角，爪为多趾。可以概括的是，无论獬豸身体有鳞或无鳞，它与麒麟最重要的区别为独角、有爪趾（表 1）。

在已知明代出土及传世的麒麟与獬豸胸背实物中（表 2），两者之别除如上所述外，还有三个重要特征：第一，獬豸眼睛比麒麟更大，更凸出。怒目圆睁，符合其“能辨是非曲直，能识善恶忠奸”都察监审之初义；第二，獬豸身形比麒麟更为骨感。其后脊背线条凹凸有致，前胸锁骨以下节节明显。其形与《说文》中对“豸部”之解相得益彰：“豸，兽长脊，行豸豸然，欲有所司杀形”；第三，獬豸身形往往是蹲坐之姿，而不是麒麟的跪坐之态。显然，蹲坐比跪坐更便于快速起身触倒奸邪，随时启动“见人斗，则触不直者；闻人论，则咋不正者”的本能。

鉴于如上比对分析，嘉兴王店李家坟出土编号为 M4 : 20 的“麒麟绣补云鹤团寿纹绸大袖袍”之胸背上的神兽，因其身体无鳞多毛、四爪多趾、怒目圆睁、身形骨感、蹲坐之姿五项共性特征，符合明代獬豸的外在视觉形象。再者，墓主李湘身份为“文林郎”，考其子李芳为嘉靖乙丑进士，“文林郎”身份是父凭子贵而被封，其职为散官，正七品，主节察、监判，为风宪官之属。M4 墓主徐氏，其棺盖上墨书“明故庶母徐孺人灵柩”，“孺人”又恰符合明制封赠七品职官母妻为“孺人”。鉴于如上考证，这件胸背花样正应为獬豸。故，原先称为“麒麟”的胸背，应更名为“獬豸”胸背。

表1　明代文献中的麒麟与獬豸图像

名称＼出处	《大明会典》正德本	《大明会典》万历本	《三才图会》
麒麟			
獬豸			

表2　明代麒麟与獬豸胸背实物

名称	实物及出处		
麒麟胸背	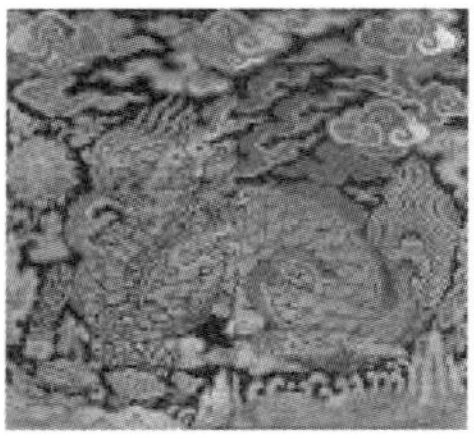 （孔府旧藏）	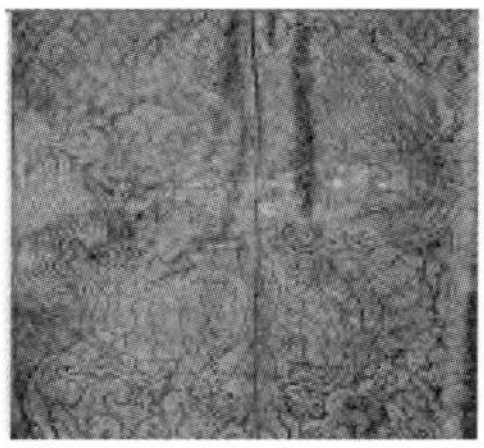 （宁夏盐池县博物馆藏）	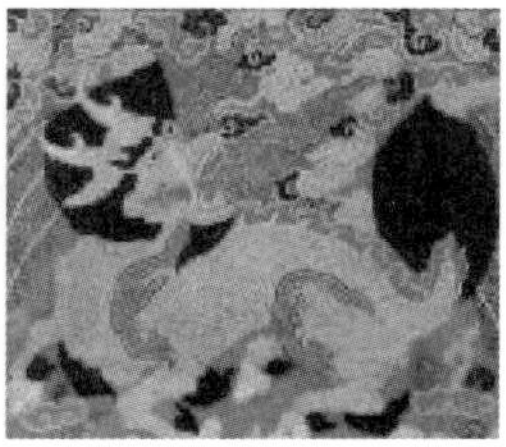 （贺祈思先生藏）
獬豸胸背	 （贺祈思先生藏）	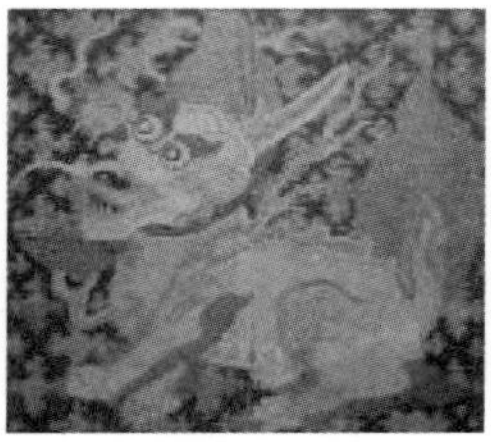 （贺祈思先生藏）	 （桐乡市博物馆藏）

（二）胸背工艺分析

1. 环编绣工艺

这件獬豸花样胸背的肌理极为特别，乍看似分为地部与花部，地部为类似绞经罗的质地，但细查不同部位，可见肌理方向不一、疏密不同，几乎无法织造或缂制，比对类似肌理的文物，可判定这种工艺正是流行于元、明时期的环编绣技法。环编工艺既可以单独成花，也可以与其他针法相组合显花。其实言之“绣”，更恰当的说法当为“编绣结合”，绣时先界定出外轮廓，之后沿图案走势逐行环编，所谓“环”，即上下左右以圆环相连，彼此牵制固定，非常适用于有明显边界的花样。表 3 中所示的图是元、明时不同风格的环编绣实物，或满地打环，或底衬金箔，在其上间隔留出规律性的孔洞，环编出均匀的花样，肌理紧致，有一定的厚度，除了美观之外，更为牢固实用。

表 3　元、明时期的环编绣实物

 牡丹蝴蝶纹环编绣胸背 （美国大都会艺术博物馆藏）	 金刚杵纹环编绣镜套 （贺祈思先生藏）	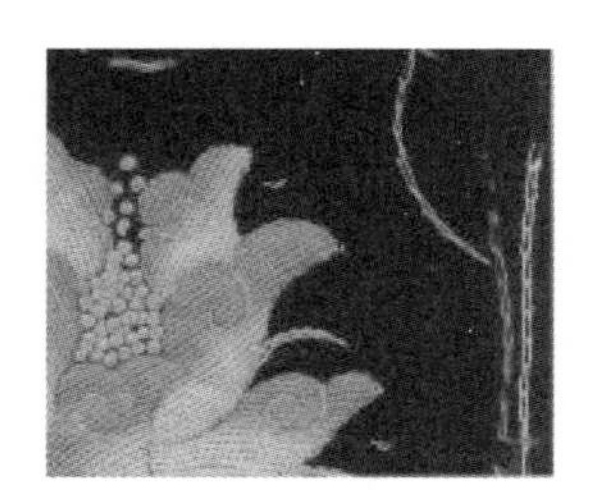 环编绣九条袈裟局部 （日本京都天授庵藏）
 环编绣花朵纹饰片 （耕织堂藏）	 环编绣五佛冠局部 ［伦敦斯宾客拍卖行（Spink&Son Ltd）藏］	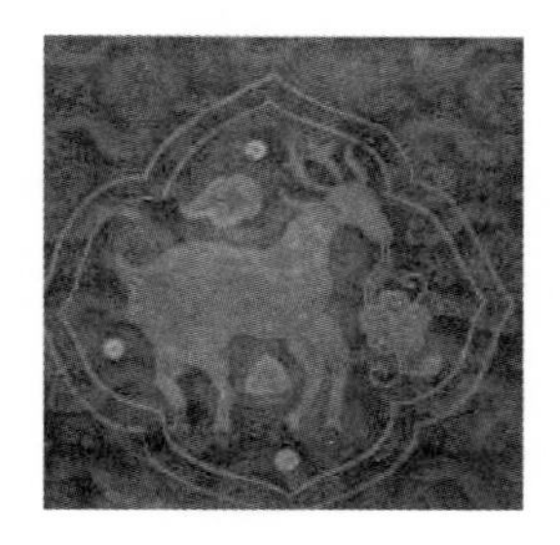 环编绣鹿纹装饰 ［万玉堂画廊 （Plum Blossoms Ltd）藏］

这件獬豸胸背（图 4）各环编部位肌理有平有斜，整体规律为：以单元图案中较长的一边为起针拉线的方向，这样的做法符合环编技法的实操可行性。具体可划

分为四大区域（图5）：

A. 云朵：云朵环编肌理最为紧致，均为水平横向。以1cm×1cm单元面积计，横向9环，纵向10环。

B. 火焰及脊背：这两处肌理为斜向，顺于角的长边方向。其肌理紧密度次之，以1cm×1cm单元面积计，横向9环，纵向8环。

C. 头脸及胸脯：这两处肌理稍有倾斜，顺于大的走势方向。其肌理紧密度再次之，以1cm×1cm单元面积计，横向8环，纵向8环。

D. 身体：这个部位在胸背中整体面积最大，肌理方向为水平横向，紧密最为稀疏，以1cm×1cm单元面积计，横向7环，纵向6环。

2. 其他辅助工艺

在环编绣的肌理之上，还有三种典型刺绣工艺：绒线绣、盘金绣、锁绣。

①绒线绣位于獬豸的鬃发部位，是成束的丝线，其本身无捻，劈丝成绒。绒线绣表现了獬豸鬃发浓密上扬的神姿（图6）。

②盘金绣所用金线为捻金线，固定线为真丝股线。盘金绣在此有两大实用功能，其一应用于缘边的圈界，既圈出了朵云与獬豸身体的外轮廓，巧妙地掩盖了不同环编部位的接痕，让整幅作品更为流畅生动。其二，应用于绒线绣之上，既盘出毛发的动势走向，又压住了底层疏松平铺的绒线。

③锁绣使用量最少，用真丝股线，部位集中在獬豸牙齿圈金线内部，做填充使用（图7）。

图4　獬豸胸背线描稿

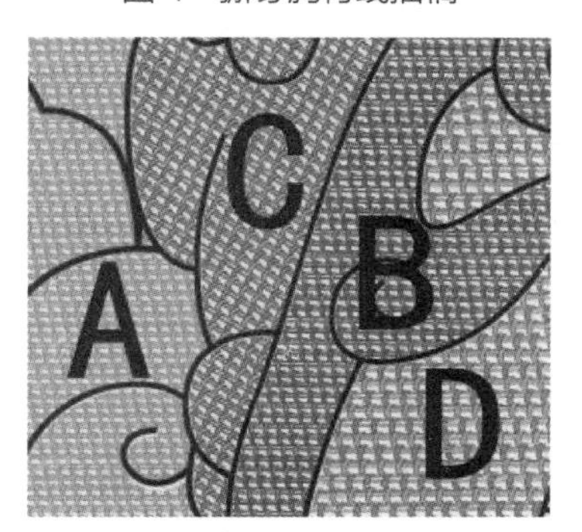

图5　各部位环编方向示意图

图6　獬豸腿部绒线绣和盘金绣

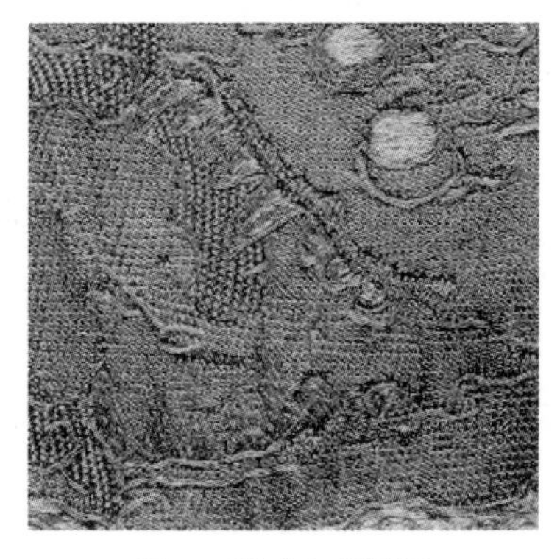

图7　獬豸齿部锁绣

二、环编绣獬豸胸背的技术复原

（一）獬豸胸背复原的定色

这件胸背出土时色彩褪为棕黄色，原本色彩属性已无法辨认。对其进行色彩再现时的主要依据是比照同期传世彩色胸背实物。

1. 地部叠云色彩的选定依据

这件胸背以云纹为地部，上下相错交叠，呈叠云状。其中，单体朵云长宽接近，均约为4.5cm，顶部波线形似品字，一波三折，中部高两侧低，下部如意勾饱满圆润，大且回环。整个底布单体云朵四四一组，以上下相接，左右相切，排列如菱形骨架，斜向看更有整齐成列之势。满地的云纹，究竟是什么样的配色？参考诸多或织或绣的明代云纹配色关系，不难发现，四合之云配色基本为四色，如：“青、绿、红、黄”组合，或“红、橙、黄、青”组合（表4），无论哪种组合，其共性就是单体云色绝不与四周云色雷同。

表4　明代织绣实物中的云朵配色

 明代纳纱狮子胸背局部 （美国大都会艺术博物馆藏）	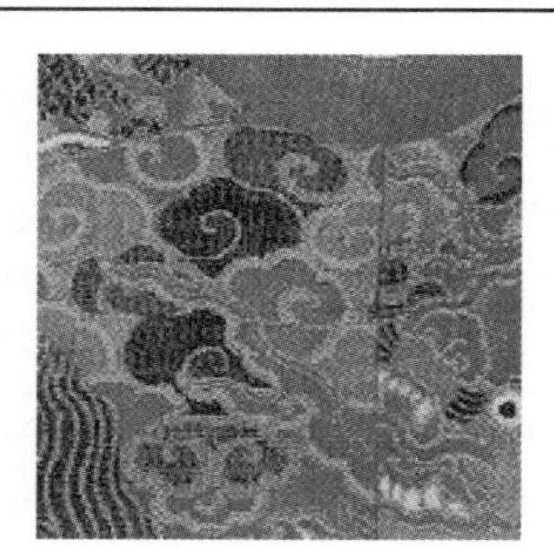 明代四兽红罗袍局部 （孔府旧藏）	 明代缂丝狮子胸背局部 （美国大都会艺术博物馆藏）
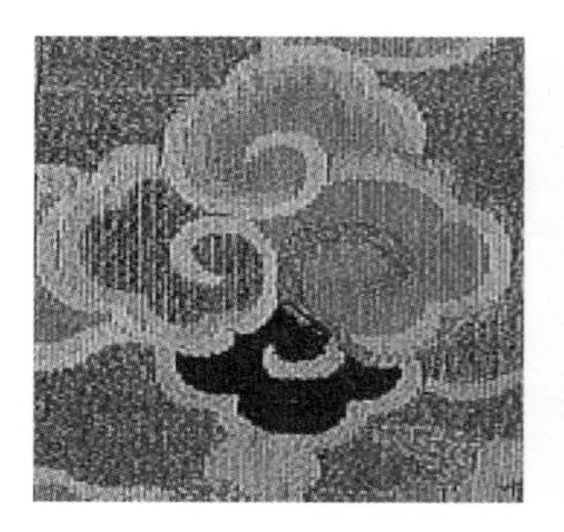 明代缂金龙纹寿字织片局部 （故宫博物院藏）	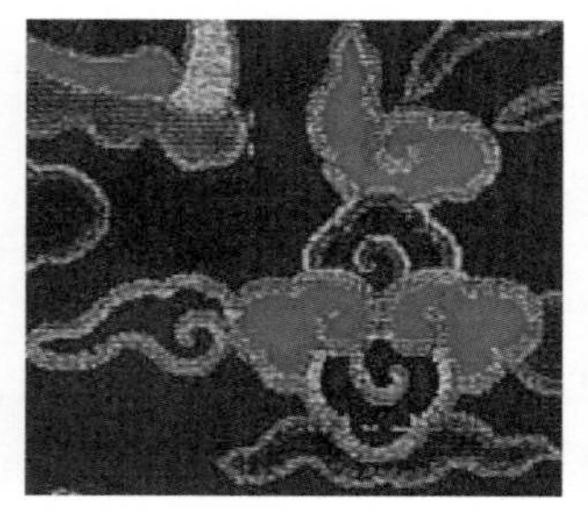 明代绿地蟒纹妆花缎局部 （故宫博物院藏）	 明代蓝地云鹤纹妆花纱局部 （故宫博物院藏）

分析明代云朵的配色，恰与著名的数学三大猜想之一的“四色定理”相吻合。这个定理通俗的说法是：如果在平面上划分出一些邻接的有限区域，那么可以用至少四种颜色来给这些区域上色，使得每两个邻接区域上的颜色都不一样。更具说服力的是济宁文物局刊出的《济宁文物珍品》中孔府旧藏“青色地妆花纱彩云补圆领衫”的胸背（图 8），其地部云朵共计“天蓝、黄绿、深绿、墨绿、中黄、橘黄、大红、肉粉”八个颜色，其组合看似随意，实则有序。以左侧胸背基本规律为例：斜向一列颜色为“天青 + 深绿”的重复组合模式，偶尔打破规律间以中黄或大红；斜向二列颜色为“大红 + 柿黄”的重复组合模式，间或以橘黄或深绿为换色，上下所有菱形骨架内颜色各不相混。参照如上规律，并比对明代同期织绣品实物色彩，最终将本獬豸胸背的云朵颜色定为青、红、绿、黄四色，所配色彩规律如下所示（图 9）。

图 8　孔府旧藏彩云胸背

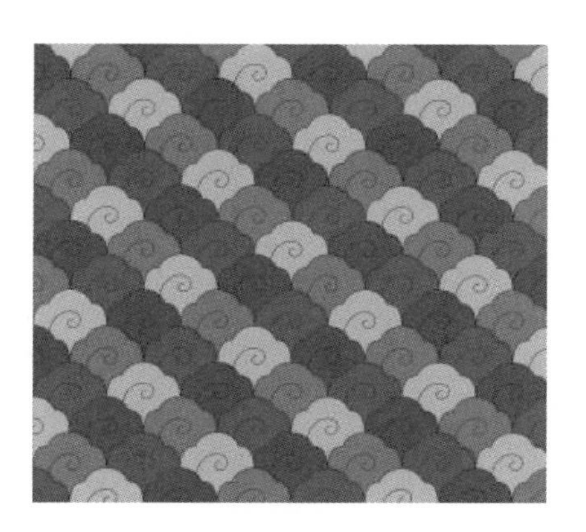
图 9　地部叠云色彩规律

2. 獬豸各部位色彩的选择

表 4 中已知明代獬豸胸背的颜色类同，现将獬豸各部位线色加以区分：

身体及面部：这两个部位在此胸背中颜色面积最大，考虑其悬浮于彩云之上，又不可过于轻浮，故将其米色系尽量调深。

须发及鬃毛：这几个位置在獬豸的下巴、头顶、尾巴、股腿部位，有随风上扬之势，毛发定色为褐棕。

胸脊与唇舌：獬豸的唇、舌、胸、脊，色为浅棕，色相与鬃毛、身体色同系。

牙齿与爪趾：色浅于身体，偏白。

火焰：火焰是这件胸背中最有动感的部位，与鬃发相互呼应，冉冉上升绕于獬豸的四肢，它的颜色定为朱色黄口。

独角：獬豸的独角颜色当与面部颜色不同，而又不可过于突兀，将其色定于黄朱之间。

图10　所选胸背底布

图11　衬纸

图12　漏粉法转移花样

图13　刷样后的效果

眼睛：考虑其怒目圆睁之势，主体用深色，又为调和整体獬豸色彩，最终定为深褐色。

（二）技术复原步骤

1. 选料

考察胸背原物，其底布为丝质，组织结构为平纹。在几次试制过程中，选择了几种软硬不一的底料，经试验，面料过软，难以支撑上部有一定厚度的环编花样，可见布料必须有一定的挺括性，故而最终定为生织绢料。因考古现场工作人员所述袍服出土时色彩为红色，故将底布染为红色（图10）。

除底布外，环编绣时需把布料拿于手上操作，而环编时需借力，仅靠生绢的力量难以承托，又有元代环编绣于底布下垫纸的前例，经试验发现，其一，所选衬纸需具备一定牢固度，防止被紧密的针孔扎散；其二，衬纸需具备一定韧性和厚度，才可以衬托底布；其三，衬纸需具备一定松脆性，在环编完成时，便于顺利从背后撕下而不影响底布的平整性（图11）。

2. 定样

针对这件环编胸背花样的实现，有三种方法可选：其一，直接以墨稿绘于底布之上，这种方法需要较高的手绘起稿技巧，缺点是墨线会持续存在。其二，将花样绘制于衬纸之上，再将衬纸与底布上下固定，假缝出外轮廓线。这种方法的缺点是对底布的薄透性要求较高。其三，用传统扎样、刷粉的方式转移花样到底布，混合煤油的白粉随着油的蒸发会日渐消失，不至留下底稿痕迹。鉴于以上考虑，此次复原选用第三种方法（图12、图13）。

3. 配线

胸背制作涉及三种线——真丝股线、真丝绒线、捻金线。其中股线用于环编部位，按配色辫股备用；绒线用于鬃发部位，因现有绒线为一大束，需将其劈分成股，按股盘号备用；捻金线为真金箔片切割成细条后，捻于丝线之外制成，在本胸背中所用金线为双股，为保证其顺滑性，先将成束金线绕于轴上备用（图 14）。

图 14　真丝线、金线

4. 试绣

试绣目的有三：一为调整线的配色，对线的彩度、明度加以微调；二为测算线的用量，使备料充足；三为调整针距，使之与原物肌理更为相符。本胸背环编试绣示意见下图（图 15）。测算原物盘金钉线规律，间距平均在 0.5cm 左右，钉线点遇骨朵转折处加密。

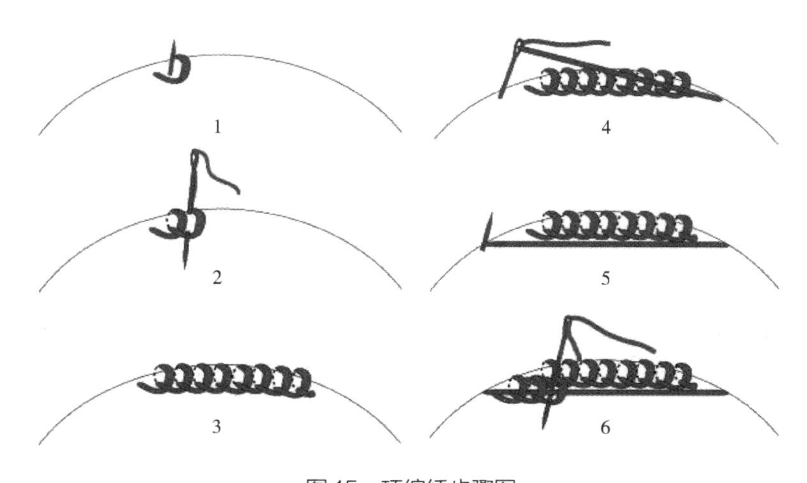

图 15　环编绣步骤图

5. 绣制

根据试绣方案，先启动环编部位的刺绣，技法上需注意的是各部位边缘线要衔接紧密、流畅（图 16）；再做鬃毛部位的绒线绣，运用平针沿外轮廓均匀成行拉线，疏密得当；次之用锁绣做出獬豸牙齿；最后做盘金绣，用双线盘出云朵外轮廓及云勾，并压住绒线位置，做出獬豸鬃发走势。如上，完成獬豸胸背的最终绣制（图 17），

图16　环编云朵局部效果图

从反面小心去除衬纸，修剪线迹，平整胸背（图18）。

三、结语：技术复原的意义

实践证明，以环编绣方式可以实现嘉兴王店李家坟明墓出土袍服胸背的主体肌理，另辅以绒线绣、锁绣、盘金绣三种方法，能够再现其制作技艺（图19、图20）。在环编绣方法几乎罕用的当下，探索其技术方法有重要的意义，这提醒我们在进行以实物为对象的纺织服饰研究过程中，应重视其物质性背后的非物质属性研究。在分析文物表象的同时，还应动手去实践，让针对文物的文化研究、艺术研究、技术研究

图17　环编獬豸胸背局部

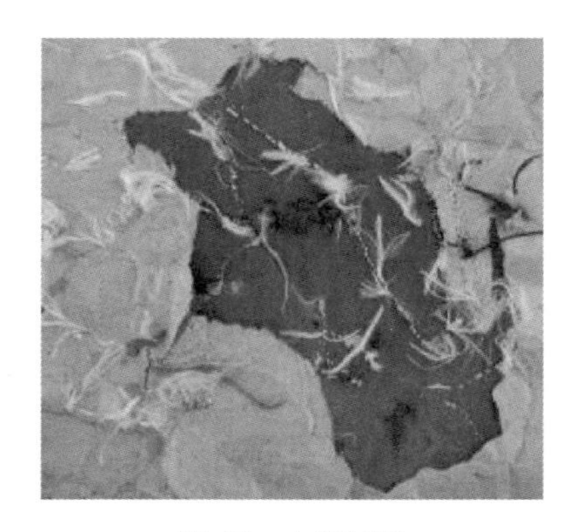

图18　去除衬纸

图19　环编绣獬豸胸背复原正面效果

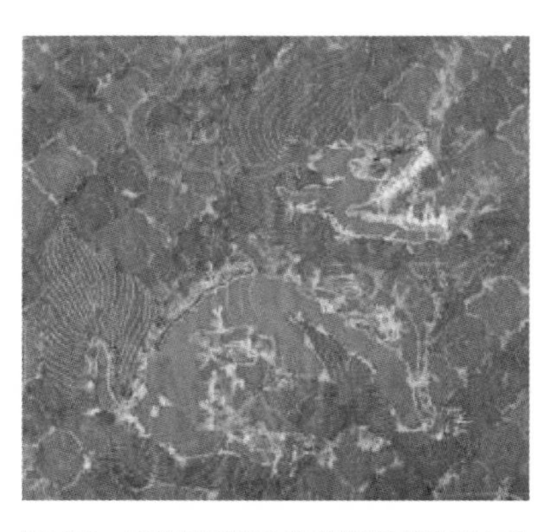

图20　环编绣獬豸胸背复原背面效果

更加立体。与此同时，明代环编绣獬豸胸背的技术复原实践还可以串联出文献、图像、实物和技术彼此间的互证，这为在技术复原基础上进一步实现技术仿制和再创新奠定了良好的基础。

致谢

该技术复原是在中国丝绸博物馆馆长赵丰先生及薛雁、汪自强、周旸、王淑娟、徐文跃等师友和嘉兴博物馆吴海红女士的支持、帮助下，经过三年实践完成的。环编技法研究得到了刺绣名师徐美玉女士的指导，邓艳阳、黄诣景、谢钟叶、张庆、罗柳絮等亦参与了实践环节，在此一并致谢。本次技术复原实践过程难免存有不足，敬请各位朋友指正。

参考文献

[1] 王圻，王思羲．三才图会［M］．上海：上海古籍出版社，1988.

[2] 申时行，等．大明会典［M］．北京：中华书局，1989.

[3] 吴海红．嘉兴王店李家坟明墓清理报告［J］．东南文化，2009（2）：53-62.

[4] Patricia B. A stitich in time: speculations on the origin of needlelooping［J］. Orientations, 1989，20（8）: 45-53.

[5] Milton S, Lucy M. The asian embroidery technique: detached looping［J］. Orientations, 1989，20（8）: 46-61.

[6] Zhao F. The Chronological development of needlelooping embroidery［J］. Orientations, 2000，31（2）: 44-53.

“针织”称谓的考释

刘大玮[1]　郑嵘[2]　王亚蓉[3]

摘　要：本文以“针织”一词为研究对象，从文化的角度对古代手工“针织”技术及其称谓源流进行考证。通过对比古代文献资料，发现关于古代针织物的中外史实资料具有一定的同一性，即均由编织技术延伸而来，且织物具有“织成”面料的特性；其次，从语言学的角度对“Knit”一词词意的演变过程进行分析，认为“针织”这一称谓并非是“Knit”词意的延伸，从先秦至今，“针织”这一称谓的演变经历了“编织—编物—针织”三个阶段。

关键词：针织；编织；编物

The Study and Interpretation of the Word “Knitting”

Liu Dawei　Zheng Rong　Wang Yarong

Abstract: Taking the word “knit” as the research object, this paper makes a textual research on the ancient hand-made “knitting” technology and its appellation origin from the perspective of culture. By comparing the ancient literature, it is found that the historical materials about the ancient Chinese and foreign knitted fabrics have certain identity, that is, they all extend from the knitting technology and the fabrics have the characteristics of forming fabrics. Secondly, from the perspective of linguistics, this paper analyzes the evolution of the word meaning of “knit” and holds that the title of “knit” is not an extension of the word meaning of “knit”. From the Pre-Qin dynasty till now, the evolution of the title of “knit” has gone through three stages.

Key Words: knit；hand knitting；woven；interwoven

---

❶ 刘大玮，北京服装学院博士（在读）。

❷ 郑嵘，东华大学教授，博士研究生导师。

❸ 王亚蓉，中国社会科学院考古研究所特聘研究员，博士研究生导师。

关于“针织”一词很难用言语进行定义，国际标准组织对很多针织物术语进行了定义，但都无法对其本身进行定义。此问题来源于对针织品构成定义的必要性而不是制造工艺，长期以来在史学界、文博界没有引起足够的重视。但是，随着近些年纺织考古的不断发展，大量古代针织物被纺织考古学家发现，作为针织技术的历史理论研究基础，有必要明晰“针织”这一称谓的历史源流，这对于针织技术在特定历史时期形成过程的学术研究提供了一种可供参考的理论建构。

一、神话与传说

关于我国古代编织的历史十分悠久，早在先秦时期《周易·系辞》中便有“结绳而为网罟，以佃以渔”的描述，即先民为了生存用动植物纤维做成线，线编织成渔网，用渔网进行捕猎采集，到夏商时期便有先人用线编织服装。西汉东方朔所编纂的《神异经·大荒西经》中对这种服装是这样记述的：“西荒有人，不读五经而意合，不观天文而心通，不诵礼律而精当。天赐其衣，男朱衣缟带委貌冠，女碧衣戴胜皆无缝。”描述的是西方遥远的地方有一些人，他们并不阅读传统经典，但行为、思想却合乎规范。男子着红色衣服，腰系白色大带，头顶戴帽。女子穿绿色衣服，头戴华丽的首饰，这些衣物均无接缝。这是关于“天衣无缝”这一成语的最早记述。

这种服装款式与同时期西方古代文献中所描写的服装款式十分相近，《圣经·约翰福音》第十九章二十三节对这种服装款式是这样叙述的：在耶稣受难之前，士兵分捡他的衣服据为己有，但是有一件丘尼克连身内衣是没有接缝的。有研究者认为它很有可能是由一块长方形的面料制作而成，他的研究基于古罗马时期的托伽的制作技术，面料固定在一个或两个肩膀上，并包裹身体，没有袖子。但托伽的款式通常为左侧敞开或者系腰带，做到完全没有接缝是不可能的。

对于当时的技术水平而言，除针织技术以外的其他编织技术是很难达到这种无

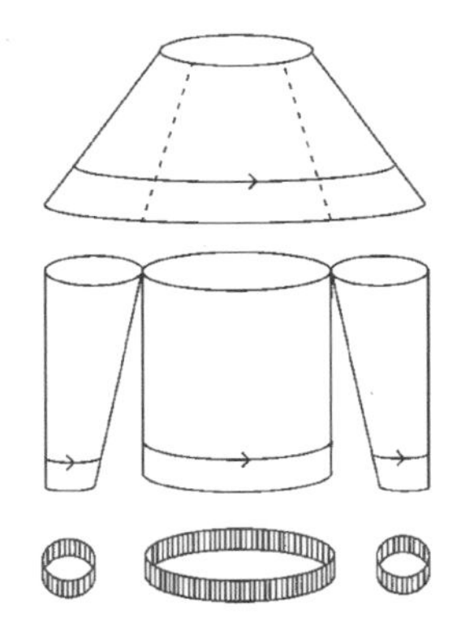

图1　电脑横机全成型技术编织原理示意图

缝的编织结构，这是由于针织技术特有的编织方式所决定的，即通过纱线移动形成线圈，线圈通过相互串套形成织物，仅仅依靠一两根木棒就可以完成。这与其他编织方式相比更为灵活，当今的机械设备可以完成同样的编织动作，如图1所示。

基于所处时代的社会背景，针织技术在当时的存在是有一定合理性的。在中世纪早期，伯尔尼、米兰、汉堡、博洛尼亚等地的教堂，出现了大量以针织圣母像为主题的宗教绘画，如图2所示。其中最著名的是马斯特·伯特伦（Maester Bertram）于14世纪末15世纪初创作的针织玛利亚画像，如图3所示。在这幅画中圣母玛利亚坐在一个优雅的房间，手里拿着四根针，在织一件深红色的衬衣。她几乎快要完成这件衣服，准备在脖子处收针。三卷纱线球在她旁边的草篮中，她正在用其中两卷纱线，两个都挂在她的右

图2　针织的圣母像

左一、左二作者不详，尺寸54.5cm×25.5cm；右一、右二作者维塔利·德格里（Vitali Degeri），尺寸41cm×41cm。

图3　针织的圣母玛利亚像

作者马斯特·伯特伦，14世纪末至15世纪初。

手上。小男孩耶稣躺在花园的草地上，他前面有一本打开的书，有一根鞭子和陀螺在他旁边。他没有看他的母亲而是越过肩膀转过头看着站在他身后的两个天使，一个手中拿着一个十字架和三颗钉子，另外一个手里握有矛和荆棘头冠。这些宗教绘画从图像的角度与《圣经》中所描述的无缝内衣相互印证。

二、关于古英文中“Knit”一词

“天衣无缝”的故事是迄今可以找到的最早描述古代针织品的文献资料，但是尚不能确定针织品及相关词汇的由来。在国内可查古代文献中，并没有发现可以代表针织技术的词汇，所以有部分研究者认为针织技术是“舶来品”，“针织”这一称谓是随着西方针织技术发展而来的。其理论基础在于，我国现代针织工业是从西方传入，始于洋务运动之后，西方相关研究实物链完备，有一定理论基础，而这一时期我国相关研究相对滞后。但是，随着我国纺织考古的发展，在中原地区出土了大量的针织品实证资料，这些资料有力地证实了我国古代针织技术的客观存在。因此，有必要对“Knit”这一词汇所代表的意识形态及其相关文化现象进行系统的梳理与分析。

在古英文中，并没有一个单词可以表示“针织”，拉丁词汇也是一样，这样的单词在整个中世纪是很难被找寻的。有研究者将“Knit”与梵语联系起来，认为“Knit”一词起源于梵语的“Nahyat”，虽然古英文与梵语之间有着广泛的相似性，但是，从技术角度分析，这时印度的针织品是完全靠手工完成的，与其说是“手工针织”倒不如解释为“以手指代织针”，这样的编织方式相当于我国古籍中的“手经指挂”，因此将“Nahyat”译为“编结”更为合理。在盎格鲁－撒克逊时代的英格兰地区，仍无法找到可以代替“Knit”这一称谓的单词，直到中世纪晚期，才在一些文学作品中见到“Knytt”的拼写形式，如威廉·兰格伦（William Langland）在其代表作《农夫皮尔斯》中将“Knytt”与帽子制作联系起来。“Knytt”是“Knit”的词根，“Knit”拼写形式是由“Knytt”演变而来。

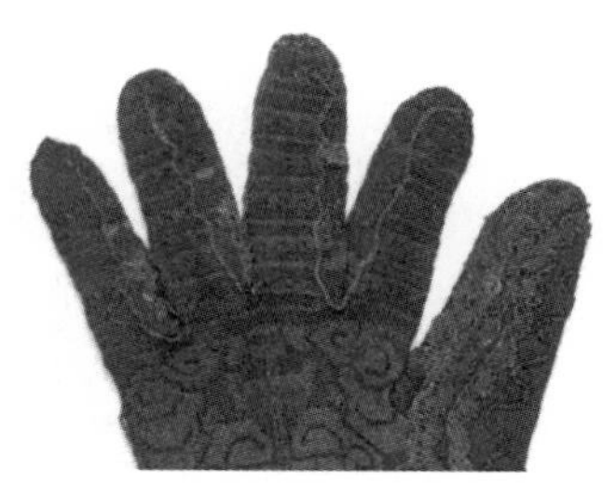

图4　16世纪西班牙手套，现藏于维多利亚博物馆

在同一时期留存下来的基督教资料中，其中一些礼拜书、仪式书中经常提到一种针织手套，如图4所

示。这种手套只有主教和其他高级教士在重要场合才能佩戴，宗教文献对服饰的描述是遵循一定规范的，而这里通常使用“Interwoven”一词描述主教手套的织物。显然“Woven”一词比“Knit”的历史更为悠久。

直到文艺复兴晚期，“Knit”一词才逐渐带有我们现在称之为针织的纺织工艺的含义。我们从莎士比亚在 1590 年到 1610 年对“Knit”一词的使用可以为其研究提供更多依据。研究表明，“Knit”这个单词在他文学作品中共出现了 38 次，其中只有两次代表“针织”的含义。这与同时期大量出现的针织圣母像主题宗教绘画相呼应。从 16 世纪开始，这种编织技术从手工逐渐转入机械化生产，针织业逐渐发展成为一种贸易。它随着欧洲探险家和殖民者不断向外传播，也就是在这一时期针织技术由西方传入亚洲。

三、“编织”与“针织”

当今我国学术界对于针织技术的起源一直存在争议，其争论的核心在于古代针织物的组织结构与现代织物的异同，一些古代针织物组织无法用现代针织机械进行仿织，这些论点基于手工织造，因此认为这种织物是编织物而非针织物，而与其相悖的是构成针织物最基本的组织元却是线圈。

清末的“洋务运动”使针织技术传入我国，这里的针织技术并非是广义的针织技术，它是众多机械编织技术的一种，是第一次工业革命的衍生品，而非手工针织品，手工针织物相比机械编织物组织结构更为灵活。与日本和其他东亚国家不同，我国古代针织的技术并没有间断，有一定的延续性，文化并没有断层。1983 年湖北荆州马山一号楚墓出土的针织绦带将我国手工针织技术的历史延伸至公元前 3 世纪，并且汉、唐、宋、元、明都有史实资料出土，因此，必然有一种词语代表这种技术的表征而存在。

在民国时期以前，并没有任何文献直接出现关于“针织”这一称谓的记述，但古籍中有关织带的记载却有很多，名称虽不一致，它们却具有共同的特性。首先，在古人的纺织体系中，这些织带都被归纳为编织物，即由绳或线编织而成。其次，这些编织物都带有“织成”的特性，段玉裁提出“凡不使剪裁者曰织成”，也就是说面料不经过裁剪可以直接编织成所需要的形状。在可考据的织带名称中，有一种叫“紃”的编织物与出土针织绦带的组织结构最为接近，它是用彩线编织而成的环状织带，宽度与绳的宽度十分接近，用于布料拼接处，据此可以推断“针织”技术是由“编织”技术延伸而来。在我国古代意识形态里，长期将“针织”技术与“编织”技术混为一体，“编织”是两种技术的共同称谓。之所以出现这种文化现象在于该技术对这一时期社会的重要性、特殊性及技术应用的普遍性，而非“针织”这一称谓的必要性。

河北隆化步古沟镇四里村辽墓出土的铜丝网络殓衣的组织结构，从实物角度揭示了“编织”与“针织”之间的关系。如图5所示，这种殓衣流行于辽代，主要穿着于尸体外侧，根据人体各部位结构进行编织，分头、手、臂、胸、腹、腿、足七个部分，各部分别编织完成后，穿于死者内衣之外，再用铜丝将各个部分衔接。值得注意的是关于手部的编织结构，手掌与手指由两种组织构成，手指的组织结构与鲁特（Rutt）在埃及发现的袜子（于1987年8月28日至31日考察中发现）组织结构完全相同，后者被西方研究者认为是古代手工针织物。

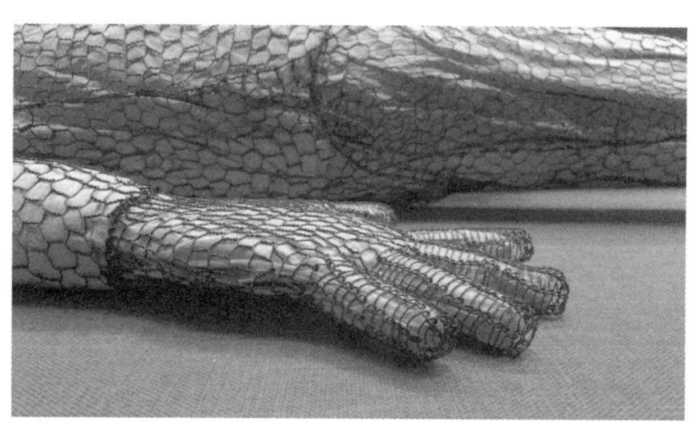

图5　河北隆化步古沟镇四里村辽墓出土的铜丝网络殓衣手部细节图

在目前相关的可查文献中，对“针织”一词的记述历史十分短暂，最早仅可以追溯至清朝末期。洋务运动以后，针织机械才被引入中国，1896年吴秀英于上海开设我国第一家针织企业“云章衫袜厂”，这一时期“针织”一词并没有被广泛地使用，在民国二十三年由中华民国教育部组织编写，商务印书馆发行的中等职业教育教材中，对于针织教育之教材的命名为《编物大全》，而非“针织”，如图6所示。书中是这样描述这种技术的，“以毛线、丝线、棉线编成巾帽衣袜”，从这一文化现象可以表明，在民国初年，“针织”一词并没有被广泛地使用，这里的“编

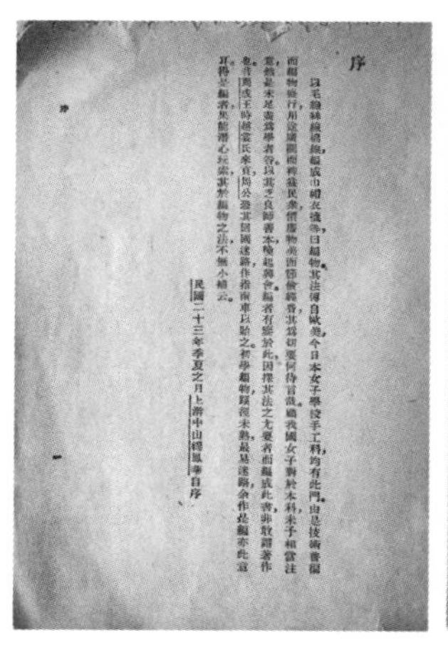

序

民國二十三年季夏之月上浒中山穆凰華自序

職業教科書委員會審查通過

編物大全

穆鳳華編著

商務印書館發行

图6　商务印书馆发行的《编物大全》影印图片

物”可以理解为编织物品，“编织”一词具有更广泛的含义。上述观点并非孤证，在民国二十一年上海商务印书馆出版的《英华合解词典》中对“Knit”这一单词是这样解释的——“编织，以铁针编线”。

从语言学的角度，针织技术的称谓经历了从“编织”至“编物”，再从“编物”到“针织”过程的转变。这种称谓的变迁主要取决于民国初年针织业的快速发展。以上海市南汇县为例，1920 年至 1930 年，“城厢四郊，袜机厂林立，机声相应，盛极一时”。20 世纪 30 年代初，全县大小袜厂 150 家之多，从业工人一万两千人之多，全年产袜 226 万余打，产值 271 万余元。随着对针织产品的需求的快速增长，“针织”这一称谓在民国时期快速发展成为民间的一种通俗叫法，当时人们一说起衫袜便会联想到“针织”，约定俗成，它在现代化机械生产的语境中产生，带有来自原语境的价值观和意识形态，并成为一种重要的服装文化符号。

四、结语

纵观“针织”这一称谓的发展历史，与社会经济水平发展密不可分。在西方，“针织”这一称谓从中世纪开始逐渐形成，一开始这种技术仅仅局限于主教及封建贵族使用，但伴随工业革命的发展，资本主义萌芽兴起，针织技术作为重要的生产资料逐渐普及并被大众所接受，随着西方殖民扩张传入亚非拉等欠发达地区，导致这些地区文化深受其影响，特别是日本，与针织技术相关的一些纺织称谓混有大量外来词语。这种文化现象对于我国针织技术及其文化发展的影响是不可避免的，但是我国文化更具包容性。关于我国“针织”称谓的演变经历“编织—编物—针织”三个时期，这个称谓的转变是自觉的，是我国古代纺织文化的延伸性。至今关于“针织”这一技术的称谓已经基本确定，鲜有重大变化，这种变化的背后是与民国时期民族资本的崛起紧密相关的。

参考文献

［1］William Felkin. History of the Machine-wrought Hosiery and Lace Manufacture［M］.Carolina：Nabu Press，1867.
［2］黎国滋 . 编织物及针织工业史料（一）［J］. 针织工业，1988（3）：16-22.
［3］刘大玮 . 中国古代针织技术的发展源流和技术分析［J］. 针织工业，2017（5）：21-24.

[4] 新疆维吾尔自治区博物馆.新疆且末扎滚鲁克一号墓地发掘报告[J].考古学报，2003（1）：89-136.
[5] 赵丰.织物的类型及其组织元[J].中国纺织大学学报，1996（5）：27-32.
[6] 彭浩.江陵马山一号墓出土的两种绦带[J].考古，1985（1）：88-95.
[7] Krista Vajanto. Nalbinding in Prehistoric Burials-Reinterpreting Finnish 11th-14th-century AD Textile Fragments[J]. Oulu :the Archaeological Society of Finland, 2012（4）：21-33.
[8] 汪敬虞.中国近代手工业史资料[M].北京：中华书局，1984.

镶嵌支撑法

——一种简易有效的纺织品文物保护保管方法

柳方[1]

摘　要：纺织品文物在新疆可移动文物中占有重要地位，具有极高的文化艺术价值和科学研究价值，其保护保管工作一直备受关注。本文介绍的镶嵌支撑保护法，是笔者根据新疆博物馆馆藏纺织品文物的特点，结合自身库房保管、保护修复工作经验，经过反复实践，新创的一种纺织品文物保护保管方法。该方法严格遵循文物保护的最小干预原则，操作简单、材料环保、成本低廉、适用性强，对新疆纺织品文物物理加固保护和日常保管工作有一定参考意义。

关键词：纺织品文物；文物保护修复；文物保管

Mosaic Supporting Method — a Simple and Effective Method for Protecting and Storing Textile Relics

Liu Fang

Abstract: Textile relics play an important role in the movable relics of Xinjiang Uygur Autonomous Region, which has extremely high cultural, artistic value and scientific research value. And their protection and preservation work has been attached great significance. What the mosaic support protection method introduced in this article is a new conservation and preservation method for the textile relics that designed after the author is in accordance with the characteristics of the collection of relics in Xinjiang Museum, combines with their own work experience on protection and repair in warehouse storage, and also after repeated practices again and again. This method follows the minimum intervention principle of relics protection strictly, which has the features, such as simple operation, environmental protection, low cost and strong applicability. It has certain reference significance for physical reinforcement and protection of daily management on Xinjiang textile relics.

Key Words: textile relics；renovation of relics protection；relics preservation

[1] 柳方，乌鲁木齐市政府办公厅职员。此文于2015年定稿，笔者时任新疆维吾尔自治区博物馆技术部副主任。

一、前言

新疆独特的地理环境及气候条件使得出土纺织品文物保存状况较为完好，新疆维吾尔自治区博物馆藏文物中有大量的纺织品文物，这些文物的历史艺术价值、科学研究价值极高。如何保护、保管好这些纺织品文物，是笔者一直关注的问题。

文物保护这门学科的范畴很广，涉及保护理念、馆藏环境、检测分析、修复技法、材料科学等众多方面，专业性和知识性很强。同时，文物保护在国外和国内也有不同的历史传承，从理念、原则到审美、技法，都有很大不同。笔者仅以纺织品文物在博物馆这个特定环境中最基本的保护需求为出发点和落脚点，结合工作实际进行思考、实践，单一介绍“镶嵌支撑法”，所思所言难免狭隘，仅供同仁们参考，有不妥之处，敬请批评指正。

二、问题的由来

国内常见的纺织品文物保护修复方法总体来讲分两类，一类为物理方法，如夹持法、针线法等；另一类为化学方法，如丝网加固法、丝蛋白加固法等。这些保护方法在纺织品文物保护工作中都发挥着巨大的作用，新疆博物馆在纺织品文物保护工作中也在使用上述方法，整体效果良好。

但笔者在工作过程中发现，上述的保护方法并不适用于全部馆藏纺织品文物，本文以 5 件山普拉古墓群出土纺织品文物为例进行说明（表 1、图 1）。

表1 本文使用文物列表

序号	总登记号	文物名称	件数	质地	完残情况	备注
1	13373	红缦地蔓草文刺绣护领罩	1	丝	残	蒙纱封护
2	13662	红地四羊刺绣裙毛绦	2	毛	残	
3	13695	红地彩条纹毛绦	1	毛	残	
4	13701	黄色彩条纹毛绦	2	毛	残	
5	13709	红黄蓝彩色毛绦	1	毛	残	

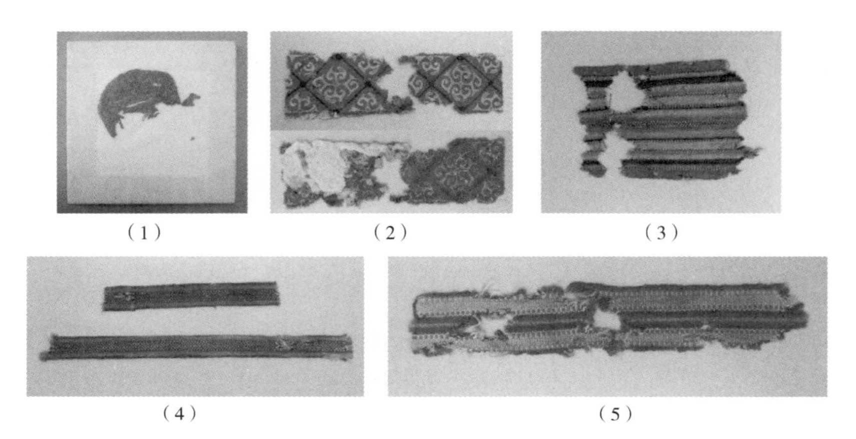
（1） （2） （3）
（4） （5）

图1 本文使用文物照片

这类纺织品文物数量不少，有一些突出的特点：

（1）体量较小，基本完整，即使是残片也可以独立展示，不影响展示效果。

（2）毛织物为主，都有一定厚度。

（3）有精美刺绣或者编织图案。

（4）存在不同程度的污染、糟朽、破裂情况，织物强度已经很低。

针线法虽可以很好地将文物固定在背衬材料上，避免其发生位移，最适合用于形制确定、保存相对完整的文物，能够满足保护、保管、陈展的多重需求，但上述这些文物或者基本完整不需补全，或者体量小尚未达到非动针线不可的地步。如果一概使用针线固定，一来影响将来对文物的全面观察，二来也不符合最小干预原则。夹持法所用夹封材料无论如何选择都不理想，选择强度高的卡纸影响将来对文物的观察，选择强度低、透视度高的薄纸或者纱网，很难起到夹护、固定的作用。丝网加固和丝蛋白加固等化学方法对毛织物效果不是特别理想。装裱法从毛织物的质地、厚度考虑都不现实。

值得一提的是，新疆博物馆曾经使用喷涂防紫外线涂料的亚克力玻璃板对纺织品文物进行夹护，在固定文物、防止紫外线损伤等方面起到一定作用。但随着时间推移，这种方法的弊端也逐渐显现。亚克力玻璃板较重，两块玻璃板将纺织品文物夹在中间，周边用螺丝固定，文物持续处在受挤压的状态并且因厚度不同而受力不均，时间长了极易在搬动时发生各种位移，想要调整必须逐个拧开螺丝，非常麻烦，即使调整好，也还是很快会位移变形（图2）。

图2 使用亚克力玻璃板夹护的纺织品文物

因此，常用的保护方法都不适合这些纺织品文物。针对这些文物的特点，结合文物保护修复基本的“最小干预原则”，笔者认为，从纺织品文物本体出发，新的保护方法应满足以下四个基本需求：

（1）建立相对稳定、固定的小环境，使文物不再轻易发生位移和变形，便于日常保管，便于人员进行操作。同时要考虑到同一个账号、多件文物的统一保管问题。

（2）尽量不将文物彻底固定在背衬或者其他材料上，便于将来对正反两面进行观察。

（3）要考虑陈列展示时的视觉需求。

（4）使用的保护材料要环保、无害，避免对文物及保护工作人员产生负面影响。

三、“镶嵌支撑法”详解

针对第二部分的问题和需求，笔者汲取国内外预防性保护工作的先进经验，并结合我馆文物特点，在工作中进行了长期反复的实验，最终创出“镶嵌支撑法”，其全称应该是“布层镶嵌背板支撑保护法”（图3）。

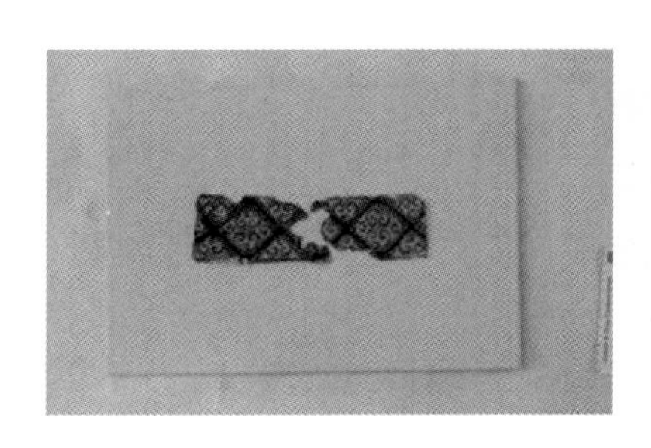

图3 镶嵌支撑法保护文物实例

此方法利用无酸蜂窝纸板做内支撑，在合适层数的布料上做掏槽，最后将文物严丝合缝摆放进卡槽，利用布料表面和边缘毛茬的摩擦力，最大程度实现文物的物理固定，避免翻动位移，同时能够满足文物在库房保管、陈列展示、科学研究等过程中的需求。分步介绍如下。

（一）选择材料

此方法需要使用的材料为两种。一种制作成镶嵌层，包裹于支撑物外，掏槽后摆放文物；另一种用作内支撑（表2）。

表2　材料需达到的要求

品类	质地要求	颜色要求	特殊需求
包裹物	质密耐磨，有一定韧度； 有一定柔软度，厚度适中； 易剪裁； 透气性强； 表面和剪裁后的边缘都应有一定摩擦力	颜色柔和，能够与文物相协调； 严禁掉色； 与陈列展出环境相协调	安全 环保
支撑物	较高的强度，承重性高，不易变形； 有一定的厚度； 有一定的透气性； 易裁切； 轻盈者为佳，不要太重	严禁掉色	安全 环保

根据上述要求，笔者对常见的材料进行了仔细的对比：包裹物可选用的材料主要有纸张、布料、各类化工产品。首先排除化工类产品，因为该类产品的表面通常都很光滑，摩擦性低，而且安全性和环保性难以把握。虽然有材质非常适合的高端化工类产品，但市面上不常见，购买渠道很窄，且通常价格不菲，因此暂不考虑。其次排除纸张类，因为太轻薄的纸张韧度低、不耐磨；韧度高的纸张通常过厚过硬，剪裁后的边缘过于锋利，容易伤到文物。最后只能将选择范围锁定在布料当中。

布料也分很多种，所有布料都符合较高柔韧性、较强透气性、易剪裁等要求，但是从安全、环保、实惠的角度出发，要排除各类无纺布、化纤布料，而以棉、麻、毛、丝等纯天然材质织成的布料为佳，可以根据不同文物的需求选择不同种类材料做包裹物（表3）。

表 3　四种天然材质布料的特性

材质	韧性和强度	摩擦力	厚度	价格
棉	较高	较高	适中	较低
麻	较低	较高	适中	较低
毛	较高	较高	偏厚	较高
丝	较低	较低	偏薄	较高

可选的支撑物材料有纸板、实木板、各类压缩板、各类化工产品。与包裹物材料的选择理由一样，首先排除各类压缩板和化工产品。其次要排除实木板，虽然实木板属于天然材料，且具有透气性，但是实木板总体偏重。更关键的是无论经过怎样的处理，实木受温湿度的影响，都会发生变形，还有发生虫蛀、霉变的潜在可能。最后将选择范围锁定在纸板类产品当中。

纸板类产品也有很多种，能达到一定厚度和强度的纸板，一般有制作纸箱的瓦楞纸板、蜂窝纸板，但这些市面上常见的包装箱纸板都不能同时达到做内支撑所需的高强度和适当厚度，强度足够的纸板厚度过大，厚度适中的纸板强度又不够。且这类纸板多呈棕褐色，散发刺鼻的气味，裁切后边缘毛糙，质量很难把握。经过长期寻找和比对，笔者在近年逐渐兴起的无酸材料中，注意到一种名为“无酸蜂窝纸板”的材料。这种材料的原料为天然木浆，进行特殊处理后能够达到较高的强度，而且质地轻盈，易于裁切，非常符合制作内支撑的要求（图 4）。

因此，笔者最后选定了斜纹纯棉布和无酸蜂窝纸板两种材料。

图 4　无酸蜂窝纸板图示

- pH 为中性（7.0 左右）或偏碱性（8.0~9.5），可减缓有机质文物的酸化和老化过程。
- 浆料由纯木浆制成，不含回收浆，去除了木质素或木质素含量极低。
- 硫化物、铁离子和铜离子含量低于一定水平。

（二）操作过程

笔者仍以第一部分所选纺织品文物为例，说明该方法的操作过程。

1. 信息采集

依照国家文物局对文物保护修复工作的要求，所有文物进行保护修复工作之前，都必须进行相关信息的采集，建立相对应的文物保护修复档案。采集的信息包括文物基本信息、保存现状、样品检测分析结果等，信息采集基本以文字记录、病害图绘制、照片记录等方式为主。详细要求可参照国家文物局颁发的相关行业标准，在此不做赘述。

2. 对文物进行预处理

（1）有亚克力玻璃板夹护的文物，要小心拆除亚克力玻璃板；使用蒙纱封护的文物，要小心拆除蒙纱（图 5）。

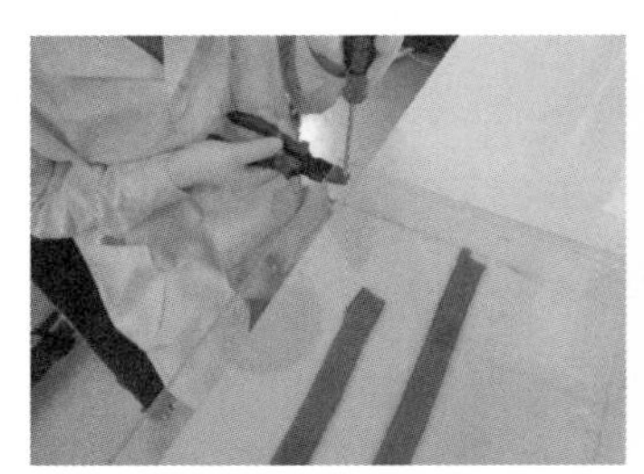
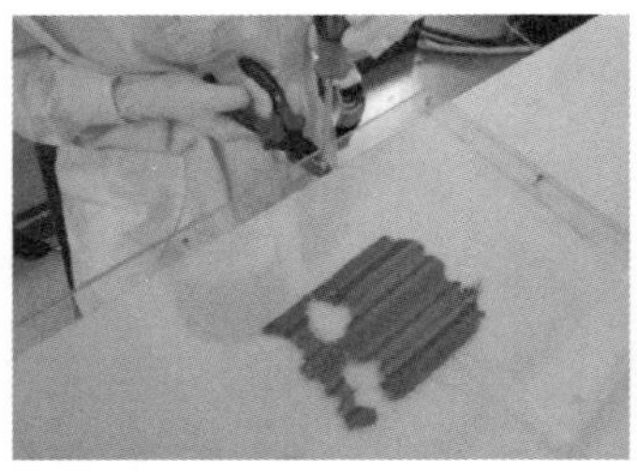
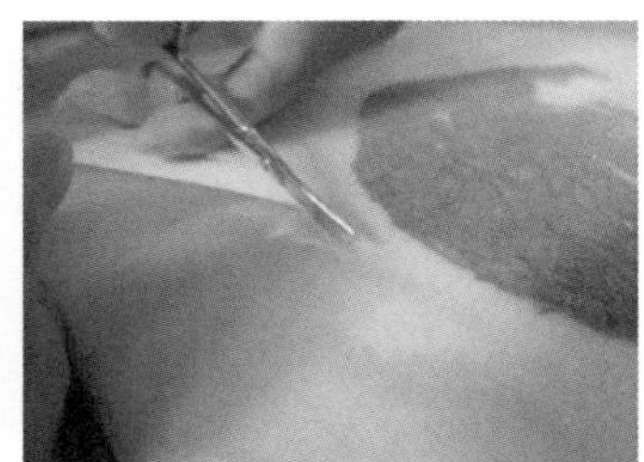

图 5　小心拆除原有亚克力玻璃板或者蒙纱

（2）将文物小心放置于水平的工作台面上，仔细观察文物保存状况。根据文物的实际情况，使用博物馆专用吸尘器酌情进行除尘，对重点部位可用脱脂棉签蘸 2A 溶液（酒精与纯水 1∶1 配比）进行局部清洁。使用加湿器适当提高局部环境湿度，在相对湿润的环境中用小镊子对文物进行细致平整，整理经纬线、调整整体位置，可视情况压放小磁片来固定（图 6）。

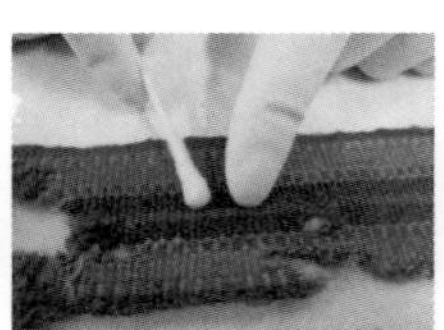

图 6　除尘、清洁、平整文物

3. 确定棉布的层数

（1）利用厚度仪等测量仪器，测量好棉布的厚度（图 7）。

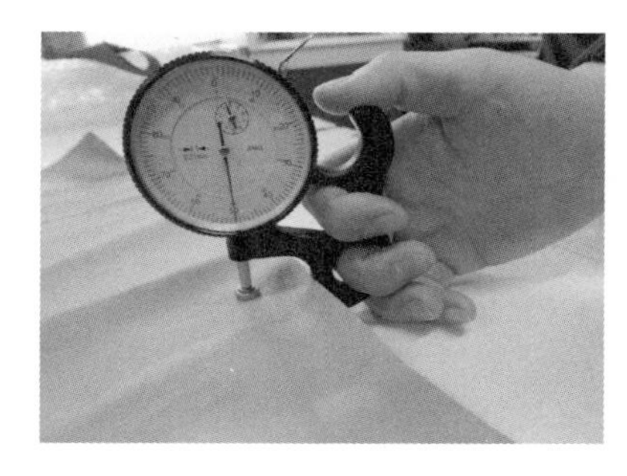

图 7　测量棉布的厚度

（2）小心测量文物厚度，可多测若干个点取平均值。根据文物的厚度确定所需棉布的层数，原则是棉布层的总厚度要略高于文物的厚度。如果文物是独立的若干件，厚度各不相同，要全部测量后，以最厚的文物尺寸确定棉布层数（图 8）。

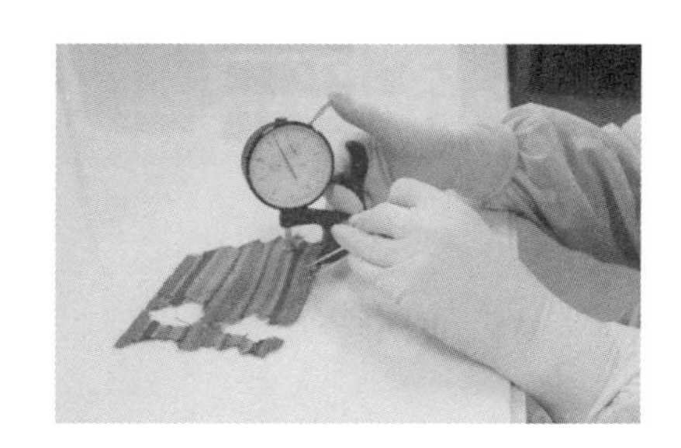

图 8　测量文物厚度

最终需要的棉布层数为测量后得出的棉布层数 +1，增加的一层作为底层。

假设棉布的厚度为 0.5mm，文物的厚度为 0.95mm，$0.95 \div 0.5 \approx 2$，棉布厚度要高出文物至少 1 层（视具体情况而定），因此需要 3 层，再加 1 片底层，那么最终需要的棉布层数为 4 层。

4. 准备材料

（1）将选择好的斜纹棉布进行平整。注意：无论选择哪种布料做镶嵌层，都要先用温水清洗，而后平整。其一，洗去布料表层的挂浆；其二，可以将布料在未来使用过程中的缩水风险降到最低；其三，便于后期操作（图 9）。

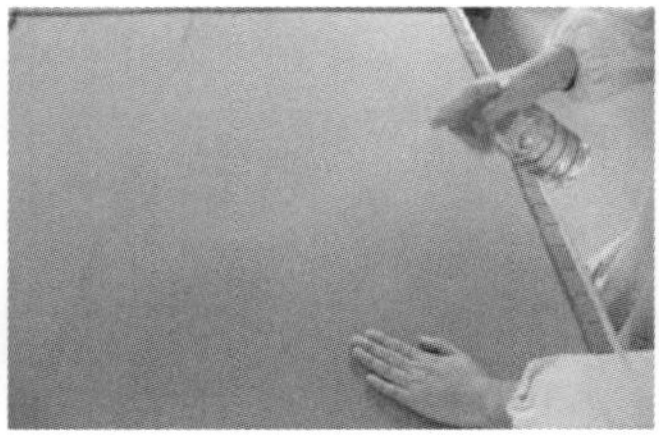

图 9　清洗、平整棉布

（2）依照文物大小，设定好合适的尺寸剪裁待用。设定尺寸时要注意统筹，结合本馆同类文物的数量，尽量最初就将尺寸设计为 3~4 种，避免在长年工作过程中因人员变动或项目分散等原因，造成剪裁尺寸过于随意。尺寸相对统一和固定，有利于后期统一订制文物包装盒、库房保管员安排文物上架、展厅柜架订制、陈列设计等多项工作的推进。

剪裁时要注意：①除了按照设定尺寸剪裁若干片棉布，还要单独剪裁一片两倍

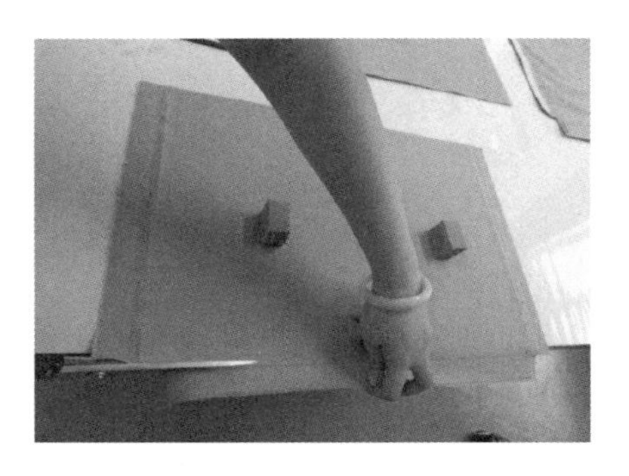

图 10　剪裁棉布

大小的棉布，用于镶嵌层的包裹层；②该片棉布实际剪裁的尺寸一定要比设定好的尺寸宽出 6~7cm，用于向内折边的预留（图 10）。

（3）将选择好的无酸蜂窝纸板，按设定好的尺寸裁切好待用。

假设一件文物所需棉布层数为 6 层，设定尺寸为 30cm × 40cm，棉布和无酸蜂窝纸板的剪裁尺寸如下（表 4）。

表 4　剪裁尺寸举例

材料	剪裁尺寸	数量	用途
棉布	36cm × 86cm	1 片	镶嵌层最外层
	30cm × 40cm	5 片	镶嵌层中间层
无酸蜂窝纸板	30cm × 40cm	1 张	内支撑

5. 制作棉布镶嵌层

（1）将确定好层数的棉布叠放并整理好，反面朝上，便于测定摆放位置。将两倍大小的最外层放在最下面，将其余各层放在下部居中位置。注意，如果是多件厚度不一的文物，要以最厚的文物厚度确定布层数（图 11）。

图 11　摆放好棉布

（2）将确定好位置的棉布用大头针固定好，翻至布料的正面朝上，平铺于工作台。按设定尺寸内收 1~2cm 折出笔直的折痕。使用同色的棉线沿折痕钉缝一周，将所有棉布缝合固定。钉缝时注意：①折痕内收的尺寸要统一，避免钉缝后四周的棉线线迹离边缘宽窄不一，影响美观。②上下针距要分布均匀，否则会影响美观。③注意拉线力度的轻重，过轻会造成棉布固定不紧，过重会造成棉布受力太大而变形甚至褶皱，二者都会影响镶嵌层的完成质量（图 12）。

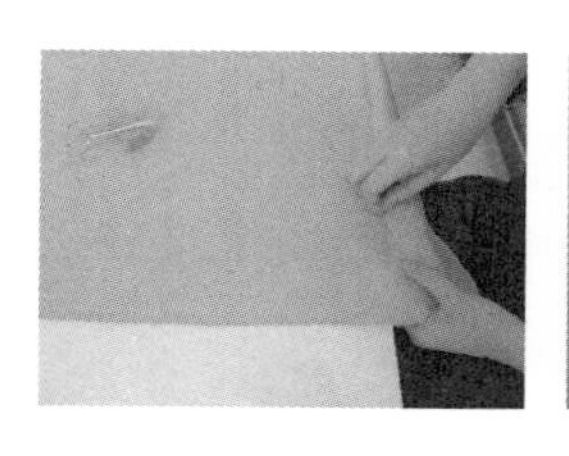
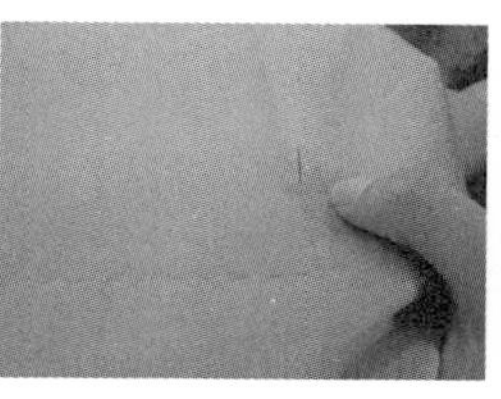

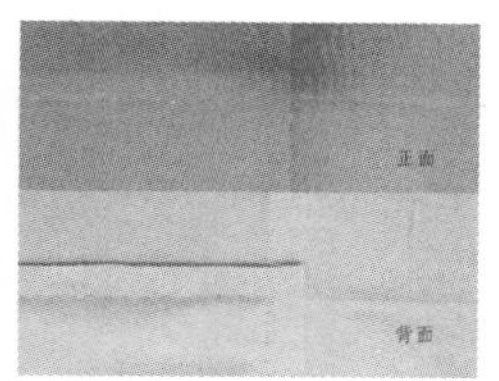

图 12　沿周边用针线固定镶嵌层

在选择固定多层棉布的方式上，笔者曾尝试过使用裱糊法，即利用糨糊将棉布逐层托裱在一起。裱糊法固定完毕的棉布，晾干后平整挺脱，边缘没有毛茬。但是裱糊后的镶嵌层整体变得非常坚硬，完全不适合用作纺织品文物的衬垫物，而且边缘也非常锋利，很容易划伤文物，因此放弃了裱糊法，最终确定了使用针线固定。

（3）将缝合固定好的镶嵌层背面朝上，用直尺和铅笔在最外层棉布（即最大的那一层）背面画出需折边的痕迹，如布料超出太多则需稍作修剪，折边宽度以 0.5~1cm 为宜。注意棉布包裹于支撑物正面和背面的折边方向不同，层数多的一面向布料背面折，单层的一面向布料正面折（图 13）。

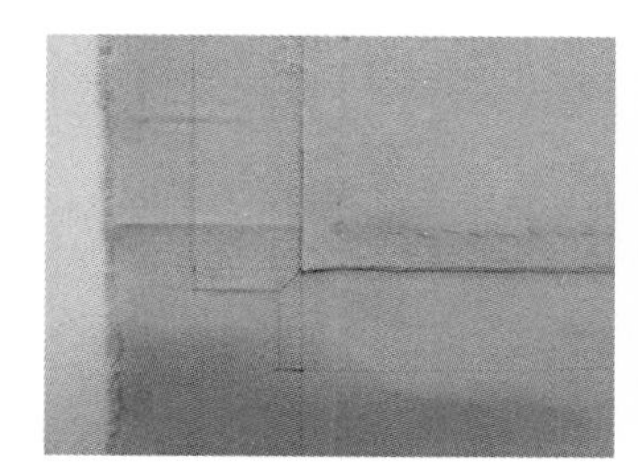
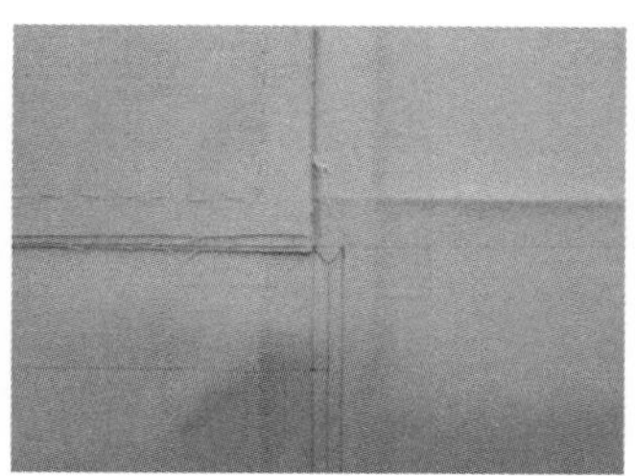

图 13　制作折边

折边压出折痕后，要先用针线加固每一个受力点，避免这些位置在使用过程中因受力而发生破裂（图 14）。

图 14　用针线加固受力点

（4）在背面对应缝制粘扣边条。粘扣即生活中常见的魔术贴，有多种宽度和颜色，分 A 面、B 面（图 15）。

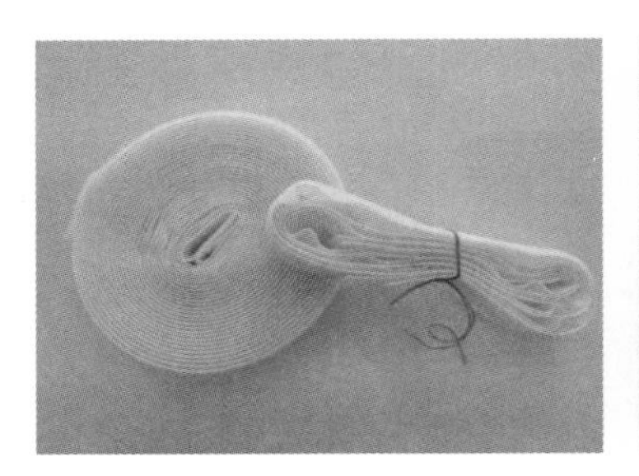
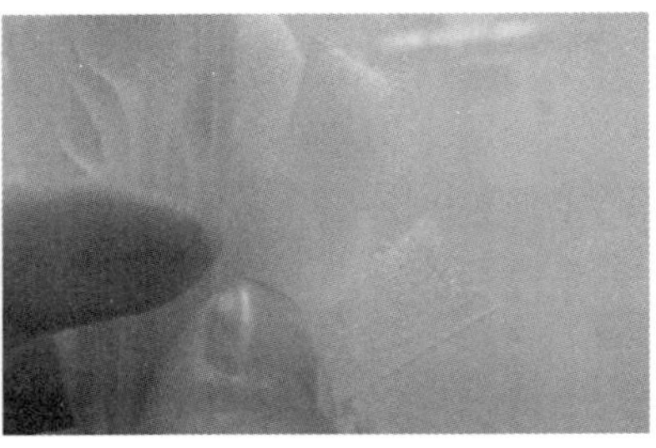

图 15　粘扣

最后将粘扣条的 A 面、B 面分别钉缝在镶嵌层的正反面，每面 3 条。钉缝粘扣要注意：①观察好 A 面、B 面的对应关系，以免重复劳动；②所有的角都要剪成圆弧状，避免尖锐的角有划伤文物的可能。③经常用尺子测量镶嵌层的整体宽度，钉缝过程中及时调整，以保证整体尺寸正确，以免粘扣条钉缝完毕后发现长宽尺寸不对，包裹到支撑物后过松或过紧，影响效果（图 16）。

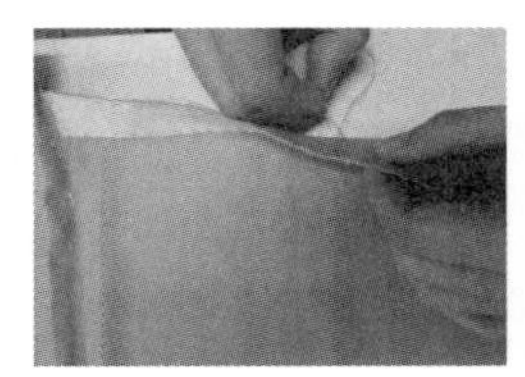
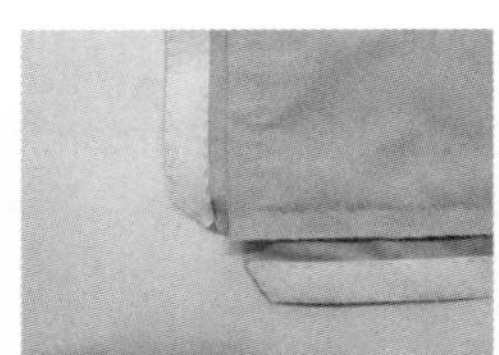
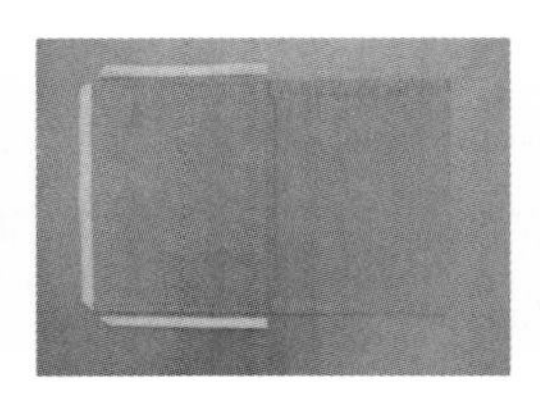

图 16　将粘扣钉缝在镶嵌层周边

缝制粘扣条的目的是使镶嵌层能够稳固地包裹在内支撑物外，笔者尝试过若干种方式，如缝制布带、缝制拉链、直接用针线将周边缝合等，效果均不如使用粘扣边条好。当然，关于镶嵌层两面固定的方法，绝不限于这几种，还可根据实际情况做多种选择（表 5）。

表 5　固定方法优缺点对比

方法	优点	不足
缝制布带	操作简单 材料安全环保 拆卸方便	固定效果差
缝制拉链	拆卸方便 固定效果好	操作复杂 材料安全性、环保性难以确定

续表

方法	优点	不足
针线缝合	固定效果好 材料安全环保	操作较复杂 拆卸极其不方便
缝制粘扣	操作简单 固定效果好 拆卸方便	材料安全性、环保性难以确定

6. 制作卡槽，包好背板

（1）打印出文物 1∶1 大小的图片，仔细沿边缘剪出纸样（图 17）。

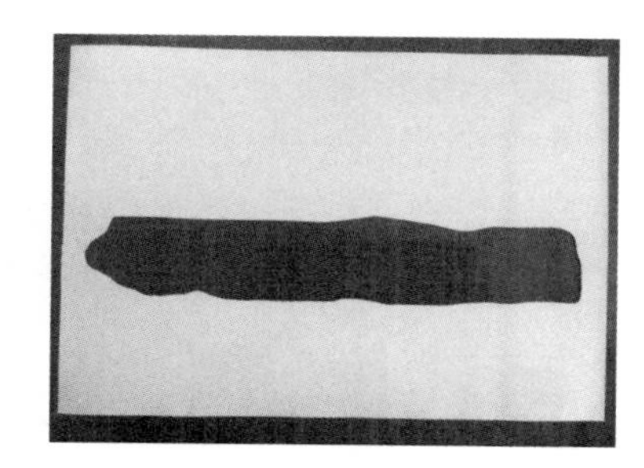

图 17　剪出文物纸样

（2）将纸样放置于制作好的镶嵌层棉布上，调整好摆放的最佳位置，用细铅笔在棉布上沿纸样轮廓绘出闭合的图形。如果是多件文物，则统一摆放好位置后，全部绘出（图 18）。

图 18　用铅笔绘出文物轮廓

（3）使用与棉布同色的棉线，沿铅笔印迹的外侧（距离控制在 5mm 左右，视文物大小而定），将全部棉布密集缝合一周，起固定作用。注意拉线力度和上下针针距（图 19）。

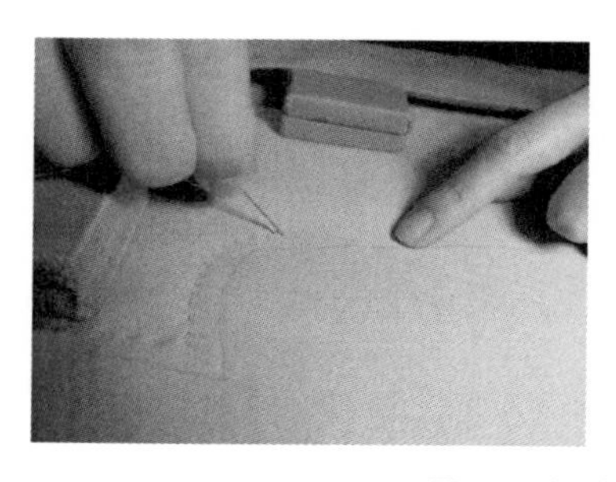

图 19　钉缝文物周边轮廓

（4）沿铅笔印迹外侧逐层剪除棉布，只留下最底层的棉布。注意：①用锋利的小剪刀，尽量减少棉布边缘毛茬的产生；②数清楚层数，以免不慎剪坏了最底层；③对于多件厚度不同的文物，可各自剪除不同的层数，最终表面保持高度基本一致即可（图 20、图 21）。

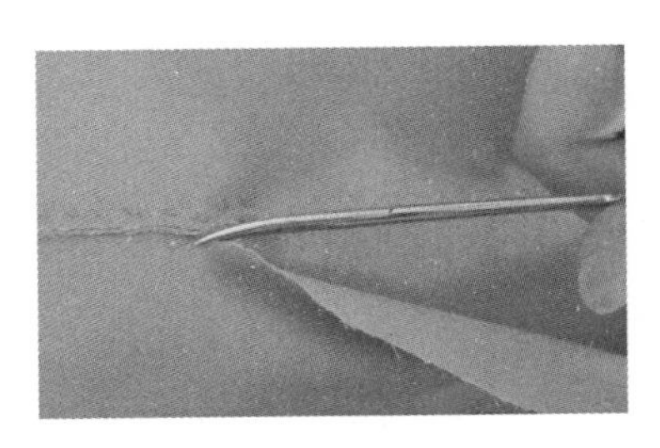

图 20　剪除棉布后做出卡槽

图 21　剪除不同层数棉布剖面示意图

（5）将无酸蜂窝纸板衬入镶嵌层，固定好粘扣，仔细调整，使其紧绷度适中并保持平整、稳定（图 22）。

图 22　衬入支撑物

7. 放入文物，完成包装

（1）小心将文物放入卡槽，细微调整。

（2）定制合适尺寸的无酸纸保护盒，将保护好的文物用棉纸衬垫包裹，放入保护盒中。保护盒外制作统一的文物信息标签。注意文物和背板应统一存放、提取、移动、展示，无特殊需求避免翻动文物本体（图 23）。

图 23　包裹棉纸后放入无酸纸盒保存

完成后的文物图片如下（表 6）。

表 6　用“镶嵌法”完成的文物图片

序号	俯视图	细节图	侧视图
1			
2			
3			

续表

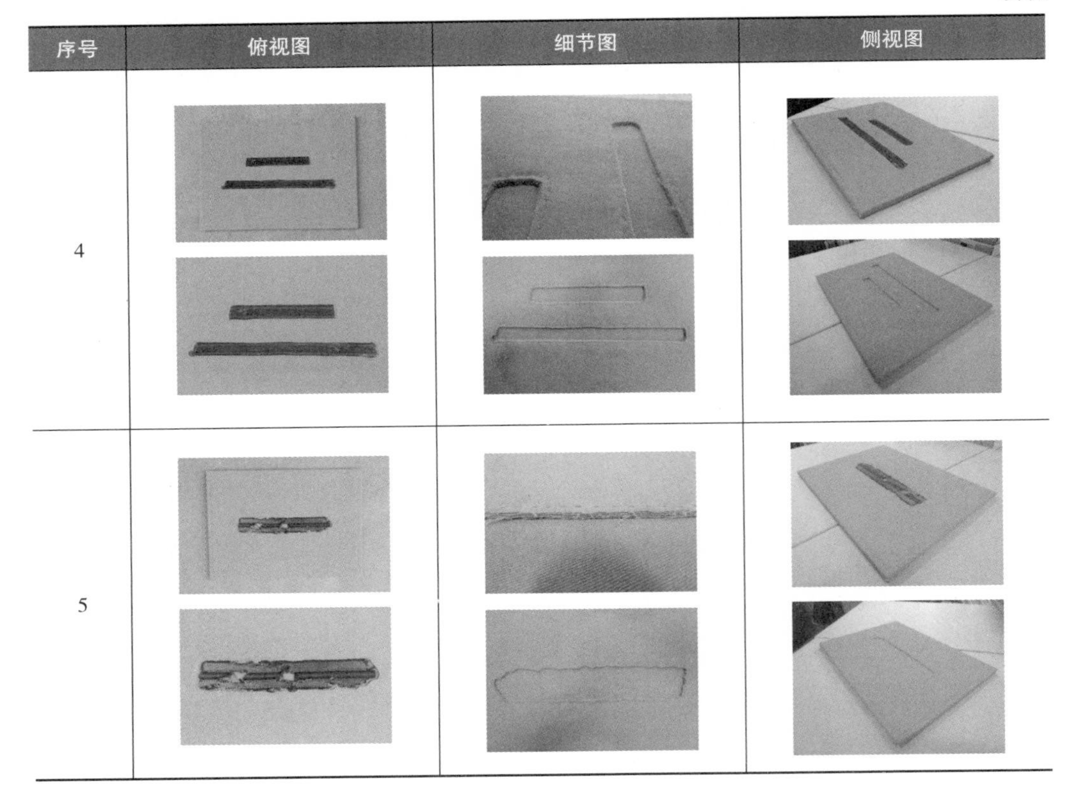

序号	俯视图	细节图	侧视图
4			
5			

四、“镶嵌支撑法”的优点和局限

笔者认为“镶嵌支撑法”有以下几个优点。

1. 符合文物保护修复的总体原则

文物保护修复的基本原则包括“最小干预”“保持原状”、注重预防等，针对本文中这类不宜进行本体修复的纺织品文物，既不能勉强进行本体修复，又不能听之任之，必须对其进行适当的加固处理。“镶嵌支撑法”只做物理保存环境的建设，并不对文物本体做任何处理，属于预防性保护的范畴，符合文物保护修复的总体原则。

2. 所用材料性价比高

“镶嵌支撑法”的镶嵌层以各种天然材质的布料为主，与纺织品文物在材质上同宗同源。用作内支撑选择的无酸蜂窝纸板，主体成分为纸浆。这些都是天然环保无污染的材料，极具亲和性，而且在市面上易于寻找，价格适中。

3. 操作方法简单

“镶嵌支撑法”设计原理简单，程序步骤少，操作容易。由于不涉及文物本体保护，因此对操作人员的知识要求和技术要求都不高，无特殊技能要求。只要有专业技术人员的指导和带领，一般的工作人员都可以参与工作，能快速提高预防性保护工作的覆盖率。

4. 基本满足多方要求

笔者有文物保管和文物保护修复的工作经历，也参与过陈列布展，对博物馆藏文物在保管、保护、研究、展示、利用等多方面应达到的要求有切身理解。因此在设计“镶嵌支撑法”时，力求能够满足多方需求，为各个部门同事从事各个环节的工作提供便利。

“镶嵌支撑法”给文物营造了一个稳定的存放环境，起到了保护作用。支撑物强度高，易于库房保管员日常提取、存放。文物连同背板整体造型朴实，颜色柔和，基本满足陈列展示的视觉需求。文物本体不做固定，对于研究者来说便于观察文物的任何部分。此外，布料缝制成的镶嵌层，可定期进行清洗，能够重复使用，提高了材料的利用率。

当然，凡事都具有两面性，“镶嵌支撑法”也有它不可逾越的局限。

1. 不是文物预防性保护的根本手段

“镶嵌支撑法”只是给文物建立了一个相对稳定的物理环境，属于小环境建设。但是文物的预防性保护中最为关键的是文物保存的大环境建设与控制，包括温度、湿度、光辐射、空气污染、虫害、微生物损害等众多方面。面对庞大的环境建设体系，“镶嵌支撑法”只能算“略尽薄力”，不能算作文物预防性保护的根本手段。

2. 固定效果难以达到 100%

纺织品文物的边缘柔软，组织松散，在描画边缘和剪掏卡槽的过程中，受工具和技术的限制，基本无法做到严丝合缝。尤其是面对整体不规则、边缘起伏变化多、曲线复杂的文物形状，更难以剪掏到位，因此卡槽对文物的固定效果不可能达到100%。

五、结语

文章的最后，笔者想结合自身工作经历，就目前新疆馆藏纺织品文物的保护工作谈些浅薄的看法，如有不当，还请同仁们批评指正。

新疆维吾尔自治区需要保护修复的纺织品文物数量与现有技术力量、人员数量悬殊巨大，矛盾突出。馆藏可移动文物保护是一项特殊事业，目前还难以对社会全面放开。近年来，国家不断加大对馆藏文物的投入，新疆每年有很多保护修复项目获得批准，大量文物得到及时保护。但是纺织品文物专项保护项目覆盖面有限，主要针对濒危文物和重点文物，短时间内难以实现普及。预防性保护项目、文物环境建设保护项目刚刚起步，尚在探索中。新疆的可移动文物保护工作起步晚、底子薄，笔者认为应该解放思想、实事求是、拓宽思路、循序渐进。可以尝试两条腿走路，一方面加强与国内外同行的合作，关注理论创新、科技创新，虚心学习，逐渐缩小差距。另一方面需要认清自身实际，脚踏实地、夯实基础。鼓励一线的保护工作人员，结合自身条件因地制宜，发明创造一些简单有效的保护保管方法，使文物在短时间内先得到普遍的、初步的保护，控制损害的蔓延，而后根据损害状况进行重点保护、修复，最后整体提升和控制馆藏环境，全面实现文物的预防性保护。就像国家的发展，先温饱、再小康、然后实现共同富裕。馆藏文物保护也可树立循序渐进的理念，先普遍、再重点、然后整体提升。

正是出于上述思考，笔者在工作中创造出了“镶嵌支撑法”，它遵循最小干预原则，操作简单、材料易寻、务实高效、普适性强，特别适用于文物数量大、专业人员少、保护任务重、项目覆盖小的单位进行文物小环境的改善时使用。该方法若能够在新疆馆藏可移动文物的保护保管工作中发挥一点作用，笔者将不胜欣喜！

参考文献

[1] 新疆维吾尔自治区博物馆，新疆文物考古研究所．中国新疆山普拉——古代于阗文明的揭示与研究[M]．乌鲁木齐：新疆人民出版社，2001.

[2] 国家文物局博物馆与社会文物司．博物馆纺织品文物保护技术手册[M]．北京：文物出版社，2009.

[3] 中华人民共和国国家文物局．中华人民共和国文物保护行业标准——馆藏丝织品保护修复方案编写规范[S]．北京：文物出版社，2009.

元代纳失石大袖袍研究[1]

李莉莎[2]

摘　要：中国民族博物馆收藏的一件元代蒙古族纳失石大袖袍保存十分完好，具有很高的研究价值和收藏价值。受中国民族博物馆委托对这件大袖袍的款式特征、面料成分、织物结构、纹样和装饰进行了详细的分析和研究。

关键词：大袖袍；纳失石；元代；蒙古族服饰

Study on a Big Sleeved Robe of Nasich in the Yuan Dynasty

Li Lisha

Abstract: A big sleeved robe of nasich from the Yuan dynasty (1279-1368) is collected in Chinese National Museum of Ethnology. It has been preserved very well and is of great values of academic study and collection. Entrusted by the Museum, this paper studied and analyzed the style characteristics, the fabric composition, the patterns of brocades, and the decoration of the robe.

Key Words: big sleeved robe; nasich; Yuan dynasty;Mongolian costume

---

[1] 本文发表在《北方文物》2015 年第二期，此处略有改动。基金项目：国家社会科学规划项目（13MZ041）研究成果之一。

[2] 李莉莎，内蒙古师范大学国际现代设计艺术学院教授，内蒙古师范大学蒙古族服饰研究所所长，硕士研究生导师。

内蒙古达茂旗、四子王旗地区是金元时期汪古部所在地。汪古部属笃信景教的突厥种，东迁至此。金代，汪古部为金王朝驻守金界壕；归附成吉思汗后，成为蒙古族这个民族共同体的成员之一，并与成吉思汗家族世代联姻，先后有16位黄金家族公主嫁到汪古部[1]。这两个旗从20世纪70年代起，陆续出土了一批汪古部墓葬，其中明水墓地最引人注目，该墓葬出土的丝织品是研究蒙元时期丝织品的重要文物[2]。

本文所研究的大袖袍即为这个时期出土于四子王旗，现藏于中国民族博物馆。这件元代纳失石大袖袍保存十分完好，图案精美，具有中西合璧特色。受中国民族博物馆委托，笔者参与了对此款大袖袍的鉴定工作。相关研究结果如下。

一、款式特征

此款大袖袍深埋地下几百年，由于墓葬地处北方草原，风干物燥，具备很好的保存有机物的条件，因此这款大袖袍袍身完整，为元代蒙古族服饰的研究提供了很好的实物（图1）。

图1　大袖袍

大袖袍长137cm、通袖长191cm、下摆宽115cm、领缘宽10cm、袖口宽13cm。袍服为直身结构，交领、右衽，小口大袖、袍身宽大。腰侧有三个顺褶，领边、垂襟、下摆、袖子均装饰花绦、饰条等多重镶绲。各部位镶边、装饰都为元代袍服的典型形

❶ 盖山林．阴山汪古［M］．呼和浩特：内蒙古人民出版社，1992：43.

❷ 赵丰，薛雁．明水出土的蒙元丝织品［J］．内蒙古文物考古，2001（1）：127-132.

式。大袖袍是蒙古族传统袍服与中原服饰融合后的产物，形成了元代特有的蒙古族贵族妇女袍服的形制。

蒙古族世代生活在北方草原，骑马是他们的重要生活方式，因此窄袖成为蒙古族服饰的特点，同时也是北方草原其他民族服饰的共同特征。中原传统服装则以广口大袖作为审美的标准。蒙古族入主中原后，受到中原文化和服饰很大的影响。对于蒙古族贵族来说，汉族传统的广口大袖是一种时尚、一种先进文化的表现。随着蒙古贵族妇女在马上的时间越来越少，逐步加宽其衣袖是必然趋势。广袖与窄袖融合后的袍服保留了蒙古族服饰袖口窄小的特点，袖身却逐步加宽、变大，形成特有的大袖、小口的袖型，成为元代蒙古族女性袍服具有代表性的特点。

二、织物分析

（一）面料

大袖袍主料以及袖子上的飞禽图案（蓝色部分）、各边缘深棕色部分均为纳失石。

袍服主料纳失石为捻金与片金交织，捻金做底，片金显花，通纬，因此，面料反面同为金线，用金量很大。此袍必为家境殷实之贵族家眷的袍服。由于年代久远，袍服的大部分金箔已脱落，在面料反面的个别地方仍可见残留的金箔。

纳失石是蒙元时期非常典型的纺织品种。在蒙古帝国时期，回回商人就将西域特有的纳失石布料带到蒙古草原，金光灿灿的纳失石很受蒙古人欢迎。元朝建立后，中原丰富的丝织品、先进的工艺技术、清新的艺术风格有力地推动了元代纺织技术的发展。在征服异族的过程中，蒙古人搜罗了大量财富和工匠，建立了自己的手工业体系。纳失石作为一个新兴的纺织品品种得到迅速发展，并成为蒙古贵族生活中最重要的一类纺织品。据《元史》记载，元代全国各地几乎都设有织染机构，专职织造纳失石的有 5 所，它们都是直隶中央的官府局院：至元十二年（1275 年）迁至大都的纺织御用领袖纳失失的别失八里纳失失局[1]，弘州、荨麻林纳失失局[2]、纳失失毛缎二局[3]和别失巴里局[4]（纳失石为波斯语 Nasich 的音译，古籍中有不同写法，如纳失石、纳失失、纳克实、纳奇实等）。这些局院都设置在大都及周边，工匠以回回人为主，也有部分内地织工，所生产的纳失石在图案上既承袭西域风格，也融

[1] 解缙 . 永乐大典（第八册）：第 19781 卷［M］. 北京：中华书局，1986：7384.

[2] 宋濂 . 元史［M］. 北京：中华书局，1973：2149.

[3] 同[2]2263.

[4] 同[2]2150.

入了中国传统纹样。而织造技术则为西域纳失石传统的以特结经固结纹纬的组织结构。这些产品成为皇家、贵族、高级官吏以及家眷的专用奢侈品。

以上这些官营作坊所织造的纳失石对西域纺织技术的传承还表现在面料的幅宽上。西域面料宽大是一特点，从蒙哥夫人送给鲁不鲁乞“同床单一样宽”[1]的纳失石可以看出，来自西域的纳失石的幅宽大大超过我国传统丝绸幅宽。元代我国丝绸幅宽在官尺1尺4寸至2尺之间（元代官尺合34.8cm）[2]。这里所讨论的袍服面料最宽处94cm，远远超出元代我国传统丝绸幅宽，具有典型的西域面料宽幅的特点。

（二）面料组织结构

从保留部分片金与捻金基底的交织图案情况可以推断，现看到纹样的深棕色部分为捻金线，而浅色部分应该是显花的片金（片金多数已经脱落，露出浅色的捻金及固结经底）（图2）。

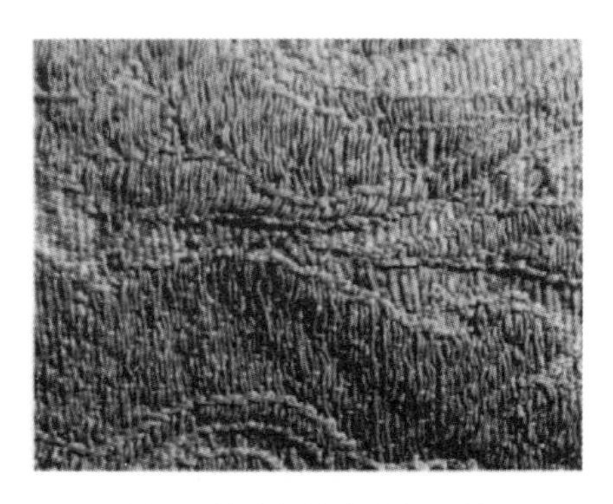

图2　片金与捻金交织显花

片金呈片状，表面平整，对阳光的反射好，在日光下呈现出金碧辉煌的效果。捻金纱线为Z捻，桑蚕丝芯，金箔与丝线同方向扭转。捻金的金箔与目光方向相同时光泽较好，但捻金的光线反射角度与人目视角度不同时，金箔的光泽度则大打折扣。因此，捻金由于对光线反射角的变化，光泽度较片金差很多。正由于这个差别，在满金的纳失石上，通过两种不同的金线，可以织成效果斑斓的图案。从金箔的黏附效果上看，片金的金箔较易脱落，且基底老化较快，所以能保留至今的片金数量很少。本款袍服只见很少片金基底，绝大部分均已损坏、脱落。而捻金的捻度使金箔相对较好保存，虽然金箔均已脱落，但捻金的胶底仍有部分保留。

对元代织锦面料来讲，如何确定是否为纳失石，并不以是否看到金为判断的唯一标准。其实，纳失石面料从元代保留至今，经过几百年时间，片金和捻金的金箔绝大多数已经脱落，很难见到金箔保存较好的纳失石。因此判断是否为纳失石，应根据几个原则综合确定[3]，其中织物的组织结构、捻金黏胶基底以及是否有片金的

[1] 道森.出使蒙古记［M］.吕浦，译.北京：中国社会科学出版社，1983：181.

[2] 杨平.从元代官印看元代的尺度［J］.考古，1997，8：86–90.

[3] 尚刚.古物新知［M］.北京：生活·读书·新知三联书店，2012：104.

皮质基底等是最重要的判断条件。

本款纳失石是捻金与片金交织而成，为双插合特结锦，由地经和地纬织出地组织，利用单股特结经固结显花纹纬，使片金的光泽充分显示于织物的表面。地经、地纬加捻，可起到耐磨、增加抗拉强度的作用，固结经的捻度很小。捻金为元代纳失石常见的每枚2根并丝形式（图3），片金纹样的边缘均以熟丝固结、起股，形成纹脉，从而得到更好的图案效果（图4）。

图3　捻金

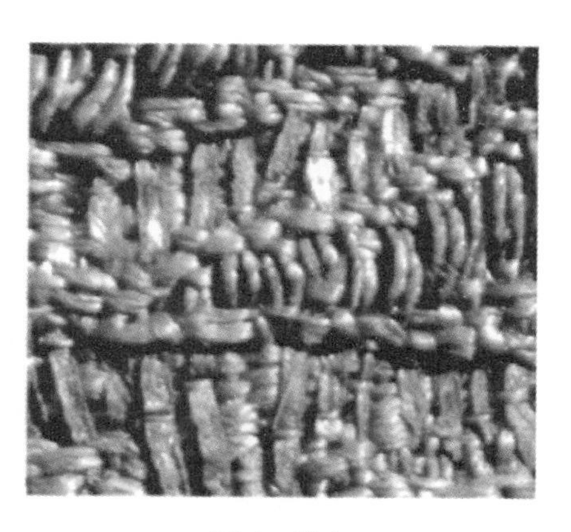

图4　片金

（三）科技考古学分析

除对此款大袖袍进行款式结构、织物组织结构鉴定外，还进行了科技考古学分析，主要分析设备有：金相显微镜、扫描电子显微镜（SEM）、X射线能量散射光谱仪（EDS）、傅里叶转换红外线光谱仪（FTIR）。

首先利用金相显微镜对袍服面料的里、面进行仔细观察，在面料反面的片金基底上找到非常细小的金箔残留（图5）。测得主料片金宽0.05cm、捻金直径约0.03cm。

利用EDS对无机材料分析属非侵入性测试方式，是对古代织物中金属成分鉴定的常用方法。此次研究利用EDS对片金上残留的金箔进行了测定。

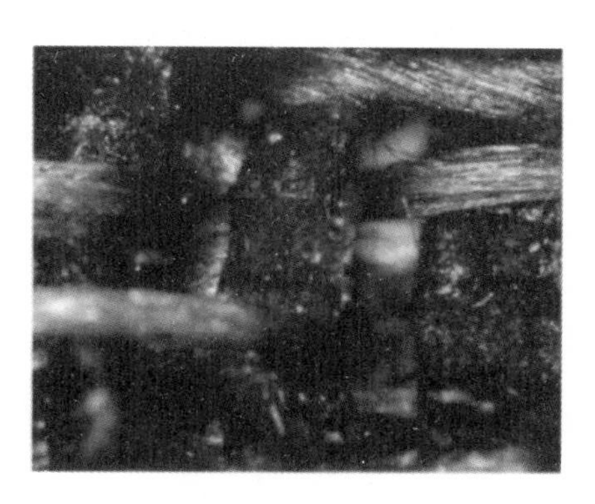

图5　面料反面片金基底上残留的金箔

利用FTIR进行有机物分析，主要测定织物纤维成分和片金衬底材料。对织物纤维和片金基底的测试采用了破坏性实验，实验材料为大袖袍缝份中纤维及微小片金基底，未对袍服造成破坏。首先将织物纤维与溴化钾干燥粉混合，在玛瑙研磨钵中研磨，在粒片成型器中制成粒片放入FTIR中进行测试。将测试结果所得到的FTIR特性波数与标准图谱比对确定为熟丝（图6）。

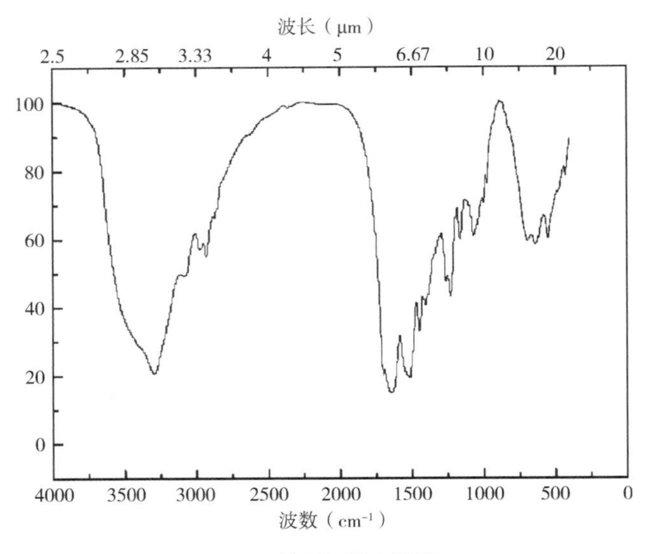

图 6　熟丝纤维光谱图

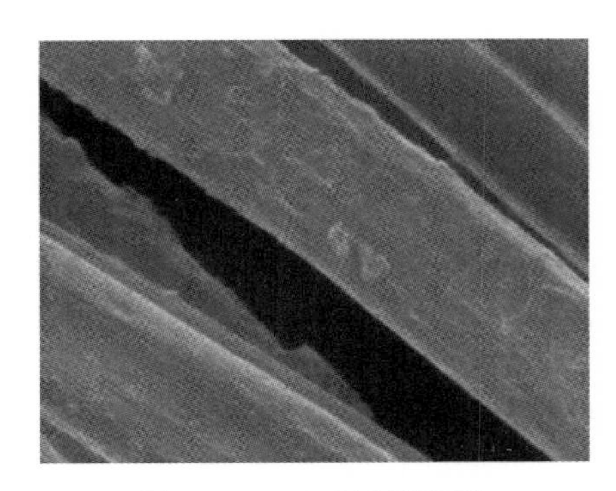

图 7　SEM 下的蚕丝纤维

图 8　捻金残留胶底

元代片金基底有皮和纸两种，以皮质为基底的片金称为皮金，以纸为基底的片金称为纸金。我国造纸业至元代已经十分成熟，中国传统地洛类织金锦主要使用纸金。而西方造纸发展较晚，西亚传统纳失石则为皮金。元代大量使用的纳失石，主要织工及作坊总管均为来自西域的回回，沿用传统皮金是可以肯定的。本款纳失石片金基底经过 FTIR 测定为羊皮，属皮金。

利用 SEM 对织物进行物理观察，对织物的组织结构、纱线及接结方式进行分析。经过观察，蚕丝纤维表面毛躁、有裂纹，但老化并不是很严重（图 7）；而片金的皮基底老化严重，一碰即断，这与两种动物纤维的成分有很大关系。

由于黏合金箔所使用的黏合剂成分鉴定需要对纳失石上所保留的很少片金及捻金上的黏合剂胶底进行分离，这将对织物造成无法挽回的破坏，因此只对其利用 SEM 进行了观察（图 8）。

三、装饰

本款纳失石大袖袍的镶边宽大，装饰性强，镶边中最具特色的有两部分：一个是绢地刺绣花绦，另一个是双排无捻丝线编结的装饰条。

（一）绢地刺绣花绦（图9）

图9 绢地刺绣花绦

花绦是在3.5cm宽的绢条上刺绣而成。绢条为横丝，可以避免因面幅宽度有限而造成的花绦拼接问题。刺绣针法为打籽绣，丝线捻度很小。刺绣纹样是一个正方形与半个同规格正方形对角组成一个几何纹样，正方形边长1.1cm，由5×5籽构成，刺绣纹样总宽2.3cm。

（二）编结装饰条（图10）

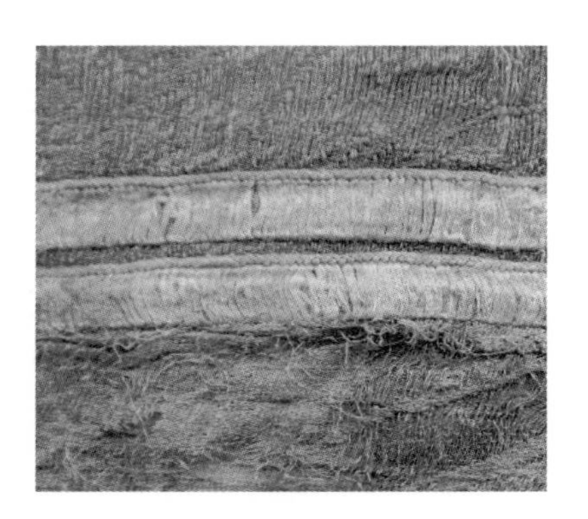

图10 编结装饰条

在领、袖、衣缘等部位都有编结装饰条，装饰条宽0.8cm，为无捻丝线直接绣缝于面料之上。这种装饰条是元代较为流行的一种编结方式，在内蒙古达茂旗明水墓地出土的绛丝紫汤荷花靴套[1]上有与本大袖袍完全一样的编结装饰条。领与袖口的装饰条双条排列，大袖及衣缘为单条。交领边缘部分的装饰条内夹有窄皮条，皮条宽0.3cm，其作用应该是使装饰条具有立体效果，更为突出。装饰条单侧为三股麻花辫（宽约0.12cm）。装饰条表面黏有金箔，金箔虽已脱落，但局部仍可见明显的黏胶痕迹（图11）。

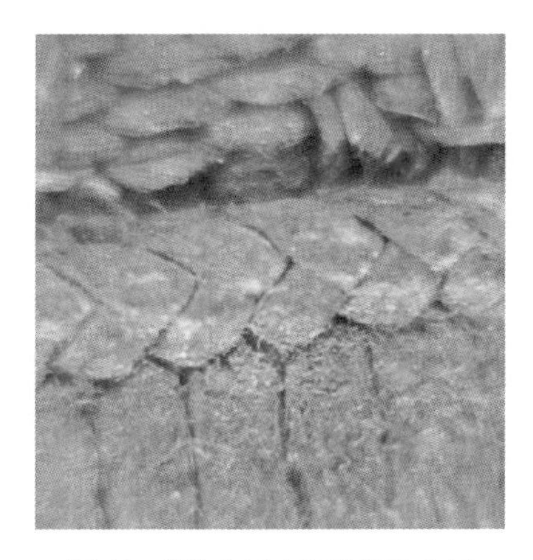

图11 装饰条及表面残留黏合剂

[1] 夏荷秀，赵丰．达茂旗大苏吉乡明水墓地出土的丝织品［J］．内蒙古文物考古，1992（1）：113–120.

图 12　滴珠团窠及宝相花纹样

图 13　肩襕纹样

图 14　飞禽纹样

四、面料纹样

袍服面料纹样有典型西亚纹饰特点，且包含了中国传统纹样。

（一）袍料纹样（图 12）

主料为长 10cm、宽 7cm 滴珠团窠与宝相花相间的四方连续纹样，主题纹样之间以缠枝相连，使主题纹样与陪衬的缠枝浑然一体，花纹丰满、细腻、布局严谨，是元代常见的纹样形式，具有典型中西合璧的风格。面料充分利用了金线材料，使片金纹样与捻金衬底的满金形成金彩辉映、灿烂夺目的效果。金线与纹样的巧妙组合表现出元代纳失石织工的高超技艺和元代蒙古族的审美特征。

（二）肩襕纹样（图 13）

大袖袍肩部有元代典型的肩襕。肩襕宽 15cm，装饰有阿拉伯文字艺术化的变形纹样，是元代袍服中常见的装饰形式。

（三）飞禽纹样（图 14）

袖口飞禽纹样部分宽 7.8cm，两边有对称双排装饰条。由于纹样损坏严重，飞禽的完整形象已无从辨认。

五、结语

元代是特结组织结构走进我国的重要时

期，打破了我国传统单一的地洛式组织结构方式，使固结经固结捻金或片金纹纬的特结组织加入到我国丝织品行列，为我国丝绸纺织技术增添了新的品种。此款大袖袍织物为特结组织结构，且通梭织金。款式为元代典型的大袖袍，纹样具有中西合璧特色，袍身完整，品相较好，是我国元代北方贵族妇女穿着的纳失石大袖袍，具有非常高的学术研究和收藏价值。

致谢

在对此大袖袍的实验考古学分析中，内蒙古师范大学物理与电子信息学院的宋志强以及内蒙古自治区功能材料物理与化学重点实验室给予了很大帮助，在此表示感谢。

苗族服饰中的方形结构研究

——以贯首衣为例

李昕[1] 贺阳[2]

摘　要：以苗族贯首衣为切入点，结合实物样本和田野调查资料，通过其服饰结构、裁剪方法、穿着方式等方面的研究，综合分析方形结构在苗族服饰造型中的运用与变化，并从功用和思想两个层面，展开对苗族服饰中方形结构生成动因的进一步挖掘，以求从中提炼出可供现代服饰设计借鉴的方法与理念。

关键词：苗族；服饰；方形；结构；贯首衣

Research on Square Structure of the Miao Costume

— Take the Guanshou Costume as Example

Li Xin　He Yang

Abstract: The paper takes one of the Miao costume — the Guanshou costume as example, combining field study and results of sample observation, to analysis the changes and usages of square structures of the Miao costume. With the structure of clothing, cutting and dressing methods, the study focused on the square structure both in functions and mindsets. Though digging out the forming of square structures in the Miao costume, the paper gives out a conclusion and inspiration for modern clothing design.

Key Words: Minority of Miao; costume: square; structure; the Guanshou costume

[1] 李昕，北京服装学院博士（在读）。
[2] 贺阳，北京服装学院民族服饰博物馆馆长，教授，博士研究生导师。

一、缘起

2014年至今，在实物测量和田野调查的过程中，笔者发现，虽然庞杂的支系、各异的款式、丰富的装饰使得苗族服饰呈现蔚为大观之象，但纷繁之下，许多苗族服饰，实则就是由一块块再基础不过的方形（包括了长方形和正方形，即四个角都是90°的平行四边形）布料组合而成——手工织出的布料本就是方形，制作者只需根据需要裁出不同比例的方形，进行拼接组合，即可制作成衣。这种方形结构，在苗族现存的古老服饰形态、人类早期的服制——贯首衣中表现得尤为明显。

二、苗族贯首衣方形结构的实例分析

贯首衣是新石器时代纺织品出现以后，在极广阔的地域内和较多的民族中通行的一种服饰。关于苗族先民着贯首衣的传统习俗，早在唐代就有关于五溪地区妇人"横布两幅，穿中而贯首"[1]的记载。明时，贵州龙里一带苗族"妇人盘髻，贯以长簪，衣用土锦，无襟，当幅中作孔，以首纳而服之。别作两袖，作事则去之"[2]"斑衣左衽，或无衿襘，窍以纳首，别作两袂，急则去之"[3]。清代，从康熙年间苗人"男子椎髻当前，髻缠锦帨，织布为衣，窍以纳首"[4]，到乾隆时的"花苗，衣无衿，窍而

---

❶ 刘昫．旧唐书·卷一百九十七［M/OL］．清乾隆武英殿刻本．第2651页.http://dh.ersjk.com/spring/front/jumpread.

❷ 沈庠．贵州图经新志：卷十一［M］．赵瓒，纂．影印本．贵阳：贵州省图书馆，2015.

❸ 郭子章．黔记：卷五十九［M］．油印本．贵阳：贵州省图书馆，1966.

❹ 陆次云．峒溪纤志［M/OL］．宛羽斋，刻．清陆云士杂著本．清康熙二十二年：第1页．http://dh.ersjk.com/spring/front/jumpread.

纳诸首”❶；从《皇清职贡图》（图1）描绘的“花苗……有大头小花之称。衣以蜡绘花于布而染之，既染去蜡，则花纹似锦，衣无襟衽，挈领自首以贯于身”，到“花苗……衣用败布缉条以织衣，无衿，窍而纳诸首；东苗……妇人衣花衣无袖，惟两幅遮前后”❷，再到《苗疆闻见录》中“苗人衣短衣，尚青色，其妇女所服皆小袖，无襟，下体围裙，无亵衣”❸，贯首衣在苗族社会中的悠久历史可见一斑（图2）。

图1 《皇清职贡图》中着贯首衣的花苗妇女形象

图2 清代彩绘苗族生活图中着贯首衣的花苗妇女形象

配文“花苗二种，有大头小花之别，其俗性皆同，衣无衽，窍提其首，领自首贯于身，以蜡花布为之”。

这种古老的服饰流传至今，演化为当今11种不同式样的苗族贯首衣❹。结合民族服饰博物馆藏实物情况，笔者提取了其中7式进行实物分析。经初步观察，可确定几件苗族贯首衣均为“衣前短后长❺，无衿纽，窍其上而纳首焉”❻，前后衣片在肩部缝合固定，留出领口的形制。其中，息烽、花溪两种式样的苗族贯首衣为无袖款式；中堡、卡罗两种式样的苗族贯首衣为无领款式。而根据笔者测量后整理出的结构分解图中更可以看出，这几种贯首衣通身皆由一块块完整的方形布料组成，肩、袖、领等处的结构线也都为直线，且无一例外（表1）。

❶ 爱必达．黔南识略［M］．台北：成文出版社，1968：17.

❷ 靖道谟．贵州通志：卷七［M］．影印版．贵阳：贵阳市档案馆，1741.

❸ 徐家干．苗疆闻见录［M］．校印本．贵阳：文通书局．

❹ 吴仕忠．中国苗族服饰图志［M］．贵阳：贵州人民出版社，2000：230–235，314–316，324–327，364–365，452–459，464–465，472–473，594–597，610–611.

❺ 隆林苗族贯首衣前后衣片等长，但在穿着时，会通过后围腰的搭配，组合出前短后长的形制。其他几种（本身已具备前短后长的特征）苗族贯首衣中均不存在后围腰这一配件。所以隆林苗族的后围腰，实则相当于其他几种贯首衣中的后衣片下摆，同样符合前短后长这一苗族贯首衣的形制特征。

❻ 王正玺．毕节县志稿：卷八［M］．周范，纂．复制本．贵阳：贵州省图书馆，1965.

表1　民族服饰博物馆藏苗族贯首衣结构分解图

序号	藏品名称（代表地区）	藏品正视图 / 背视图	结构分解图（虚线为折叠线）
1	贵州 贵阳市花溪区 苗族贯首衣	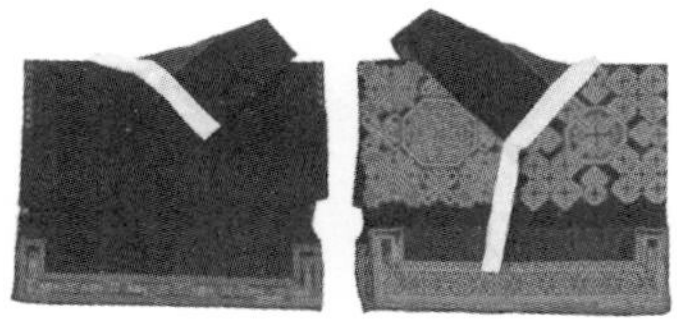	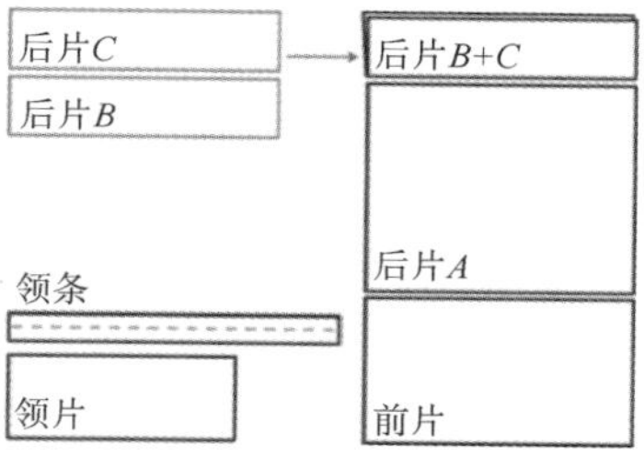 后片C → 后片B+C 后片B 后片A 领条 领片 前片
2	贵州 贵阳市息烽县 苗族贯首衣	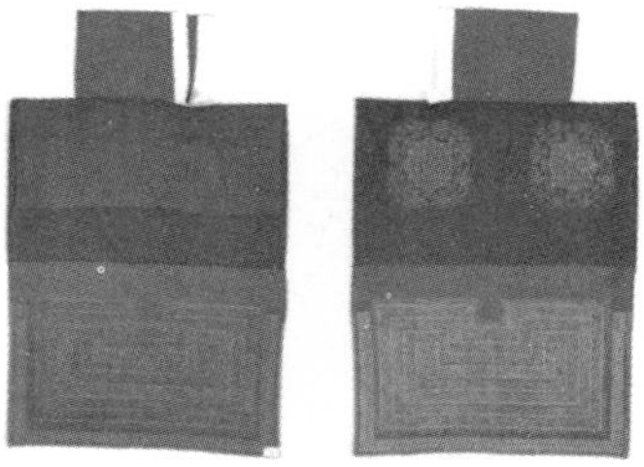	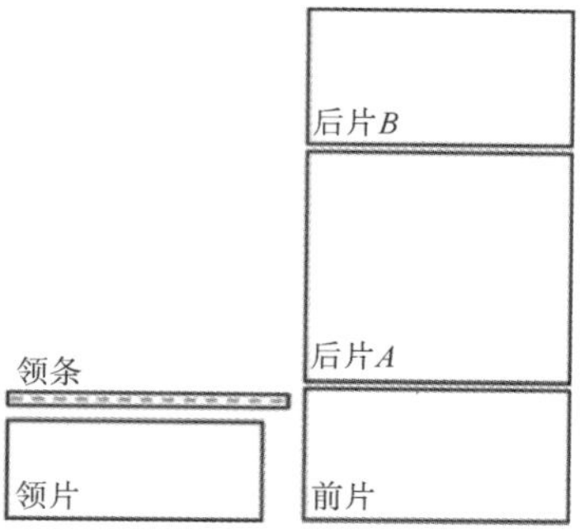 后片B 后片A 领条 领片 前片
3	广西 南丹县中堡乡 苗族贯首衣	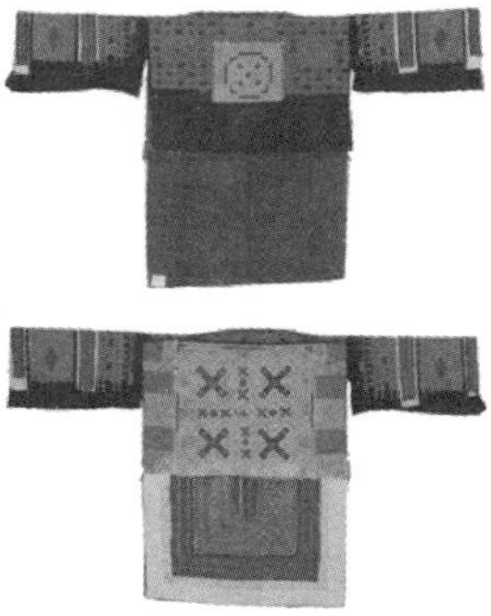	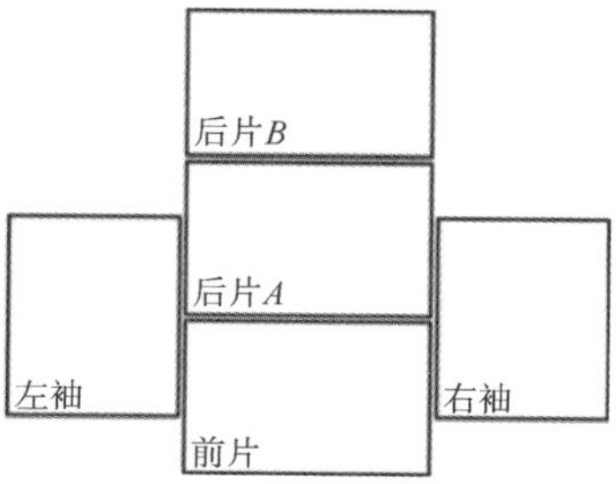 后片B 后片A 左袖 右袖 前片
4	贵州 平塘县卡罗乡 苗族贯首衣		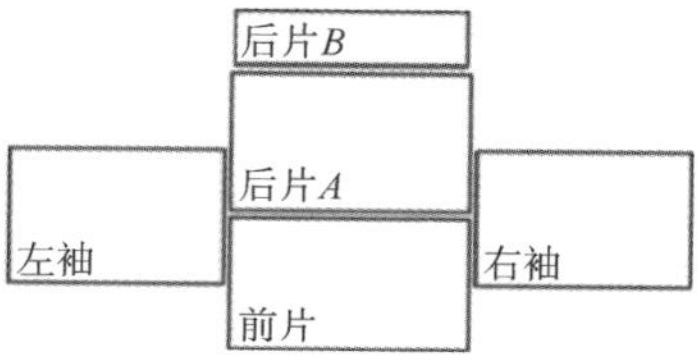 后片B 后片A 左袖 右袖 前片

续表

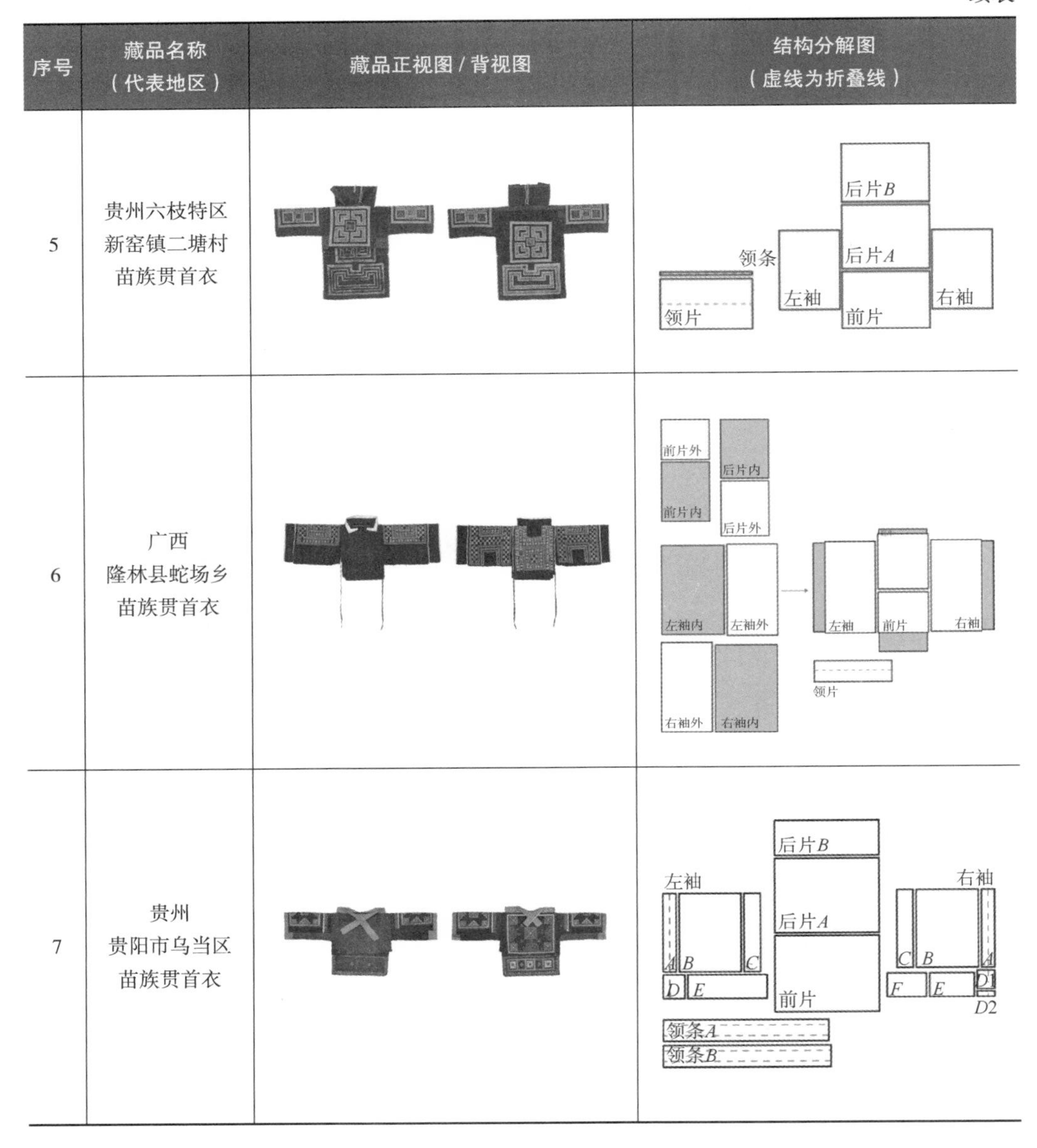

序号	藏品名称（代表地区）	藏品正视图 / 背视图	结构分解图（虚线为折叠线）
5	贵州六枝特区新窑镇二塘村苗族贯首衣		后片B、领条、后片A、左袖、前片、右袖、领片
6	广西隆林县蛇场乡苗族贯首衣		前片外、后片内、前片内、后片外、左袖内、左袖外、右袖外、右袖内、左袖、前片、右袖、领片
7	贵州贵阳市乌当区苗族贯首衣		后片B、左袖、右袖、后片A、A、B、C、D、E、前片、F、D1、D2、领条A、领条B

这与笔者以往观念中服饰结构必须经过精密的计算、精准的裁剪、精细的缝制才能形成的概念截然不同。因为即便是将日常生活中最简单朴素的T恤衫进行拆解，也会发现其并非皆由方形组成，特别是在领窝、袖窿等需要符合人体形态、满足活动需求的部位，总是需要不可避免地裁成曲线。那么，作为典型方形结构的苗族贯首衣，如何能在少裁剪，甚至不裁剪布料的条件下，实现并同时满足服饰之于人体方便舒适的基本需求和合体美观的穿着效果？简单纯粹的方形布料又是如何塑造出苗族各支系间不同的贯首衣造型的？

（一）比例与变化——方形结构的多样性

仅就衣身的拼接方式来看（表 1），除隆林苗族贯首衣为 1 片前片，加上 1 片后片的两片式方形结构外，其余地区苗族的贯首衣衣身结构均为 1 片前片、2 片后片（主衣身加下摆）的 3 片式组合。几件不同式样的贯首衣都是前短后长的形制，也有着类似的组合、拼接方式，但因各个方形间的比例不同，使得组合出的贯首衣即使是在平铺的状态下，也有着各不相同的造型。笔者对 7 件贯首衣各部位间的比例进行了测算（表 2），当把难以描述的问题转换为具体数值时，比例——这一微妙关系对方形结构的影响，以及贯首衣造型发生变化的规律就有迹可循了。

表 2　民族服饰博物馆藏苗族贯首衣的各部位比值

项目 贯首衣类型	通袖长：衣长比值	肩宽：衣长比值	肩宽：前衣长比值	前衣长：后衣长比值	袖长：袖宽比值	袖长：肩宽比值	领口宽：肩宽比值
花溪苗族（详细尺寸参见图 5）	/	1.24	1.95	0.63	/	/	0.56
息烽苗族（详细尺寸参见图 6）	/	0.70	1.92	0.36	/	/	0.55
中堡苗族（详细尺寸参见图 4）	1.93	0.79	1.53	0.52	1.66	0.71	0.65
卡罗苗族（详细尺寸参见图 3）	3.41	1.19	1.71	0.69	3.11	0.92	0.80
二塘苗族（详细尺寸参见图 7）	1.66	0.69	1.47	0.47	1.48	0.70	0.60
隆林苗族（详细尺寸参见图 8）	2.83（内） 2.64（外）	0.79（内） 0.85（外）	0.79（内） 1.16（外）	1.00（内） 0.75（外）	1.37（内） 1.08（外）	1.30（内） 1.05（外）	0.84
乌当苗族（详细尺寸参见图 9）	2.43	0.93	1.39	0.67	1.63	0.80	0.85

例如，同是由5片完整的方形布料组合成的无领贯首衣，卡罗苗族贯首衣看上去就要比中堡苗族贯首衣显得“扁”了许多（图3、图4）。众所周知，当一个长方形的长与宽越来越接近，即长宽比越趋近于1时，这个长方形也就越发趋近于正方形。以表2中两件贯首衣的通袖长和衣长的比值为参考，3.41和1.93象征着一“扁”一

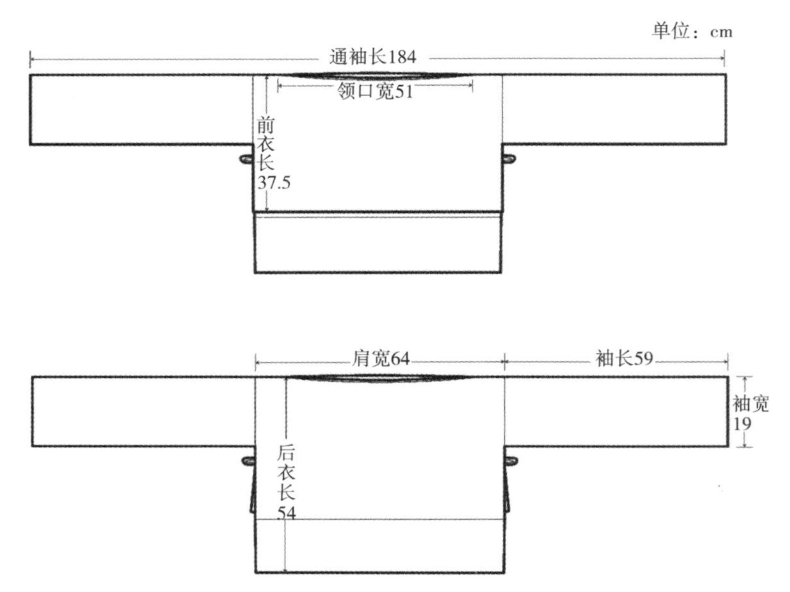

图3　贵州平塘县卡罗乡苗族贯首衣结构款式图（正/背）

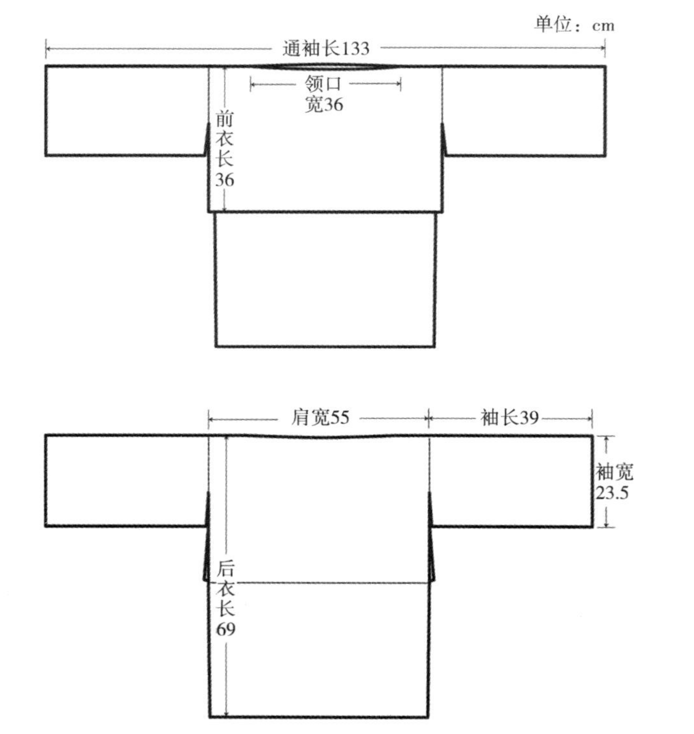

图4　广西南丹县中堡乡苗族贯首衣结构款式图（正/背）

"方"，其形态自然也有所不同。

再如，2 件同为 3 片式方形结构的无袖贯首衣（图 5、图 6），花溪苗族贯首衣显得宽，而息烽苗族贯首衣则显得长。两者肩宽和衣长的比值为分别为 1.24 和 0.70，与 1 的差值分别为 0.24 和 0.3，虽差值接近，但在这里，大于 1 的比值所表示的是一个肩宽大于衣长的、显得宽扁些的方形结构；而小于 1 的比值则说明这是一个肩宽小于衣长的、显得瘦长些的方形结构。

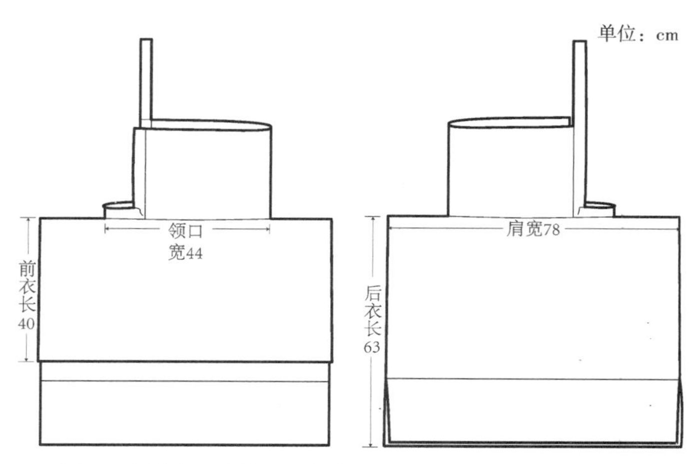

图 5　贵州贵阳市花溪区苗族贯首衣结构款式图（正 / 背）

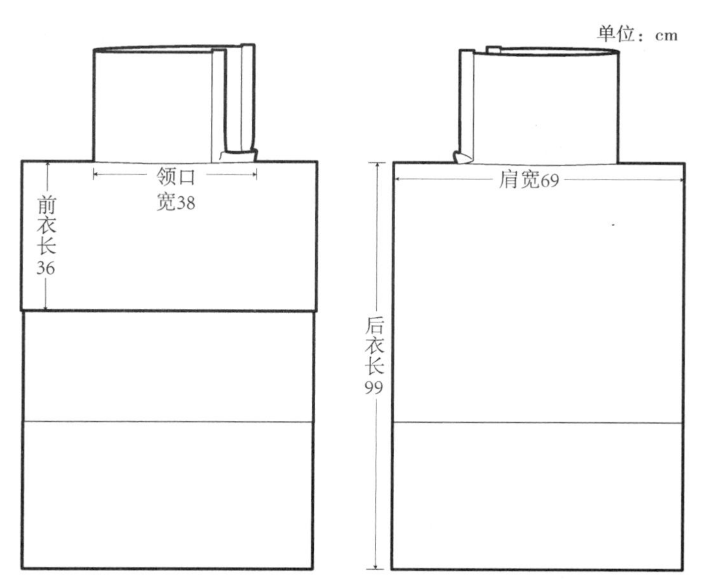

图 6　贵州贵阳市息烽县苗族贯首衣结构款式图（正 / 背）

以此类推，再来看看领子与衣身的比例关系。在图 7 ~ 图 9 所示的 3 件苗族贯首衣中，隆林、二塘 2 件苗族贯首衣的实际领口宽度接近，分别为 32cm 和 31cm，但因领口与肩宽的比例差异，导致隆林苗族贯首衣的领口在视觉上要显得宽大许多；而乌当苗族贯首衣的领口宽虽比隆林苗族式样的宽出了10cm，可两者的领口宽与肩宽比值分别为0.84和0.85，比例几乎相同，所以并不会觉得乌当苗族贯首衣的领子，是这三式中开口最大的。正是这些比例不一的方形，奠定了苗族贯首衣造型丰富的基础。

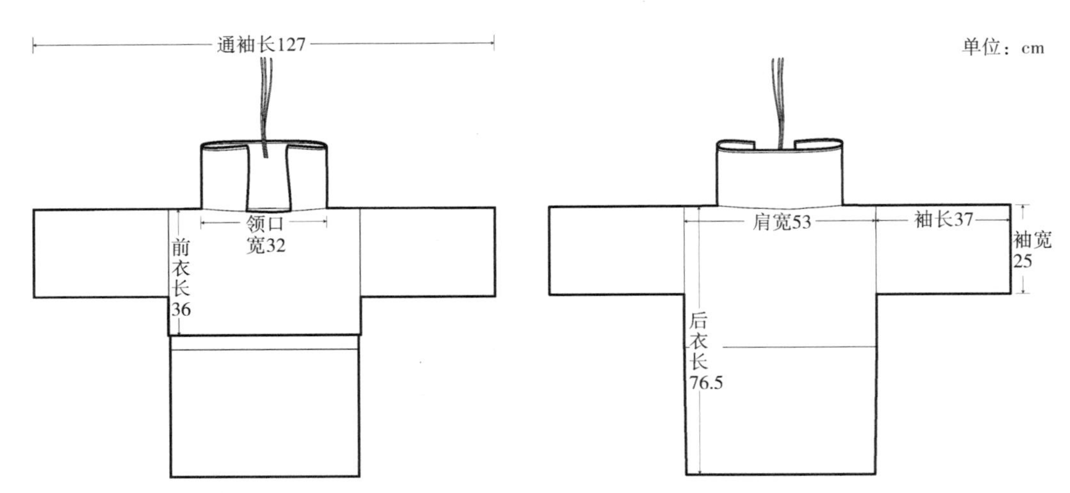

图7　贵州六枝新窑二塘苗族贯首衣结构款式图（正/背）

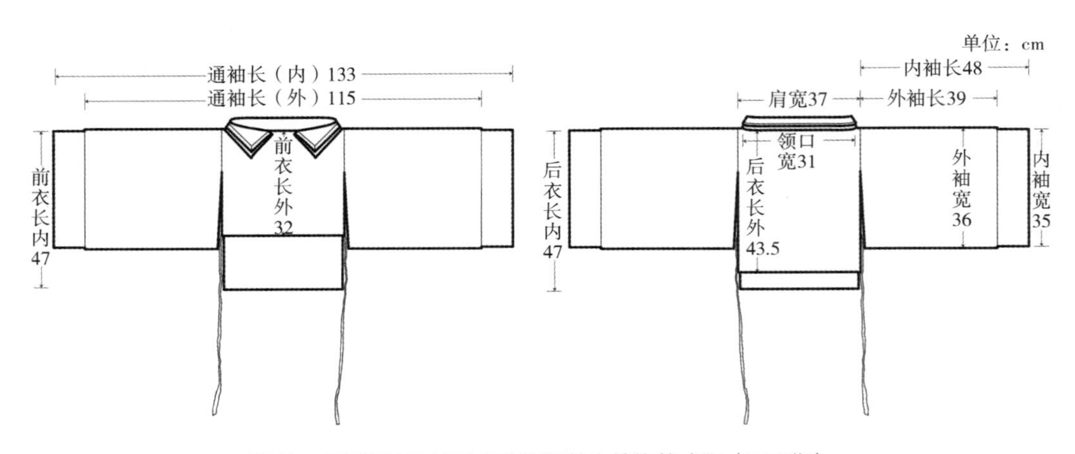

图8　广西隆林县蛇场乡苗族贯首衣结构款式图（正/背）

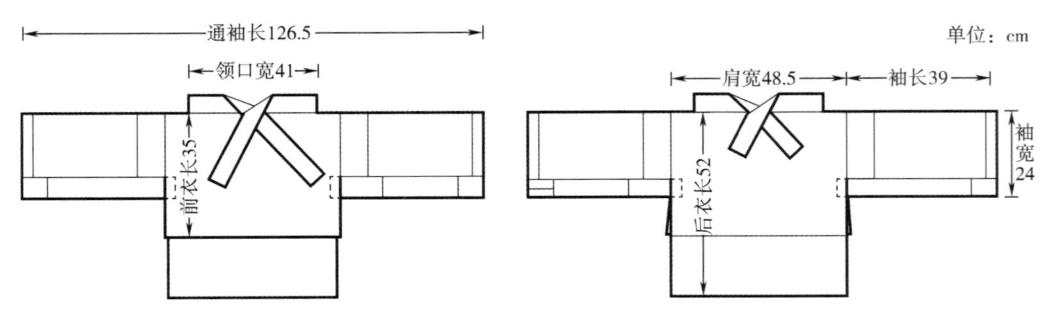

图9　贵州贵阳市乌当区苗族贯首衣结构款式图（正/背）

图 10　花溪苗族贯首衣穿着示意图
通过系围腰和背牌带子在胸前的交叉来完成造型。

虽是平面的方形结构，但苗族贯首衣依旧能够营造出合体的穿着效果。通过人在穿衣过程中进行的诸如缠裹、交叉、系带、披挂、堆叠等不同方式的二次造型，不仅完成了服装在人体上的固定，也塑造出了方形结构本身所不具备的“腰身”，实现了苗族贯首衣从几片方布到立体的转化（图 10~图 14）。再搭配上方形的背牌、围腰和百褶裙，贯首衣的造型一下就丰满起来了。

图 11　息烽苗族贯首衣穿着示意图
通过系围腰和背牌带子在胸前的交叉来完成造型。

图 12　中堡苗族贯首衣穿着示意图
盛装时会再披上一件贯首衣，叠穿后完成造型。

图 13　隆林苗族贯首衣穿着示意图
前衣片上的两根绳子系于身后，形成腰身。

图 14　隆林苗族贯首衣穿着示意图
系上后围腰，组合成前短后长的造型。

（二）固定与折叠——方形结构中的领部造型

除了整体上的方形结构，苗族贯首衣在许多细节造型上的经营也颇具设计感。

衣领处于人体肩颈转折处，又是服装中最靠近人脸的重要部位，其结构除了要适应脖子这样一个常处在多角度、多方向运动状态下的圆柱体，更要考虑到与穿着者脸型的搭配关系。特别是对于苗族，这样一个惯以大体量盘发、首饰进行头部装饰的民族而言，领部造型能否修饰脸型，能否与夸张的头饰相得益彰，都是至关重要的。

从前文图析中可知，苗族贯首衣的前后衣片均为方形，两肩处缝合固定后留出的领窝，自然也是直线。可在实际的穿着效果中，却很少在其领口位置见到生硬的直线或一字领的造型。以中堡苗族贯首衣（图 15~ 图 17）和卡罗苗族贯首衣（图 18~ 图 20）为例，两件贯首衣均无领面，穿着时前后衣片微微张开，向两侧下滑，形成了自然的肩部造型。卡罗苗族贯首衣更是因肩宽、领口开口较大，需在穿着时再行缝线固定。此外，两地的苗族妇女在穿着贯首衣时会佩戴上项圈，圆形的项圈

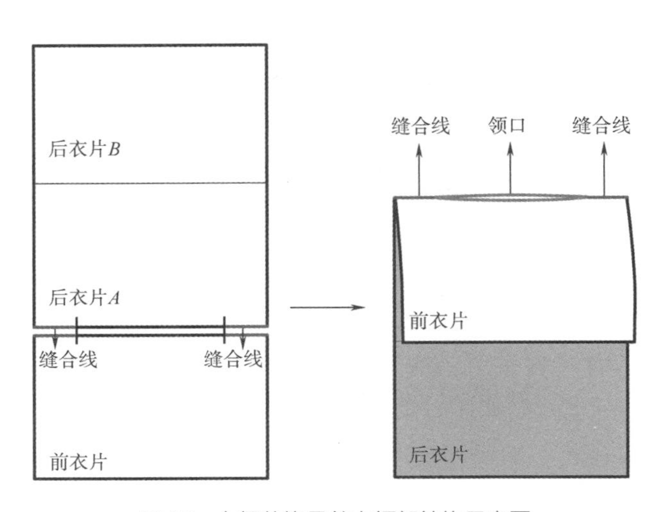

图 15　中堡苗族贯首衣领部结构示意图

图 16　中堡苗族贯首衣领部正面造型

图 17　中堡苗族贯首衣领部侧面造型

在起到了压合固定领口的同时，也打破了原本生硬的直线，使领部与脸部的关系更为和谐。

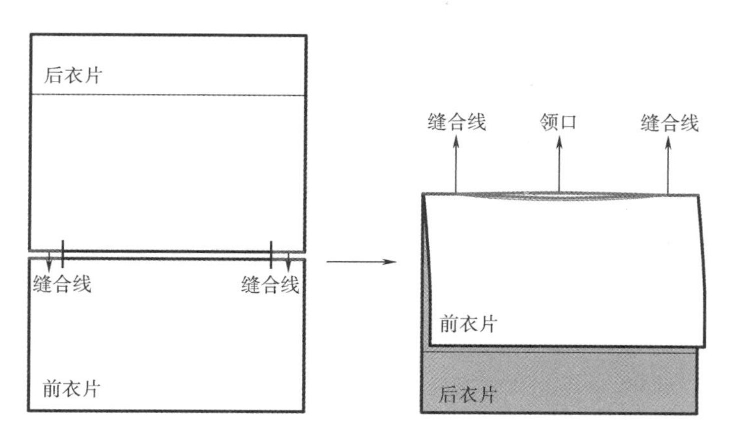

图 18　卡罗苗族贯首衣领部结构示意图

图 19　卡罗苗族贯首衣的领口缝线

图 20　搭配了项圈的卡罗苗族贯首衣领部造型

在此基础上，只要再加上若干方形布料，就能组合出多种多样的翻领造型了。此件二塘苗族贯首衣的领片为双层（图 21~ 图 23），是由一块 56.5cm×32cm 的长方形布料沿 *AB* 虚线对折后，在上方包入一条对折的细布条，一起缝合组成。再沿折痕 *AB* 将整个领片自后向前缝在领窝线上，穿着时，领片向下翻折，形成大翻领的造型。翻折后的双层领面显得十分挺括，包入的小布条上还饰有棕色刺绣（图 24），增加了领子的垂感，而领片与领窝线间的长度差，恰好留出了 8cm 的前领开，可以露出穿着者的脖颈。富有体积感的宽大领口，中和了圆形盘发和身体间的比例关系，使肩颈看起来不那么单薄，整体造型更为平衡协调（图 25）。

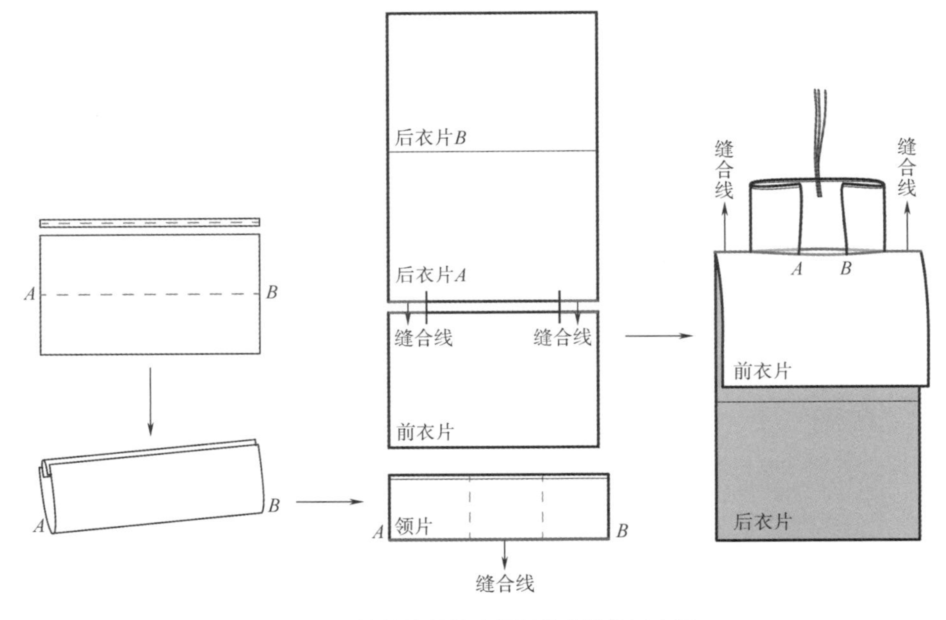

图21　二塘苗族贯首衣领部缝合结构示意图
（虚线为折叠线）

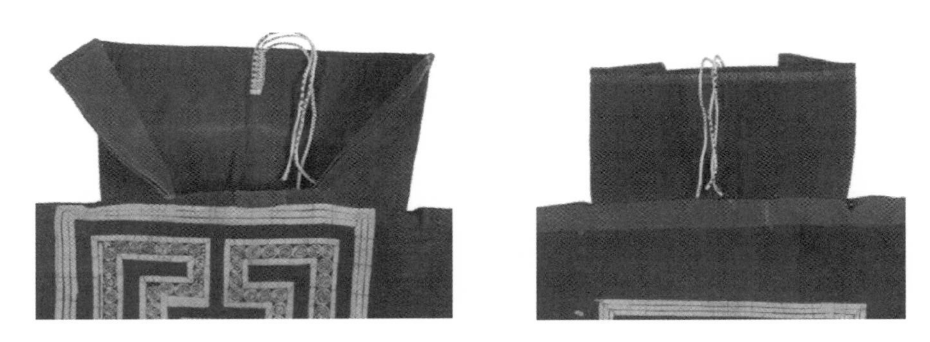

图22　二塘苗族贯首衣衣领（正/背）

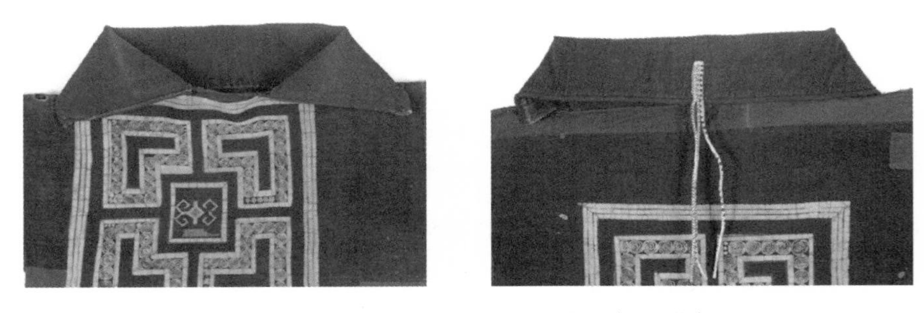

图23　二塘苗族贯首衣衣领下翻造型（正/背）

图 24　二塘苗族贯首衣衣边棕色刺绣

图 25　二塘苗族贯首衣穿着时的领部造型

同样是利用一片方形领片来制作翻领，隆林苗族贯首衣就因领片比例和缝合位置的不同，形成了与二塘苗族贯首衣大相径庭的翻领造型。此件隆林苗族贯首衣的领片是一块 60cm × 16.5cm 的长方形（图 26），制作时，先沿 *CD* 虚线对折，再沿折痕位置将领片缝至领口。穿着时领片下翻，双层的翻领和领边的白色包边，都令领子看起来更加硬挺有型（图 27~ 图 29）。

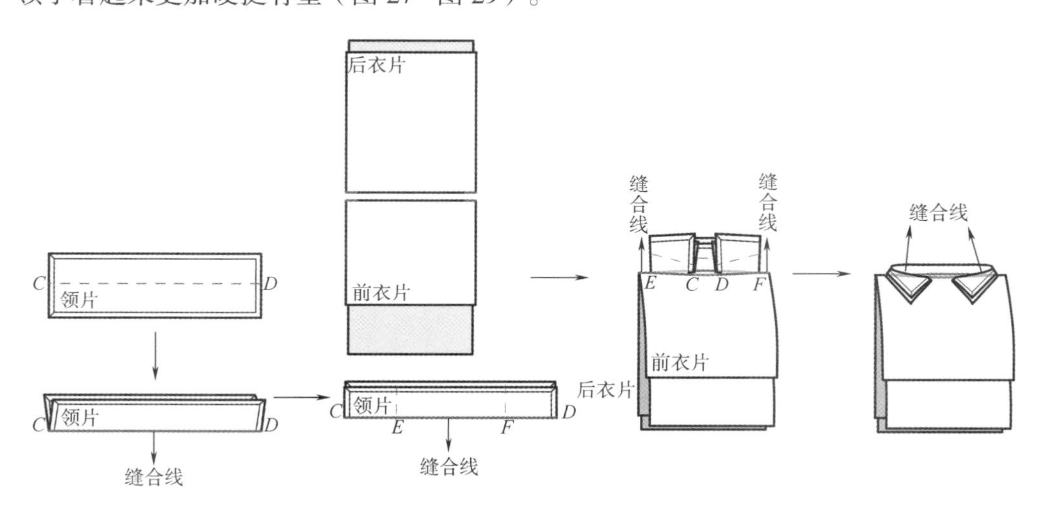

图 26　隆林苗族贯首衣领部结构示意图

（虚线为折叠线）

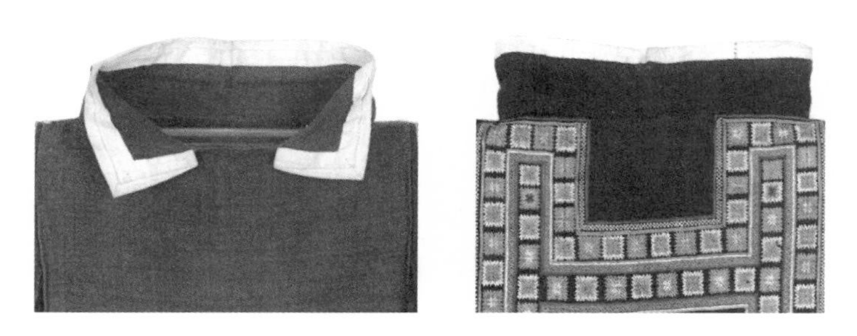

图 27　隆林苗族贯首衣衣领（正 / 背）

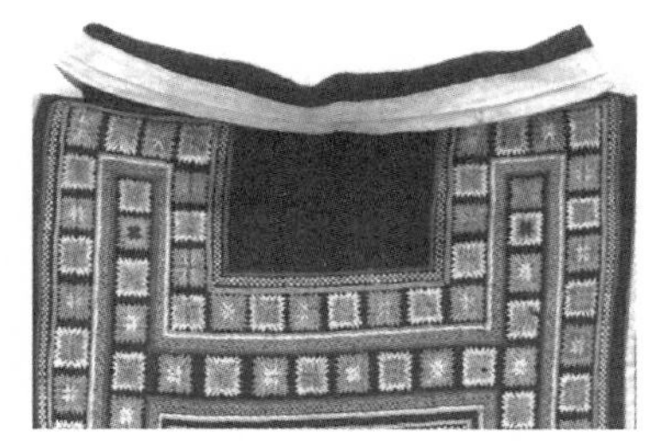

图 28　隆林苗族贯首衣衣领下翻造型（正 / 背）

花溪、息烽式贯首衣均呈现出侧翻领的造型，即在领口处加上一块开口朝向侧面的长方形领面和一条白色包边（图 30）。穿着时，衣领于肩线处前后分开，领面翻落至前胸、后背（图 31），建构出一种不对称的造型。因形似一面旗子披于肩上，白色包边形似旗杆套，而得名“旗帜服”。只要对缝合的位置稍作调整，方形领片和直线领窝就又能组合出一种全新的侧翻领。花溪、息烽两式苗族贯首衣的衣领结构相似，仅开口朝向不同（图 32、图 33）。

图 29　隆林苗族贯首衣穿着时的领部造型

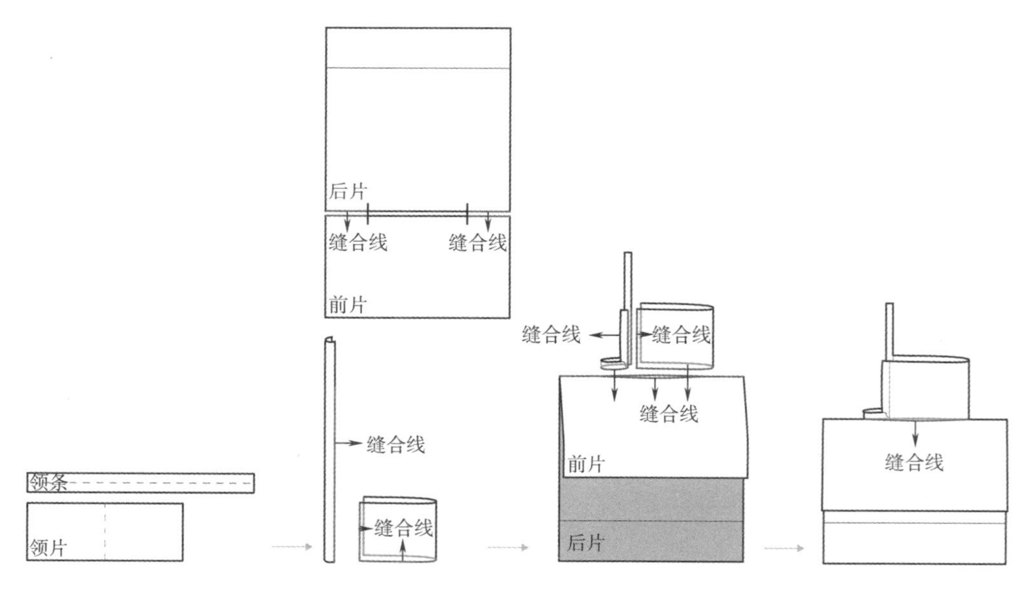

图 30　花溪苗族贯首衣领部结构示意图
（虚线为折叠线）

图 31　花溪苗族贯首衣衣领下翻造型（正 / 背）

图 32　花溪苗族贯首衣穿着时的领部造型

图 33　息烽苗族贯首衣穿着时的领部造型

乌当苗族贯首衣的领子则是两条长方形布条。制作时，先将布条折叠、缝成圆筒状，再沿领口由两侧往中间缝上领条，形成立领，余下的领条自然下垂，产生出一种类似领巾的造型（图 34）。穿着时，将胸前的领条塞入围腰中固定，领口受力下拉，从原始的直线状态转变成了“V 字领”（图 35、图 36）。

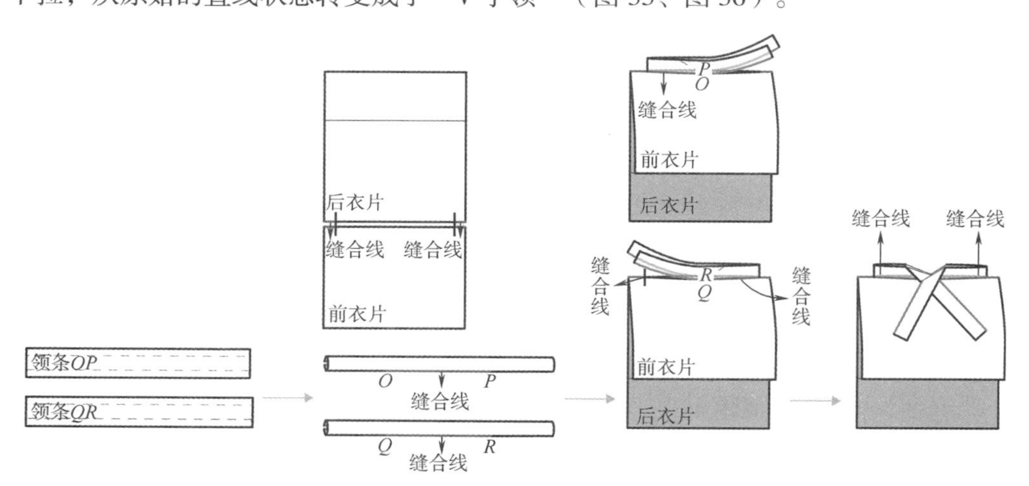

图 34　乌当苗族贯首衣领部结构示意图
（虚线为折叠线）

图 35　乌当苗族贯首衣衣领下翻造型

图 36　乌当苗族贯首衣穿着时的领部造型

不同比例的方形，加之折叠方法、固定位置、组合方式的变化，造就了苗族贯首衣各不相同的整体形态和领部造型。因此，即便是在剥离了表面装饰这一明显差异的情况下——着便装时（在苗族各支系内部，便装与盛装的结构基本相同，其主要差别是有无装饰），我们依然能够根据方形结构区分出各个不同的支系，这就是结构本身所具备的识别性。

（三）系带与不缝——方形结构下的“袖窿”处理

对应人体腋窝处的袖窿，是连接衣与袖、涉及前胸和后背平衡的主要部位，其结构与人体手臂的活动特点息息相关，直接影响到手臂活动能否方便自如，以及在活动过程中能否保持原有的服饰造型和良好仪态等问题。苗族贯首衣衣身与袖子的连接处，始终保持着不破坏布料完整性的方形结构特征。虽然其形状、尺寸不与人体臂根围完全吻合，但同样能够带来舒适的穿着体验和立体的造型。

以贵州花溪、息烽的苗族贯首衣为例，由于此类贯首衣通常可在无袖的状态下进行穿着，其衣身两侧完全不予缝合，也就不存在所谓的袖窿。但在穿着时，宽大的方形衣片在腰带的缠裹和系带的交叉之下，生成了袖窿的概念（图 37）——两个通过扎系而非挖剪出的“窟窿”，穿着时可满足手臂所需的活动

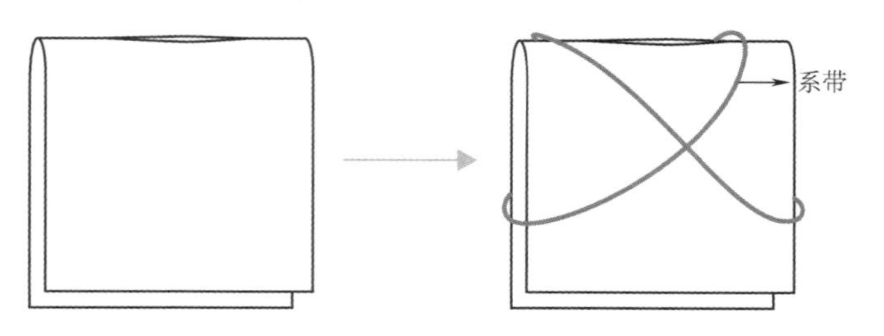

图 37　花溪、息烽苗族贯首衣“袖窿”的处理方式示意图

空间和立体廓型，展开后仍旧是一块完整的方形布料，是合体、美观与零浪费的同步实现。

借助绳带，苗族妇女可在方形结构的无袖贯首衣上系出“袖窿”，也可在有袖的贯首衣上制造出新的“袖窿”。卡罗苗族贯首衣的袖子是较为窄长的长方形，其袖根处与衣身完全缝合，并在袖根往下约5cm处，用绳带连接前后衣片（图38）。较大的领部开口，导致宽松的衣身在穿着时会向左右两侧自然下滑，原本的“袖窿”位置顺移落在了大臂上，与下滑的肩部一起成为实际穿着时的袖身。此时，真正发挥着“袖窿”作用的，则是那两根因由衣身左右下滑，而上移至腋窝的绳带。两根绳带起到了固定和支撑的作用，既为衣袖留出了足够的用于活动和造型的量，又束紧了前后衣片，使其更加贴合身体，防止掉落。

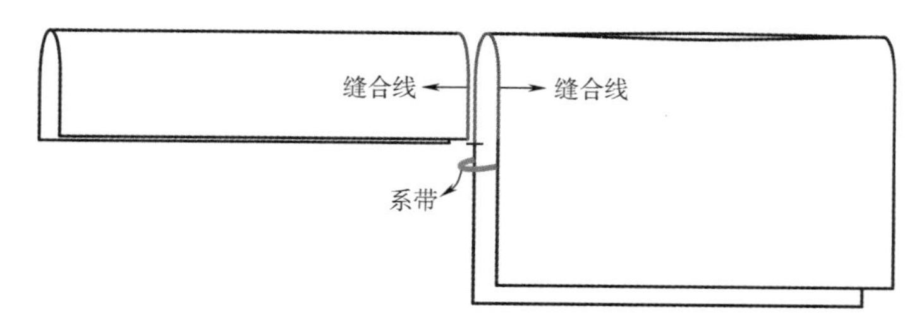

图38　卡罗苗族贯首衣“袖窿”处理方式示意图

与现代服装设计中“挖袖窿”的方法不同，方形结构中的“袖窿”并非挖去，而是用局部“不缝合”的方式来对贯首衣的腋下部位进行处理。以中堡苗族贯首衣为代表，这种贯首衣袖身较宽，组装时，仅将袖根上半部分与衣身缝合（图39），没有完全缝合的袖根和两侧分离的前后衣片，为手臂提供了充足的活动空间。隆林苗族贯首衣、贵州平塘县油邑乡的苗族贯首衣的腋下处理方式都属此类。

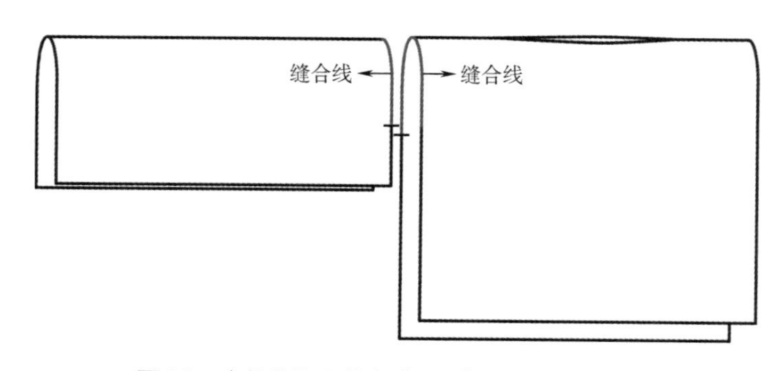

图39　中堡苗族贯首衣“袖窿”处理方式示意图

而在将袖根的上半部分与衣身进行缝合的同时，加在袖身下部的一块略长的方形布料（图 40），更是为乌当苗族贯首衣营造出了一种不缝合的袖裆结构，在确保活动机能的同时，多出的一小截布料也起到了适当的遮挡作用。

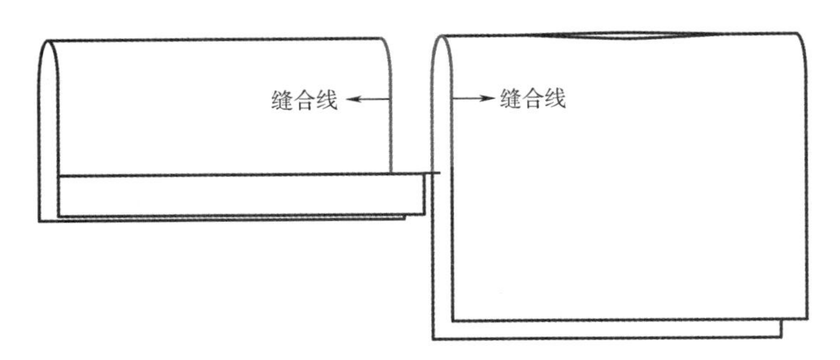

图 40　乌当苗族贯首衣“袖窿”处理方式示意图

三、方形结构的生成动因探究

自然界里似乎并不存在纯粹的方形。“正因为几何形状在自然界中很少见，所以人类的脑子就选择了那些有规律性的表现形式，因为它们显然是具有控制能力的人脑的产物，所以，它们与自然混杂的状况形成明显的对比”❶。考古发掘的资料显示，早在新石器时代，生活在现今中国版图上的原始人就在生产生活及装饰等多方面广泛地运用方形了。墓穴、居室、炉灶、生产工具、陶瓷纹饰……方形的发现与运用是古人在劳作过程中认知、提炼后的产物，人们经过长期的使用，认识到了方形的房子更具有稳定性，方形的刀斧比圆形的石器更利于开垦土地。所以，方形结构的生成和大量使用，或应首先归因于这是人们在生产生活中依据有利的实用原则而做出的选择。而随着这一时期纺织品的出现而诞生、并且延续至今的贯首衣，或许也就最大程度地保留了当时人们对方形这一形状的认知。

一块手织布的成形，至少需要经历种植、收获、纺纱、牵经、织布等几个环节。贯首衣“这种服装对纺织品的使用，可以说是非常充分无丝毫浪费的，在原始社会物力维艰时代，这是一种最理想的服制”❷。依照纵横经纬，将得来不易的布料进行合理分割，再根据实际使用需求进行重新组合，这个物尽其用的过程是“敬天惜物”的思想体现，更是在特定环境下所形成的生物本能。

方形结构的广泛运用，还源于其极强的适应性和可塑性。正如贡布里希（Gombrich）

❶ E.H. 贡布里希．秩序感［M］．杨思梁，徐一维，范景中，译．南宁：广西美术出版社，2015：8.

❷ 沈从文．物质文化史［M］// 沈从文．沈从文全集：32 卷．太原：北岳文艺出版社，2002：14.

在《秩序感》一书中谈到的那样:“有些类型的简单结构易于组合……有些组合体还显示出了层次原理的优点，即有些小的成分可以被组合成较大的单元，而这些较大的单元又可以很容易地被组合成更大的整体。所有这些标准化所具有的内在优点都可以被人们在从事有步骤有计划的工作时加以利用。”线是组成布料的基础元素，从纺纱开始，布料正是一个由千千万万根直线自然延伸、交织后所构成的面。在人造物的范畴内，这样规整的方形显然要比其他复杂形状更易获得，也可作为较小的单位进行无限的拼接，进而根据人的需求组合出更多形状。苗族服饰的制作者并非专职的设计师、裁缝，而是由那些没有学过数学、裁剪，甚至没有上过学、不识字的普通妇女来完成。她们在忙于田间地头的农活、房前屋后的家务的同时，还得承担起为全体家庭成员制衣的任务。这就意味着，制衣的方法必须简单、易学，才能使得这项技能具有普及的可能性。那么，低门槛、实用的方形结构显然是最与苗族社会的现实情况和人的能力相适应的。除了“省料”，方形结构在服装裁剪、缝合等工艺上的最大程度的简化，也是有效地满足了苗族女性对“省时”“省力”的客观需求。制衣时，只需“用手量一量”“放在胳膊上比一比”就能得出所需的尺寸（图 41）。虽不是精确到毫厘的绝对尺寸，但却做到了“皆以人之体为法”[1]，确保了各部件之间、服装与人体之间始终保持着合理的尺度比例。在缺乏工具的情况下，这不失为一种既实用又科学的标准化制衣方法。

图 41　乌当苗族妇女向笔者示意其贯首衣领口尺寸为“两掐”（大拇指到中指间的距离）

再者，从审美法则和造物思想的角度上来看，“阳以圆为形，其性动；阴以方为形，其性静”[2]，方形总能够给人以秩序感和静态的完美意象。如此，用规整的方形来包裹人体的曲线，形成和谐、适度的立体造型，或许可以解释为一种对“阴阳调和”状态的追求，“唯有阴阳调和保持真的平衡时，才能达到幸福、健康及良好的秩序……阴阳学说在中国的极大成就显示出，中国人是要在宇宙万物之中，寻出

[1] 许慎 . 说文解字：卷八上［M/OL］. 清文渊阁四库全书本 . 第 125 页 .http://dh.ersjk.com/spring/front/jumpread.

[2] 范晔 . 后汉书：卷九十一［M/OL］. 百衲本景宋绍熙刻本 . 第 1228 页 .http://dh.ersjk.com/spring/front/jumpread.

基本的统一与和谐，而非混乱与斗争。”❶

四、结语

以苗族贯首衣为代表的方形结构，是人类早期服饰遗风在当代民族服饰中的传承与发展。用最朴素的裁片构筑出平面中的立体，人们只需在穿衣过程中进行调节，就能灵活变换出各种不同的立体效果，无须因体型的变化而重新制作服饰；用最基础的元素组合变幻出丰盛的效果，人们只要在局部的装饰搭配上稍加调整，就可实现族群、性别、婚否等的识别区分。从裁剪制作的方法到服饰的最终造型，方形结构的设计最大限度地包容了制作者水平天赋的参差不齐、穿着者相貌体型各不相同的现实情况，解决了让大部分人“都会做”、大部分人“都能穿”的基本问题。这是一种饱含温情和慈悲的日用设计，淋漓尽致地体现了“少即是多”的设计哲学和传统造物中的“节用”思想。

参考文献

[1] 民族文化宫 . 中国苗族服饰 [M]. 北京：民族出版社，1985.

[2] 杨正文 . 苗族服饰文化 [M]. 贵阳：贵州民族出版社，1998.

[3] 雷德侯 . 万物——中国艺术中的模件化和规模化生产 [M]. 张总，等译 . 北京：生活·读书·新知三联书店，2012.

[4] 鲁道夫·阿恩海姆 . 艺术与视知觉 [M]. 滕守尧，朱疆源，译 . 成都：四川人民出版社，1998.

[5] 田中千代 . 世界民俗衣装：探寻人类着装方法的智慧 [M]. 李当岐，译 . 北京：中国纺织出版社，2001.

[6] 格罗塞 . 艺术的起源 [M]. 蔡慕晖，译 . 北京：商务印书馆，1984.

[7] 欧几里得 . 几何原本 [M]. 兰纪正，朱恩宽，译 . 西安：陕西科学技术出版社，2003.

[8] 张劲松 . 论中国远古上古时代的方形文化——兼及八卦的起源 [J]. 民间文学论坛，1996（2）：31–41.

❶ 李约瑟 . 中国古代科学思想史 [M]. 陈立夫，等译 . 南昌：江西人民出版社，1999：347–348.

缂丝工艺在古代服饰的应用

朴文英[1]

摘　要：缂丝是我国古老的纺织技艺，有一千多年的历史。独特的通经断纬工艺织造的花纹线条清晰、立体感强，宋以后在长江三角洲地区主要用来制作艺术品，在艺术史上独树一帜。除了艺术品，缂丝还用来制作装裱用材料、居室装饰品以及服饰。由于工本太高，用缂丝工艺制作的服装数量相对较少，被历代皇室和贵族阶层享用，从留存至今的遗物上可以了解当时的情况。明清时期缂丝服装的资料相对较多，制作的产地、服装的款式和制作工艺还比较清楚，但是之前的缂丝服装资料极少，当时缂丝服装的制作和使用情况很不清晰。笔者尽力查找元代以前的实物资料和文献资料，通过横向和纵向的比较，初步探求早期缂丝服装的面貌。

关键词：缂丝；缂毛；服饰；产地；款式；制作工艺；时代；民族

The Application of Kesi (Tapestry) Technic in Ancient Clothing

Piao Wenying

Abstract: Kesi (tapestry) as an ancient textile technology, has a history of more than one thousand year. Characterised by having clear outline and strong dimensional sense, it has been made for artwork since Song dynasty and have enjoyed great popularity among the public. According to the relics, Kesi (tapestry) has also been used for decoration and clothing, but owing to its high cost, there remains little amount of clothing made of Kesi (tapestry) and it has only been enjoyed by the royals and upper class. There are comparably more historical records in Ming and Qing dynasty about the place of production, clothing style and manufacturing process whereas there left little information about Kesi (tapestry) before this historical period. This article aims to find both physical and documentary evidence before Yuan dynasty based on the comparison of predecessors and contemporaries and explore the early image of Kesi (tapestry).

Key Words: Kesi (tapestry); Wool tapestry; Clothing; Place of production; Style; Manufacturing process; Dynasty; Minority

[1] 朴文英，辽宁省博物馆艺术部研究馆员。

一、历代缂丝服饰

（一）缂毛服饰

缂丝从西亚地区传入的缂毛工艺发展而来，缂毛有艺术品，也有实用品和服饰。早在汉代，新疆地区用缂毛工艺制品，缝在衣襟、衣领、腰围等部位，是整件衣服的亮点。新疆洛浦县山普拉汉—晋墓地出土多件缂毛绦装饰裙。缂毛部分幅宽不到10cm，装饰在裙子的下摆处（图1），而裙腰、裙身以及裙尾都用普通的平纹毛织物制作。有蔓草纹、骆驼纹、树纹等花纹，虽然有些褪色，但是从现存实物可以推定当时缂毛织物的鲜艳靓丽。

图1 汉—晋 山普拉墓地出土曲水蔓草纹缂毛绦裙

（二）唐代缂丝服饰

唐代开始用丝线代替毛线缂织，后人称为“缂丝”。迄今发现的唐代缂丝数量较少，多为窄幅的绦带。新疆维吾尔自治区吐鲁番阿斯塔纳唐代张雄夫妇合葬墓[1]出土了几何纹缂丝带（图2），宽1cm，被剪成长9.5cm的一段，出土时系于女舞俑的腰部。缂丝带以多种几何形拼出小花，与西北地区其他纺织物的装饰花纹相似。同墓有垂

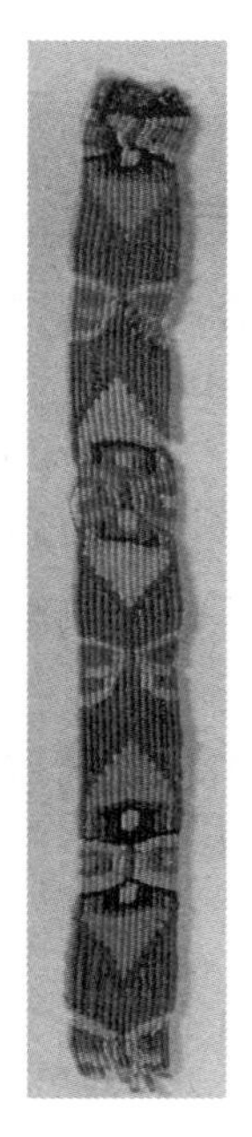

图2 唐 吐鲁番阿斯塔纳出土几何纹缂丝带

[1] 新疆维吾尔自治区博物馆.1973年吐鲁番阿斯塔那古墓群发掘简报［J］. 文物，1975（7）：8-27.

拱元年（685 年）明确的纪年物出土。从出土的墓志了解到阿斯塔纳墓群是高昌张氏茔地。张氏是高昌地区的望族，世代与高昌王族麴氏互通婚姻。张雄的妻子即出身于高昌王族，张雄的姑母为高昌王的“太妃”。缂丝带应该是高昌人制作。

图3　唐　都兰吐蕃墓群出土花瓣纹缂丝饰物

青海都兰发现了花瓣纹缂丝饰物（图 3），此墓葬群早被盗掘，时代属于北朝晚期至唐代中期。其中唐代墓葬发现宽 5.5cm 的蓝地四瓣花纹缂丝，花瓣里装饰几何形“十字”花纹，与阿斯塔纳出土的缂丝带花纹相似[1]。

另外日本正仓院和英国大英博物馆各收藏几件缂丝带。日本奈良市东大寺的正仓院收藏一些盛唐时期的缂丝，幅宽在 1.3~5.5cm，大部分为几何形小花或十字形的花瓣，用五彩丝线织成，部分使用金线。英国大英博物馆收藏当年斯坦因带走的几件缂丝带[2]：浅橙地花卉纹缂丝带两件，一件长 16.6cm 宽 1.4cm，另一件长 9.4cm 宽 1.3cm，可能是宝花图案的局部，使用绕缂法；红地小花缂丝带两件，一件长 7.5cm 宽 1.7cm，另一件长 8.0cm 宽 1.8cm；红色地上小花呈花瓣形，局部使用纸背片金；蓝地十样花缂丝带，长 18.5cm 宽 1.5cm，局部使用纸背片金。

观察这些缂丝带的功用，新疆维吾尔自治区吐鲁番阿斯塔纳唐张雄夫妇合葬墓出土的几何纹缂丝带为腰带无疑。青海都兰墓葬发现的花瓣纹缂丝饰物，宽 5.5cm，长度不清楚，两边缝缀其他织物，很难判断其用途。辽宁省法库县叶茂台辽墓发现的缂丝围巾两边也缝缀其他织物，使人联想此物或许也是围巾等配饰。日本和英国收藏的几件缂丝带从尺寸、花纹看应该用于腰带、绦带装饰。日本正仓院缂丝是在天皇忌日进行佛教仪式时由皇室和各界人士捐赠给寺院。斯坦因是从敦煌藏经洞带走的，斯坦因认为这些缂丝带曾经用作佛幡的悬袢，或为佛教用物，抑或是原来用于腰带等装饰，后来捐献给寺庙的。

唐代的服饰当中腰带的装饰非常惹人瞩目，在敦煌壁画以及唐墓壁画中可以看到。如李重润墓石椁线刻宫装妇女腰带上都有精致的花纹[3]（图 4）。

[1] 许新国，赵丰．都兰出土丝织品初探［J］．中国历史博物馆，1991（15-16）：66.

[2] 赵丰．敦煌丝绸艺术全集：英藏卷［M］．上海：东华大学出版社，2007：98-99.

[3] 沈从文．中国古代服饰研究［M］．上海：上海书店出版社，1997：248（图 79）.

（三）回鹘人的缂丝服饰

回鹘即回纥，是中国的少数民族部落，维吾尔族的祖先。743 年在唐朝的帮助下，回鹘灭突厥汗国，建立回纥汗国。788 年回纥改名回鹘，840 年回鹘政权被黠戛斯推翻后，大部分回鹘人向西迁徙。一支迁到葱岭以西，一支迁到河西走廊，一支迁到西州（今新疆吐鲁番）。10 世纪初西州回鹘以高昌为中心，建立了高昌回鹘政权。

图 4　唐　李重润墓宫装妇女，线描

高昌回鹘的手工业比较发达，丝织品有兜罗、锦、纻丝、熟绫。棉、毛织品有斜褐、白布、绣文花蕊布。高昌回鹘与内地商业的往来频繁，与辽、五代诸国、北宋进行贸易。

宋代人洪皓在《松漠纪闻》写道："回鹘自唐末浸微，本朝盛时，有入居秦川为熟户者。女真破陕，悉徙之燕山……土多瑟瑟珠玉帛，有兜罗、绵、毛、氎、狨、锦、注丝、熟绫、斜褐……多为商贾于燕，载以橐它，过夏地……又善结金线，相瑟瑟为珥及巾，环织熟锦，熟绫，注丝，线罗等物。又以五色线织成袍，名曰剋丝，甚华丽。[1]"洪皓（1008~1155 年）于高宗建炎三年（1129 年）被派出使金国议和，被金人扣留 15 年，于 1143 年返回宋地。

图 5　喀喇汗王朝时期　新疆麦盖提县克力孜阿瓦提乡出土回鹘长袍

目前发现的回鹘缂丝服饰极少，新疆喀什出土了四件缂丝边饰长袍（图 5），两件出土，两件民间征集。其中一件出土地在麦盖提县克力孜阿瓦提乡，但是墓葬年代和墓主身份不明，喀什地区博物馆定为喀喇汗王朝时期。袍长 130cm，袖长 110cm，门襟、袖口、下摆以及肩袖相接处

[1] 洪皓 . 松漠纪闻［M］// 宋元笔记小说大观：3. 上海：上海古籍出版社，2001:2792.

装饰缂丝带。缂丝带宽 6cm，黄地花卉纹[1]。喀喇汗王朝是 9 世纪末 10 世纪初西迁回鹘的一部分与原来游牧于今中亚楚河流域的葛逻禄结合建立的政权。回鹘人的服饰资料可以从柏孜克里克石窟看到，第 16 窟男供养人像（图 6），图中服饰与上述出土缂丝带装饰长袍相似[2]。柏孜克里克石窟距高昌故城 10 公里，是迄今发现保存完好，内容丰富的古代高昌石窟。开凿于麴氏高昌（499—640 年）时期，贞元六年（790 年）回鹘占据高昌后为高昌回鹘所有。

图 6　柏孜克里克第 16 窟男供养人像

（四）辽代缂丝服饰

文献里可以找到辽代缂丝袍服的记载。《契丹国志·卷二十一》，“契丹贺宋朝生日礼物”条目：“宋朝皇帝生日北朝所献，刻（缂）丝花罗御样透背御衣七袭或五袭……正旦，御衣三袭……国母又致御衣缀珠貂裘，细锦刻（缂）丝透背……”[3]《辽史·国服》：“小祀，皇帝硬帽，红克（缂）丝龟文袍，皇后戴红帕，服络缝红袍，悬玉佩，双同心帕，络缝乌鞾[4]。”红地缂丝龟纹袍服作为国服，制作的质量应该相当高，作为国礼送给宋朝皇帝，说明当时辽代缂丝服装远近闻名。但是至今没有实物发现，目前仅发现缂丝制作的服饰佩饰，如帽子、靴子、围巾以及被子、包袋等用品。

缂丝帽子仅在辽墓发现两件。辽宁省法库县叶茂台出土的立翅帽（图 7），由中间的圆帽和两边的立翅组成，立翅向外的一面为罗地刺绣双鹿和花卉，外有包

---

❶ 沈雁．回鹘卷［M］// 包铭新，李甍．中国北方古代少数民族服饰研究：2. 上海：东华大学出版社，2013：93–94.

❷ 同❶.

❸ 叶隆礼．契丹国志［M］. 上海：上海古籍出版社，1985：200.

❹ 脱脱，等．辽史：卷五十六［M］. 北京：中华书局，1974：906.

边，包边外表用6~7块大小不同的缂丝拼缝而成。残片中有鸟纹、女人头像和缠枝花卉。因为褪色看不清原来的色彩，现有黄褐色和蓝色，另外在轮廓线上使用了片金线。这个缂丝包边，不是专门为此帽子制作的，应是从其他缂丝中裁剪的，因此纹样不完整[5]。另内蒙古科右中旗代钦塔拉墓出土了绿色水波摩羯纹缂丝圆帽（图8），帽面用蓝、紫、褐、白四色线与片金线织成。蓝色海水作地，金线缂织波浪，摩羯鱼在水中跃起，上下点缀荷花和荷叶[6]。

图7　辽　法库县叶茂台墓出土高翅帽缂丝包边

北方游牧民族骑马穿靴，在靴子的里面穿丝织品做成的软靴，起到保护皮肤和保暖的作用。目前发现最早的缂丝靴子出土于辽代墓葬。辽宁省法库县叶茂台辽墓出土缂丝软靴，靴口齐膝，为圆口两边开口，靴面和靴绑在缂丝地上用片金线缂织云水纹。美国克利夫兰博物馆收藏辽代凤纹女靴（图9）纵47.5cm，横30.8cm，靴子由靴面、前绑和后绑三片组成。每片用五彩丝线缂织相对的凤凰和卷草纹样，使用深浅不同的黄色、蓝色系列退晕缂织，凤凰头部、翅膀等缂金部分主要用捻金线缂织。

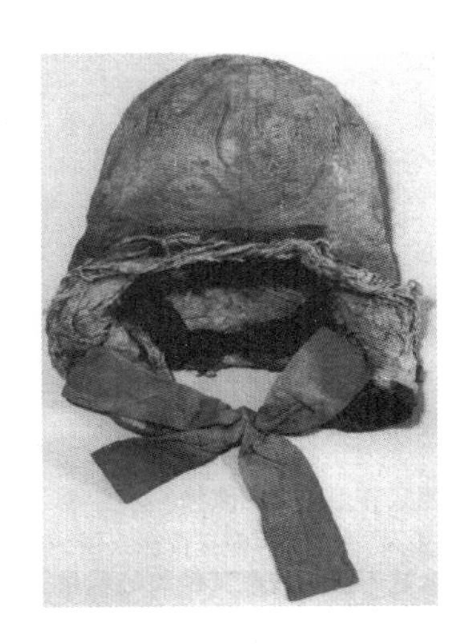

图8　辽　科右中旗代钦塔拉墓出土绿色水波摩羯纹缂丝圆帽

缂丝围巾目前只发现一件，纵36cm，横65cm。辽宁省法库县叶茂台辽墓出土，呈长方形，中间是缂金，两侧缝制绮织物。四角以云纹边饰，中心部分由于残损严重看不清织物的整体纹样，隐约可见一对鸟的翅膀，头部残缺。

图9　辽　凤纹女靴

[5] 辽宁省博物馆，铁岭地区文物组．法库县叶茂台辽墓记略［J］．文物，1975（12）：26–36.

[6] 兴安盟文物工作站．科右中旗代钦塔拉辽墓清理简报［M］//内蒙古文物考古文集：第二辑．魏坚，主编．内蒙古文物考古研究所，编．北京：中国大百科全书出版社，1997：651–667.

（五）宋代缂丝服饰

宋代关于缂丝服饰的记载很少。宋人庄绰在《鸡肋编》里谈及缂丝："定州织刻丝，不用大机，以熟色丝经于木棦上，随所欲作花草禽兽状，以小梭织纬时，先留其处，方以杂色线缀于经纬之上，合以成文，若不相连。承空视之，如雕镂之象，故名刻丝。如妇人一衣，终岁可就，虽作百花，使不相类亦可，盖纬线非通梭所织也"[1]。庄绰，字季裕，生活在颍川（今河南许昌），他经历了北宋后期、南宋初期，曾经仕宦于今甘肃、河南、江西、湖北、广东等地，并长期奔走南北，求访古迹，见闻很广。

缂丝在西北地区出现以后，向北方少数民族地区传播，继续制作以服饰为主的实用品；而向东南传播时，宋代人则用这种外来的精巧工艺制作艺术品。宋代丝织业空前繁荣，绫、罗、纱、织锦等高档丝织物普遍用于服装的制作。另外宋代刺绣艺术精湛，广泛用于上流社会的服装用品上。缂丝和刺绣都是从设计到完成不需要太多繁杂的工序，甚至可以独立制作的工艺，因此花纹灵活性强，作品富于个性。缂丝的织造成本更高，需要花费更多的时间，因此缂丝服装的数量远远少于刺绣，现存实物很难见到。或许热爱艺术的宋朝人觉得缂丝这种费工费时的工艺只适合制作艺术品，用于实用品可惜了。

宋代书画艺术空前繁荣，缂丝常用于装裱。明代弘治时人张习志提到从唐代开始缂丝用于书画的装裱："克丝作盛于唐贞观开元间，人主崇尚文雅，书画皆以为标帙，今所谓包首锦者是也。宋仍之。靖康之难，多沦于民间，好事者见光彩绚烂，缋如精致，虽绘事所不逮，遂缉成卷册，以供清玩。[2]"

周密《齐东野语》谈及南宋时绍兴御府书画式："出等真迹法书两汉三国二王六朝隋唐君臣墨迹，用克丝作楼台锦褾……六朝名画横卷用克丝作楼台锦褾"[3]。元人陶宗仪看到宋代书画装裱材料："唐贞观开元间，人主崇尚文雅，其书画皆用紫龙凤䌷绫为表，绿文纹绫为里……宋御府所藏青紫大绫为褾，文锦为带，玉及水晶檀香为轴。靖康之变，民间多有得者，高宗渡江后，和议既成榷场购求为多，装褫之法，已具名画记及绍兴定式……锦褾克丝作楼阁，克丝作龙水，克丝作百花攒龙，克丝作龙凤，紫宝阶地紫大花。[4]"这里提到的克丝作楼阁，龙水，百花攒龙，

[1] 庄绰 . 唐宋史料笔记丛刊：鸡肋编［M］. 萧鲁阳，点校 . 北京：中华书局，1983：33.
[2] 辽宁省博物馆 . 华彩若英［M］. 沈阳：辽宁人民出版社 ,2009：54.
[3] 周密 . 齐东野语：卷六［M］. 北京：中华书局，1983：93-102.
[4] 陶宗仪 . 南村辍耕录［M］. 北京：中华书局，1959：276-277.

龙凤在国内外收藏的实物中得到验证。

宋代模仿绘画作品的艺术性缂丝空前繁荣，取得了辉煌的成就，对后世影响深远。同时装裱用缂丝也大为流行，从现存实物和文献记载可以得到证实。但是在服饰上很少使用，这一点与后来的元代的意识正好相反。

（六）元代缂丝服饰

元人喜欢用缂丝制作服装。明代弘治时人张习志提到："克丝作盛于唐贞观开元间……元人尤工之，有裁为衣衾者。[1]"他认为元人对缂丝的热衷程度不亚于宋人，但是改变了制作的品种。

现存元代缂丝袍服极少，一件私人收藏的缂丝花卉袍（图10），裙摆部分都用缂丝制作，腰以上部分看似也是缂丝制作的。

图10　元　缂丝花卉袍

元代蒙古族也织造缂丝软靴。乌鲁木齐市南郊盐湖元墓出土的靴套（图11），横16cm、纵31cm，在褐色地上缂织牡丹花和柳叶，具有明显的图案化的风格[2]。内蒙古乌兰察布盟达茂旗大苏吉乡明水墓出土的缂丝靴套，顶端有吊带便于系在裤子上，在紫色地上满饰牡丹等花卉和叶子，装饰风格与盐湖元墓出土的靴套相同[3]。

图11　元　盐湖墓出土紫塘荷花靴套残片

从现存实物观察，元代艺术性缂丝没有延续宋代的繁荣，而在服饰中喜用缂丝材料。现存认为是宋代的多件缂丝片幅中，一部分为装裱用，另一部分应该是元代服装用材料。美国大都会博物馆、克里夫兰博物馆以及私人手中收藏着一些缂丝片，这些缂丝片幅的用途大致可以分为两种。一种是装裱用，尺寸在35cm以内，宽度约20cm。花纹继承北宋以来的鸾

[1] 辽宁省博物馆．华彩若英［M］．沈阳：辽宁人民出版社，2009：54.

[2] 王炳华．盐湖古墓［J］．文物，1973（10）：28-36.

[3] 夏荷秀，赵丰．达茂旗大苏吉乡明水墓地出土的丝织品［J］．内蒙古文物考古，1992（1-2）：113-120.

鹊图案以及云龙、楼阁、花卉等图案，多横向交错排列。从现存的宋代书画装裱中可以看到实物，如辽宁省博物馆藏原孙过庭草书千字文卷包首紫鸾鹊（纵 27.9cm，横 18.7cm）、韩干神骏图包首牡丹（纵 28.1cm，横 21.2cm）等。

另外一部分尺寸在 50cm 以上，宽度约 35cm。花纹种类很多，有花鸟纹、狮子纹、云龙纹，其中一部分有开光纹饰。如开光狮子棕榈纹片❶，56cm × 23cm（图 12）；开光云龙纹片❷，57cm × 23cm（图 13）；开光花地鸟兽纹片❸，56cm × 28cm，上面还有红色圆形图案，里面有三足鸟（图 14）。还有发现肩上装饰太阳图案的缂丝服饰。开光图案的缂丝片或装饰在比肩等袍服的双肩。另外，还有一些缂丝片的尺寸与上述开光图案的缂丝片大体相同，但不清楚具体用在哪个部位。这类缂丝片的图案基本是装饰化的，与朱克柔等缂丝作品的模仿绘画的稿本完全不同，是为装饰品或服饰品制作。观察宋代服饰的款式和装饰方法，这类片幅用于宋代服饰的可能性极小，而用于元代服饰的可能性较大。

从元代服饰的资料中可以看到很多开光样式或大云肩装饰。比肩是元代普遍穿着的服饰，是右衽半袖长袍，往往穿在长袍外面，腰间束带。从 13 世纪的壁画、绘画、石像中可以看到，是当时很流行的服装。贵族穿着的比肩往往在前胸、两肩、后背

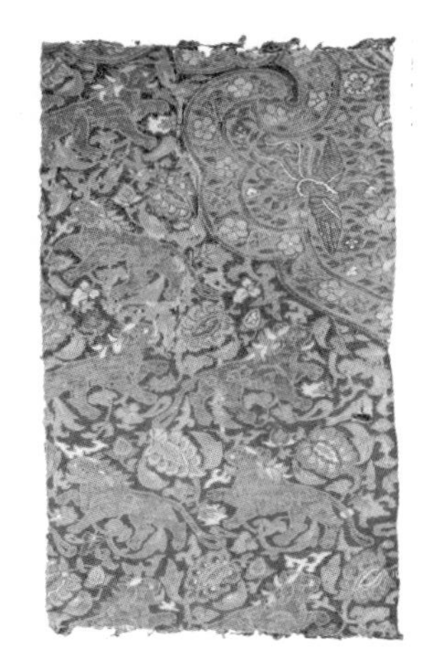
图 12　元　开光狮子棕榈纹片

图 13　元　开光云龙纹片

图 14　元　开光花地鸟兽纹片

❶ James C.Y. Watt, Anne E. Wardwell.When Silk Was Gold: Central Asian and Chinese Textiles［M］.New York:The Metropolitan Museum of Art,1998:80.

❷ James C.Y. Watt, Anne E. Wardwell.When Silk Was Gold: Central Asian and Chinese Textiles［M］.New York:The Metropolitan Museum of Art,1998:75.

❸ 香港艺术馆．锦绣罗衣巧天工［M］．香港：香港市政局，1995：71.

装饰云、龙、花卉等图案。如美国克利夫兰博物馆收藏的缂丝帝后像[1]中皇帝内穿过肩通袖龙襴袍，外罩龙纹交领比肩（图15）。《元拉希特蒙古贵族对坐图》[2]中上坐者戴王冠，穿绿色比肩，肩上有龙纹图案（图16），旁边站立的男子穿长袍，肩上装饰如意形装饰花纹。敦煌332窟壁画[3]中蒙古贵族长袍外穿着比肩，上面装饰开光云纹图案（图17）。

图15　元　缂丝皇帝像

图16　元　《元拉希特蒙古贵族对坐图》比肩开光装饰

（七）明代缂丝服饰

明代皇室和贵族穿着缂丝袍服的情况，可以在文献和实物资料中看到。《天水冰山录》是嘉靖末年（1566年）查没严嵩（1480—1567年）家的财产目录，其中有缂丝蟒龙衣缎2件、缂丝蟒鹤补24副、缂丝罩甲1件。

香港贺祈思藏品基金会收藏两件晚明缂丝袍服。一件为葫芦纹袍，红地牡丹纹，前胸、后背、两肩和下襟共有七团金地葫芦纹。另一件是云龙纹袍[4]，金线为地，龙身用孔雀羽毛制作（图18）。这件袍服是从西藏流出，应该是明朝政府为西藏高级僧侣专门制作的。因为穿着时间长，

图17　元　敦煌332窟壁画行香人，贵族比肩装饰，线描

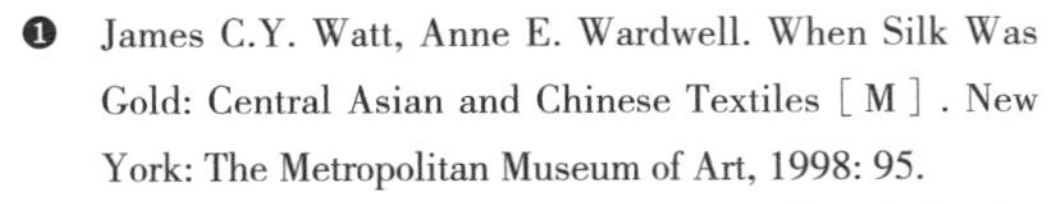

[1] James C.Y. Watt, Anne E. Wardwell. When Silk Was Gold: Central Asian and Chinese Textiles［M］. New York: The Metropolitan Museum of Art, 1998: 95.

[2] 黄能馥，陈娟娟，黄钢 . 服饰中华：第二卷［M］. 北京：清华大学出版社，2011：299.

[3] 沈从文 . 中国古代服饰研究［M］. 上海：上海书店出版社，1997：442.

[4] 香港艺术馆 . 锦绣罗衣巧天工［M］. 香港：香港市政局，1995：193，203.

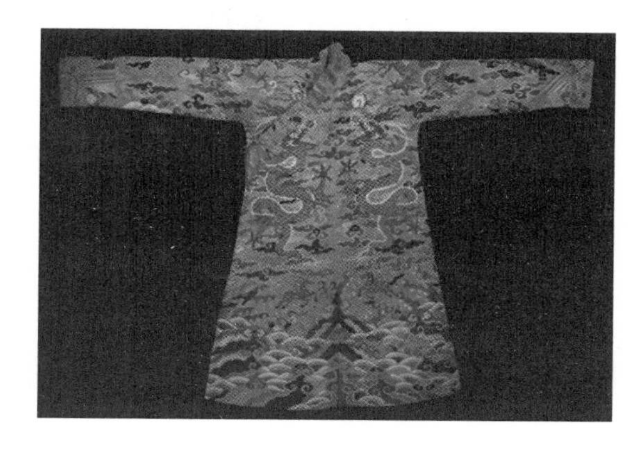

图18　明　缂丝龙袍

领、袖和衣襟用相同的材料缝补。从纹样和技法观察，两件袍服的制作年代在嘉靖年间，可见嘉靖年间缂丝袍服的制作已经有了相当的规模。

明万历皇帝墓葬出土多件缂丝袍服[1]，其中十二章福寿如意衮服2件，龙云肩通袖龙襕袍1件。十二章福寿如意衮服纹样以十二章为主题，十二团龙为主体设计，龙纹四周装饰八吉祥、祥云等纹饰。另外，遍身还织有279个“卐”字，256个“寿”字，301只蝙蝠和271个如意，象征皇帝“万寿洪福”。采用的原料有丝线、熟丝并成的绒线、捻金线和孔雀羽线。这件衮服是目前发现最早的缂丝衮服，也是最华丽奢侈的缂丝袍。

明万历皇帝墓出土膝袜一双，其功能与软靴相同，正面缂蟠龙戏珠，背面缂二龙戏珠，上部有云纹，下部为寿山福海，缘边饰四季花卉纹。

从目前发现的资料看，缂丝补子始于明。现存最早的可拆卸补子是明早期，香港贺祈思收藏基金会藏“六品文官补鹭鸶”大约出现在15世纪[2]。嘉靖年间缂丝补子有所增加，《天水冰山录》中“缂丝蟒鹤补二十四副”。明万历年间苏州地区的缂丝业处于鼎盛时期，缂丝补子的生产量大增。宫廷补子从定陵出土的遗物中可见一斑：龙袍八团龙补7件，龙袍四团龙补8件，女衣方补5件，有“宝历万年”、云龙纹以及仙人纹样，其中龙鳞缂孔雀羽线，其他部分用金线和五彩丝线。

明代缂丝服饰的品种明显增加，制作整幅袍服。明代初期缂丝的制作暂时停止，其原因除了明代建国初期百废待兴，也是由于朱元璋禁止奢侈，缂丝这种费工费力的工艺没有相应的市场。从明中期开始缂丝的生产得到回复，王錡的《寓圃杂记》记述了明中期苏州地区社会经济的变化过程，其中缂丝工艺已经崛起：“吴中素号繁华，自张氏之居，天兵所临，虽不被屠戮，人民迁徙实三都、戍远方者相继，至营籍亦隶教坊。邑里萧然，生计鲜薄，过者增感。正统、天顺间，余尝入城，咸谓稍复其旧，然尤未盛也。迨成化间，余恒三、四年一入，则见其迥若异境，以至于今，愈益繁盛……凡上供锦绮、文具、花果、珍羞奇异之物，岁有所增，若刻丝累漆之

[1] 中国社会科学院考古所，定陵博物馆，北京市文物工作队．定陵［M］．北京：文物出版社，1990：87–88.
[2] 香港艺术馆：锦绣罗衣巧天工［M］．香港．香港市政局，1995：255.

属，自浙宋以来，其艺久废，今皆精妙，人心益巧而物产益多。[1]”在这里指出缂丝在明初期还不为人所知，到成化年间织造水平已相当精妙。

（八）清代缂丝服饰

清代早期缂丝袍服数量不多，北京故宫博物院藏顺治皇帝缂丝袍料多件，如明黄地八宝云龙纹吉服袍料（图 19），捻金线织龙，五彩丝线织八宝、流云。初期宫廷服饰制度尚未完善，保留了许多明代的遗制，前胸和后背各有一条过肩正龙。

图 19　清顺治　明黄地八宝云龙纹吉服袍料

早期袍服的样式和纹样继承明代风格，但色彩的运用已经出现清代特征，如袍服上的色彩丰富且对比强烈，明黄色的比例明显增多。清代统治阶层追求奢侈的物质生活到乾隆年间达到鼎盛，服装的材料也极尽奢华，大量使用缂丝面料，而且整件袍服都用缂丝织造，并且加入金线缂织。道光时期国力日趋衰退，除了皇帝和皇后外，其他皇室人员很少穿用缂丝这种奢侈的服装，即使是缂丝，其纹样以画代织，省去繁杂的工序，缂丝服装的工本大大降低。这种倾向日趋严重，一直到清代晚期。

清代缂丝补子明显增多，特别是从中期大量织造，一直持续到晚期。除了五彩丝线，大量织入捻金线和孔雀羽线，显示身份和富贵。早期和中期纹样雄健有力，材料讲究，织造精细；后期纹样程式化，金箔极薄，织造粗糙。

二、结语

观察以上各个时期的缂丝服装，整理以下几点：

（一）种类

缂丝刚出现的唐代服饰品种很少，仅限于窄幅的腰带装饰品。辽代缂丝服饰种类增多，除了文献上提到的袍服外，考古发现靴子、帽子、围巾等款式。回鹘人的

[1] 王锜．寓圃杂记：卷五［M］．北京：中华书局，1984：42.

缂丝服装留存极少，但是从文献记载得知已经制作袍服，实物发现多见绦带装饰的袍服。元代缂丝服装比较盛行，留存较多缂丝服饰片幅。明清时期缂丝服装的款式明显增多，尤其是清代的宫廷服饰整幅使用缂丝制作。

（二）制作工艺

材料：与艺术性缂丝不同，缂丝服饰和用品上使用金线的情况非常普遍，唐、辽、元代以及明清时期的宫廷服饰中多见。

制作工艺：从唐代到清代缂丝服装的制作工艺不断提高。唐代缂丝尚有缂毛的风格，经线和纬线较粗，制作相当致密，但是色彩不够丰富，换色处缝隙较大。辽代的经纬线逐渐变细，但是密度不够均匀，而且弯曲，随意性比较强。辽代缂丝大多是地下出土，因此褪色严重，很难看到原来的色彩。元代缂丝服饰的制作比较细致，虽然和艺术品缂丝还有很大的差距，如花纹的线条不够流畅，缺乏生动性，但是经纬线的密度比较均匀，换色处理得比较好，缝隙比较小。明清时期缂丝服装织造的相当精致，但是到清代晚期经纬线越来越细，密度逐渐稀疏，因此织物相对稀薄。

与缂丝艺术品比较，缂丝服饰的制作相对粗糙，从当代缂丝艺人的成长道路来看，制作艺术品和实用品的艺人是划分的比较清楚，估计当时的情况大体相同。宋代开始装裱用缂丝的制作规模也相当大，制作水平与服装用缂丝相差无几。

（三）产地和艺人

从出土的墓葬观察，唐代缂丝的制作是从高昌回鹘人开始，逐渐在唐代盛行。辽与回鹘关系比较密切，回鹘人多到辽南京（今北京）、辽上京（今内蒙古巴林左旗南）进行贸易，辽特别在上京南城设立“回鹘营”作为居留地。回鹘的缂丝技艺传播到辽是很自然的，从辽代缂丝的品种和技法看，受到回鹘缂丝的影响的可能性很大。元代缂丝或许也受到回鹘缂丝的影响，但是统治者不会不享用高度发达的宋代缂丝技术，只是艺术品缂丝不再盛行，而转移到实用品上。明清时期缂丝的产地集中到太湖地区，苏州织造局组织制作宫廷需要的缂丝服饰用品，缂丝技术往往以家庭为单位代代相传。

（四）装饰花纹

缂丝服装的装饰花纹因时代不同、民族和地域不同有很大的差异，而且还受到当时装饰艺术的影响。唐代缂丝的装饰花纹以几何形状的花卉纹为主，这与流行花卉图案的唐代风格一致。缂丝技艺还不成熟的时期，几何形的图案做起来比较容易。辽代缂丝的花纹有龙凤、花卉以及人物，龙凤图案尤其多见，揭示了穿用者的身份和地位。元代缂丝的图案比较丰富，云龙图案的比率相当高，或五龙或七龙威武雄壮，说明缂丝服装在元代也限于极少数皇族和贵族阶层使用。另外花地鸟兽图案比较多，花卉平铺，上面鸟兽或有规律地排列，或自由散落犹如一幅草原上的自然风景。开光图案是这个时期的装饰特点，而且发现有太阳鸟图案，太阳是十二章纹饰之一。明清时期的装饰花纹严格按照服饰制度设计。

鞋靴的保护与修复

司志文[1]

摘　要：足衣是日常生活中不可或缺的部分，连俗语中都有“脚上无鞋——穷半截”的说法。作为服饰文物中的一个重要品类，在出土后仍需仔细保存和修复，还涉及多种材料和复杂工艺，修复中也要注意材料间的互相影响。

关键词：软靴；厚底靴；绵袜；回潮清洗；控制干燥；修复

The Conservation and Restoration of Unearthed Shoes

Si Zhiwen

Abstract: Shoes and socks are an indispensible part of our life. As the saying goes, “No shoes on feet, no money in pockets”. Being an important part of ancient textiles, shoes and socks excavated from the archaeological contexts usually need a more careful treatment when being conserved and restored. The original craftwork and conservation treatment both involve diverse materials and complicated technological processes. We should be careful of the mutual influence from such different materials in restoration process.

Key Words: Soft boots; Thick-soled boots; Silk sockings; Re-moisture and Clean; Control drying; Restoration

[1] 司志文，中国社会科学院考古研究所馆员。

鞋靴类文物在出土纺织品文物中占据一定的地位，其制作工艺方法和衣物服饰有很大的不同，以多层织物、多层织物绗缝、多层织物纳缝居多，间以与服饰相同的衬夹层絮绵等。装饰手段中有很多和整体服饰相同或相近之处，但又有自己独特的地方，如皮毛、皮革、金属、纸、木等与织物的结合应用。

鞋靴的材质除了现在常见的皮革之外，还有历史悠久的丝、毛、棉、麻等传统织物。这里仅列举大唐西市博物馆藏汉代刺绣软靴、清东陵温僖贵妃靴袜这两种不同年代、不同材质、不同成型工艺的鞋靴作为说明。

一、大唐西市博物馆藏汉代刺绣软靴

（一）汉代软靴的修复与保护

1. 整体文物信息

（1）年代：汉。

（2）纹饰：软靴的鞋帮部分主要以绢地彩线绣双钱纹饰，又以绣制的菱格纹装饰鞋帮边缘，用以强调轮廓。

（3）病害描述：待修复的软靴仅存大部分靴体，靴底均缺失，内衬缺失严重，有附着的泥沙等严重污渍，局部板结，整体变形（图1）。

（1）褶皱严重

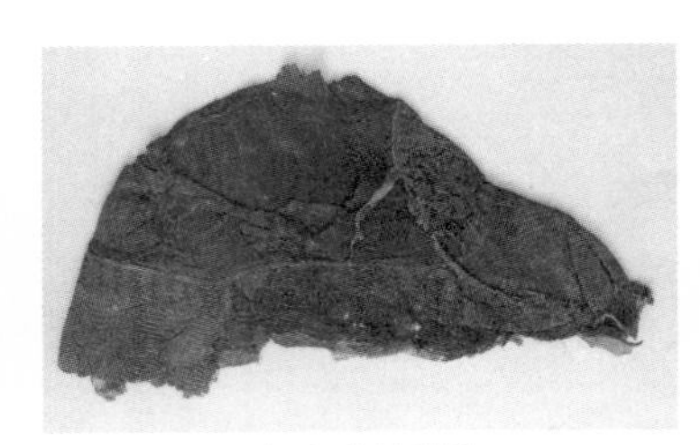
（2）残缺严重

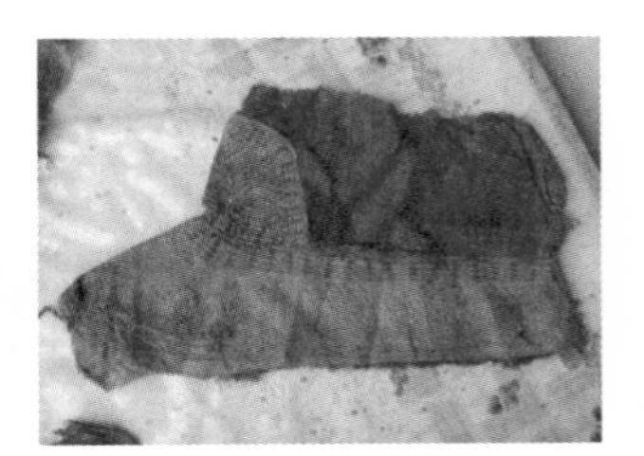
（3）相对较完整

图1　汉代软靴修复前

2. 修复难点

在最初制订修复方案时，根据软靴的形制，最先应考虑的是文物修复后的展示。特别针对该文物，产生制作文物展示和保护性保存均适用的靴形内撑的预想。

3. 修复方案

反复物理清洁除尘后，清除附着污染物，清洗；整理、加固刺绣软靴破损部位；复原刺绣软靴原型，制作靴形内撑；组合刺绣软靴与靴形内撑。

4. 修复过程

文物清理前先进行拍照和测量，记录相关数据和现状。用羊毛刷轻拂去表面附着的灰尘，在这过程中仔细观察，判断文物强度，进而用潮布包裹物理除尘，根据强度判断拍打力度，然后再对其进行回潮处理。

对于这种已经较糟朽的纺织文物，在清理前采取回潮的措施是必不可少的，织物回潮后，可在一定程度上恢复其强度和韧性，使其变得柔软，更便于清理，大大减小之后的清洗对织物造成的影响（图2）。待软靴整体附着污物基本被去除，整体回软，具有一定的延展性后，逐步将较严重的褶皱抚平。

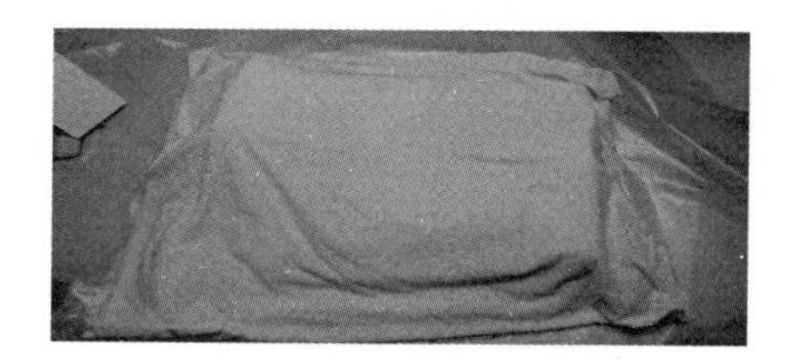

图2　回潮

用纯水结合0.2%表面活性剂（中性）清洗软靴，再用轻柔的羊毛小排刷反复刷洗软靴，注意绣线背部拉线、绢地下衬的薄绢以及拼缝缝合部分要着重清洗，然后用纯水多次冲洗去除表面残留的活性剂。用干棉布包裹吸取多余水分，并在这一过程中初步整理软靴的形状，同样要注意绣线、绣线抛线、里衬及拼缝部分的整理（图3）。

针对破损以及缺失的部分，选择丝网加固，同时结合薄绢衬垫，用针线法加固。

在经除尘、回潮、清洗、整型、加固后，初步确定靴型，将两只靴子的测量数据互相比对佐证，推断出靴底尺寸，并推算出软靴内撑的尺寸。软靴内撑制作时应根据靴内部绢的材质，选用相对密度较小、厚度较大、支撑性较

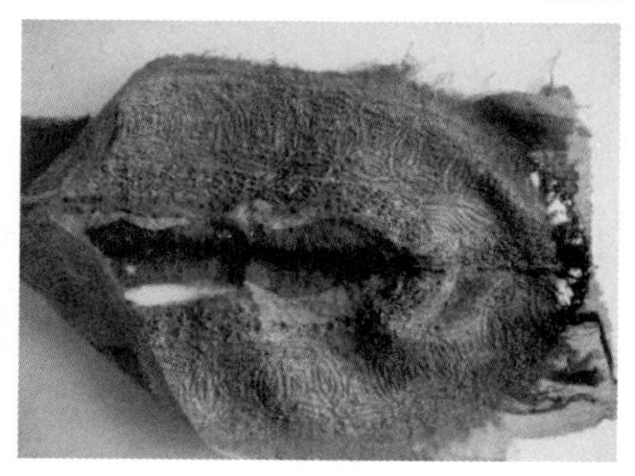

图3　清洗后（待整型）

图4　修复后

（1）正面

（2）背面

图5　双钱纹局部

好的柞蚕丝织物来制作，以弥补原有内衬已经缺失的支撑性。在染色时加入花椒调色并防虫。软靴内撑的尺寸应比软靴本体尺寸小0.5cm，用以降低其在之后的展览及存放时对软靴强度的影响，适当地增加软靴内撑靴靿部分的高度以便使原有靴靿的支撑与修复的内撑贴合更均匀，减小因其强度的降低而产生的压力，尽量达到延长保存时间的目的（图4）。

（二）刺绣工艺的研究

软靴整体纹饰以双钱纹和菱格纹两种为主，针法以缉针、平针为主，锁绣为辅（图5）。

1. 缉针

缉针即切针，又称回针、刺针。采用回刺方法、针针相连，后一针落在前一针起针的针眼内，是常用针法之一，针迹表现有如一笔画出，线条平贴，可绣得细如游丝。多用来绣曲线及细长线条的纹样，如鱼鳍、须发、山水、藤草类等，也宜表现透明的轻纱、薄雾。但因不能藏去针眼而常被用作辅助针法[1]（图6）。

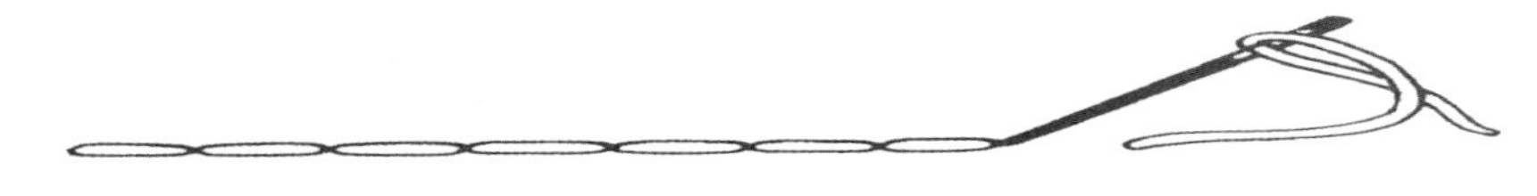

图6　缉针示意图

2. 平针

平针是刺绣的基本针法之一，又称齐针、直针、出边。起落针都在纹饰边缘或刻意的分区之内，要求针脚排列整齐均匀，不露地、不重叠。一般用来绣小花、小叶等图案。刺绣大面积纹饰时，也多先用平针打底后加绣其他针法，绣品既美观又浑厚，且能压抛过长针脚。平针因不同的针脚排列方式而有不同的称呼，如直平针、

[1] 王亚蓉．中国刺绣［M］．沈阳：北方联合出版传媒（集团）股份有限公司，2018：149.

横平针、斜平针、人字针等[1]（图 7、图 8）。

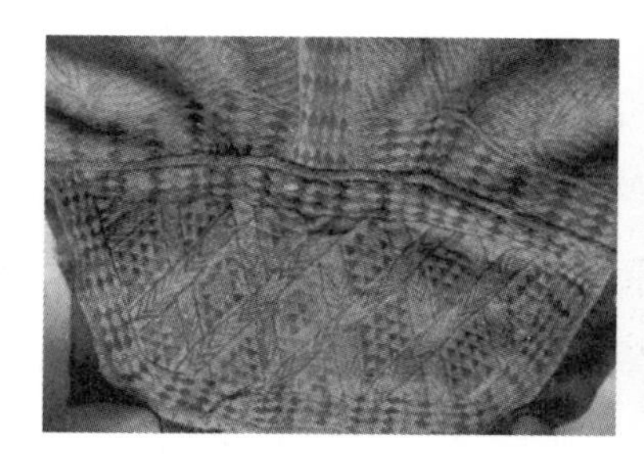

图 7　菱格纹

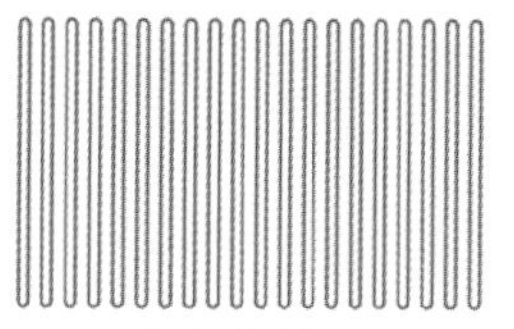
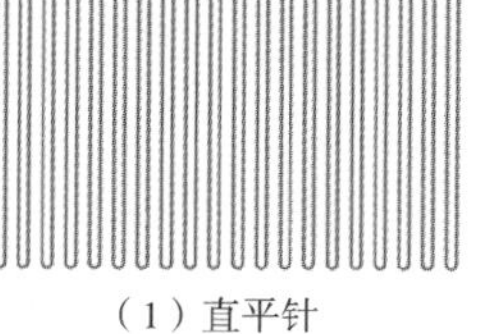

（1）直平针

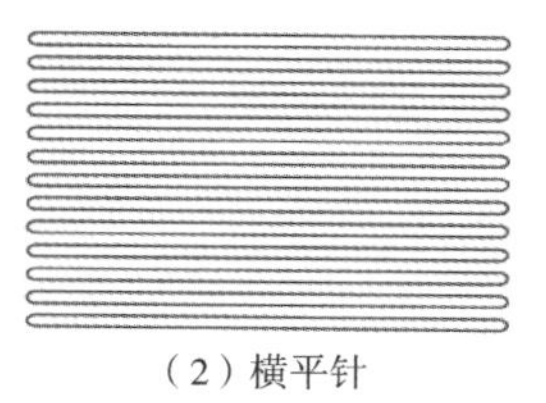

（2）横平针

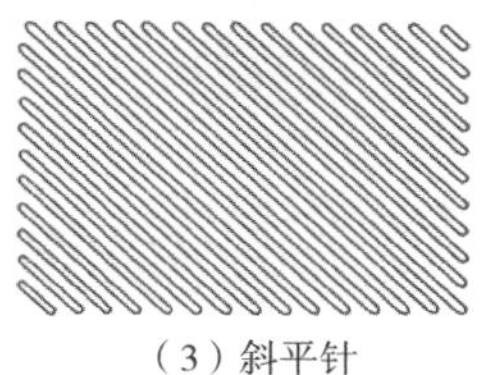

（3）斜平针

图 8　平针示意图

二、清东陵温僖贵妃靴袜

2015 年 10 月清东陵景陵妃园寝发现盗墓踪迹，追缴东陵被盗文物三袋，其中包括朝服、软靴等 9 件（套）珍贵的清代早期服饰文物。由于长久埋藏于地下及特殊埋藏环境的限制，且出土后并未得到紧急的保护，丝织品对外部环境变化反应强烈，在长时间暴露在空气中并接受阳光紫外线等的直接或间接照射后，被盗的东陵出土纺织品文物已经产生劣化的趋势，亟须保护清理和应急修复，以防纺织文物的急速劣化。

历经浩劫的清东陵温僖贵妃园寝出土服饰文物本为墓主下葬穿着，因墓主尸身叠压及墓葬沉降等因素而造成的织物互相粘连情况特别严重，墓葬之中的各类污染物都附着其上，部分织物组织结构损坏，一些织物褶皱板结严重，织物整体处于极度饱和的饱水状态，这就使得服饰织物强度极低，因保存不当已出现大面积霉变粘连。且有大部分文物有严重的物理损伤，是由盗墓者撕扯等因素造成。

这批被盗文物经过整理有：紧勒织金朝靴 1 双、缠枝莲织金高勒夹女袜 1 双（图 9）、素缎织金锦窄腿两腰裤 1 件、折枝花织锦缎云龙纹织金锦宽襕女朝裙 1 件、暗花绫窄口圆领女内衣 1 件、暗云纹寿字织金缎窄口圆领女衣 1 件、素缎攒金绣八

[1] 王亚蓉．中国刺绣［M］．沈阳：北方联合出版传媒（集团）股份有限公司，2018：134.

团云龙纹女夹龙袍1件、织金四合如意万寿云龙纹棉被1件、素缎面彩帨1件，共计9件（套）。

图9　朝靴及女袜修复前

靴袜为一套，一只袜子仍套在靴子之内，并残存有骨殖。整体呈饱水及半饱水状态。在部分控制干燥后，首先剥离套在一起的靴子与袜子，然后再分别制订修复方案并实施修复。

（一）紧勒织金朝靴的保护与修复

1. 整体文物信息

（1）年代：清康熙年间。

（2）纹饰：靴勒为云龙纹；靴筒为如意纹、波纹；镶边为团龙八宝如意云纹；靴面纹饰则无法确认。

（3）病害描述：全靴整体褪色，靴底与靴面交接处皮包边返硝严重，靴底有水渍、污染、霉斑以及少量粘附物；靴面有晕色、霉斑、少量粘附物及少量结晶盐，略有皱褶；靴勒有霉斑，有多处污染，一只晕色严重，有少量结晶盐、粘附物；靴上织金、钉金线金箔脱落（图10）。

2. 修复难点

（1）靴子上霉斑的清除。

（2）靴底与靴面交接处皮包边返硝的处理。

（3）对织金、钉金线上金箔的加固。

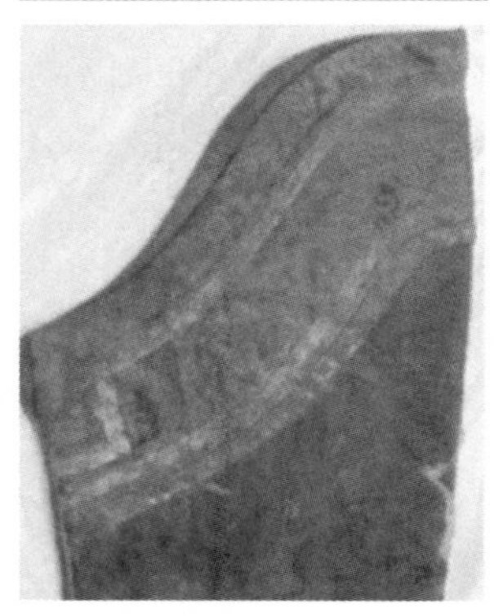

图10　朝靴修复前（局部）

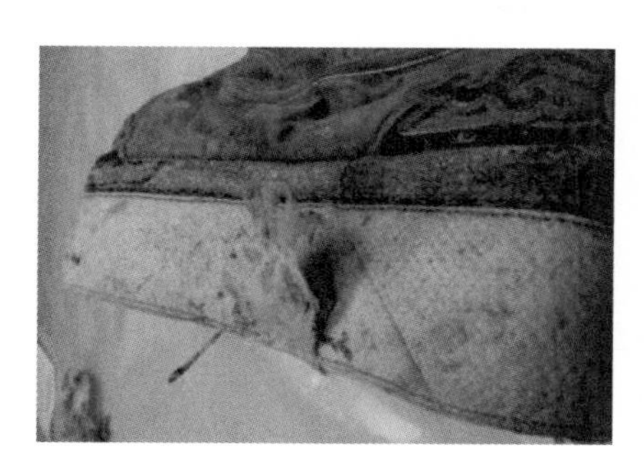

图 11　表面黏附物清理前

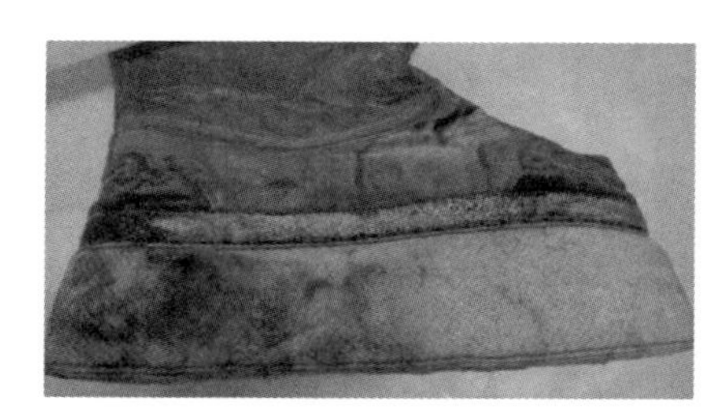

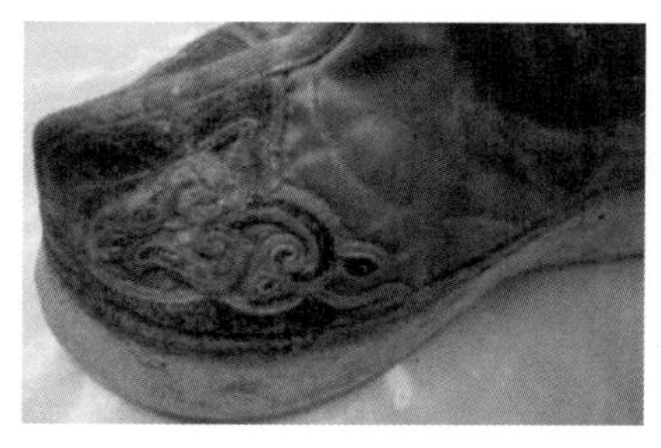

图 12　局部较重霉斑

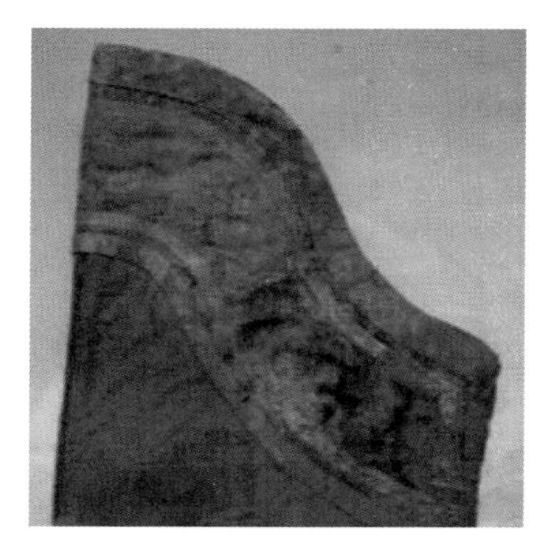

图 13　金线粉化严重

3. 修复方案

（1）清除靴子上的黏附物。

（2）对靴子上的霉斑进行预处理，以 75% 乙醇清除。

（3）热水清理皮包边处返硝。

（4）以毛刷刷扫、半潮棉布包覆拍打的方法清除靴子表面灰尘。

（5）金线加固，用 2% 聚乙烯缩丁醛乙醇溶剂涂刷织金、钉金处。

（6）对靴子进行回潮处理，全部浸潮后整体浸泡、清洗。

（7）缓慢阴干，填塞整型，用乙醇涂刷金线去除加固剂。

（8）做内支撑物填塞保护。

4. 修复过程

因靴子整体呈饱水及半饱水状态，而对于粘附物（图 11）、霉斑（图 12）的处理，金线金箔的加固（图 13）均要在干燥的状态下进行。首先将靴子整体控制干燥，这一过程中着重注意靴底和靴身因不同厚度、不同材质而产生的干燥不均衡的问题。这里采取的是靴底部分包裹干棉布以吸湿，用半干棉布包裹靴身部分控制其干燥速度，防止两部分干燥速度和干燥状态不均衡对靴子造成的影响。干燥后发现，靴底虽然很厚，但是其形状和支撑强度没有大的变化，在控制干燥过程中没有回缩和干裂现象出现。根据传统厚底靴靴底内填充物常用材料为石灰、软木、纸、棕、鬃，可推断此靴内填充物不是石灰和软木。

在控制干燥过程中视具体情况对靴子进行初步清洁，用竹签结合扁镊子揭取表面黏附物。

对于霉渍，因为其在饱水状态下仍有新的霉迹出现，故在做过脱色试验后，以75%乙醇清理靴上霉渍和霉迹。霉渍和霉迹严重部位分多次使用适当力度着重处理。完全干燥后用毛刷扫去浮灰，用半潮棉布包覆拍打除尘。

图14 金线的清洗前加护

进行清洗前的准备工作，用2%聚乙烯缩丁醛乙醇溶剂刷涂织金、钉金部分，对金线进行加固；加固时根据金线的投影宽选用适当的描线笔和小号油画笔对钉金线和织金部分分别进行加固处理，每次涂刷以少量仅浸润金线为度，待完全干燥后再次涂刷，基本上以三到五次为主，对于金线粉化严重且有污渍的部分，在适当去除，污渍后再进行涂刷，并且要适当增加涂刷次数，以达到加护目的（图14）。

处理皮边返硝。用棉签蘸热水反复多次擦拭皮饰边（图15），注意擦拭过程中要逐步分段推进，不要在一段区间内不断擦拭而造成水分还原过大的溶胀变形。分段擦拭，给擦拭过的皮边有一个干燥过程，便于再次擦拭处理。反复多次后，待皮边硝迹去除或有显著改善后再做其他处理（图16）。

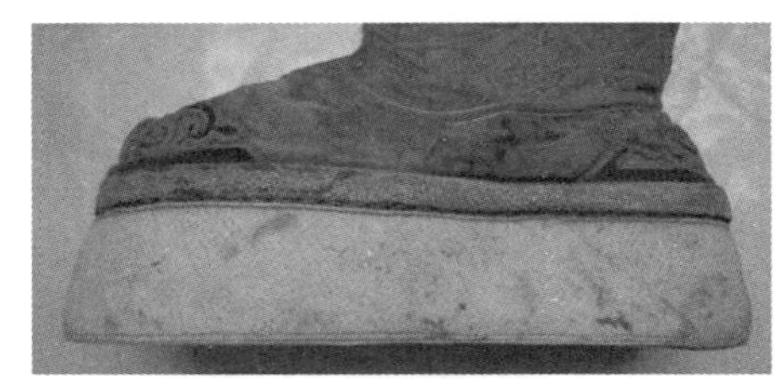

（1）清理前

（2）清理后

图15 皮边返硝

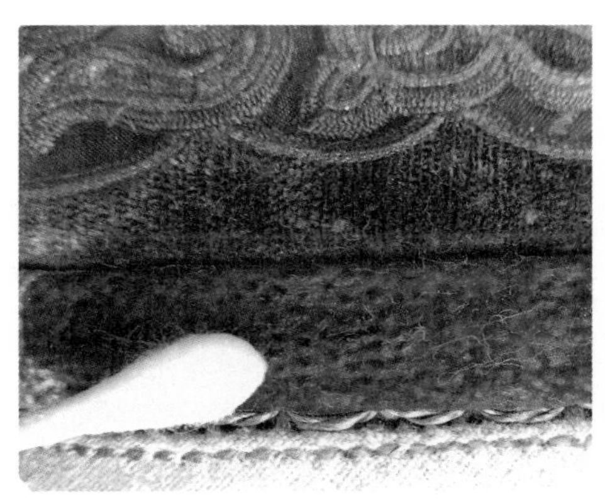

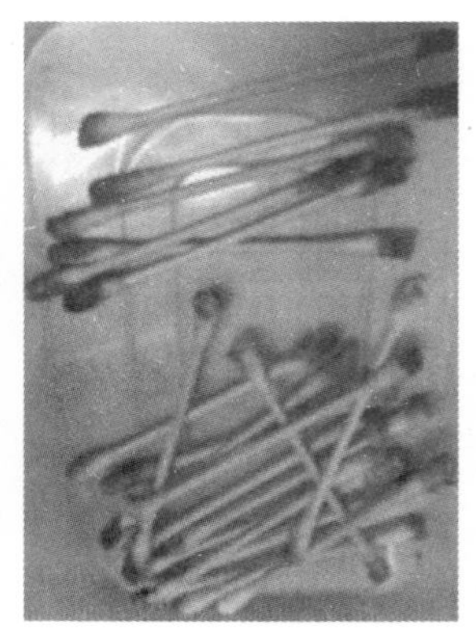

图16 皮边返硝处理

清洗前的准备工作完成后，就要对靴子进行清洗。首先对靴子进行回潮处理，靴内外填塞、包裹半潮棉布，再外覆塑料布保湿，使其均匀缓慢回潮。根据回潮情况适当给棉布增水，直至靴体全部回潮后才能将靴子用温水整体浸泡，加表面活性剂去污，用毛刷刷洗，再用清水冲洗、浸泡，反复多次直至漂清（图 17）。以本色棉布包覆吸水，缓慢阴干。

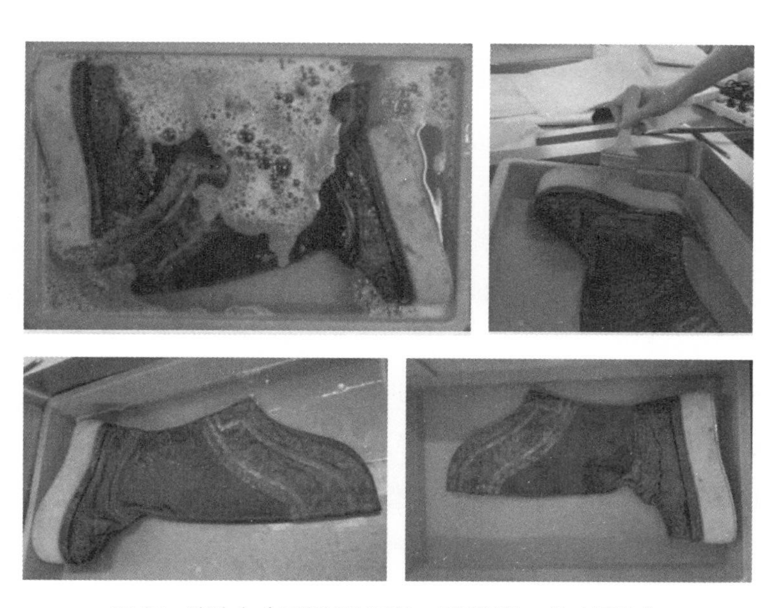

图 17　清洗中（回潮后的浸泡→毛刷清洗→纯水清洗）

靴子晾至半干状态时，填塞无酸绵纸团使其挺立，使用无酸绵纸团的原因是其更利于塑形和局部支撑的调整。按压整理至适合形状，外以棉布包覆继续阴干，数次更换填塞的无酸绵纸，直至靴子完全阴干。再用乙醇涂刷靴子金线部分以去除之前加护金线的加固剂（图 18），乙醇涂刷方法如加固剂的涂刷。

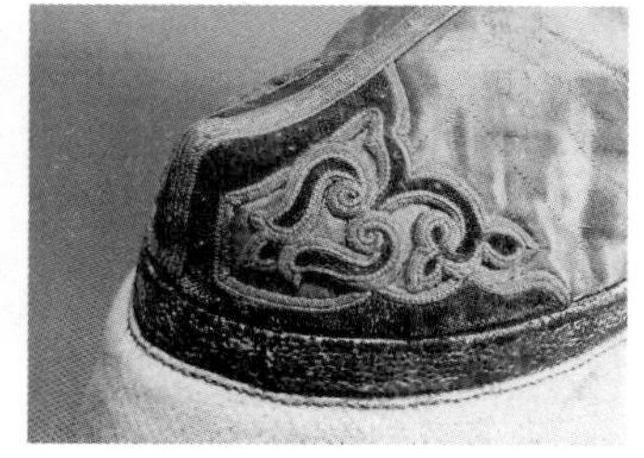

图 18　朝靴修复后

（二）缠枝莲织金高勒夹女袜的保护与修复

1. 整体文物信息

（1）年代：清康熙年间。

（2）纹饰：袜筒为卷草、西番莲纹；镶边为团龙八宝云纹；袜面为“卍”字纹、花卉纹。

（3）病害描述：袜筒织金锦的片金线上金箔大面积脱落；钉金线上圆金线的金箔部分脱落；织金锦袜筒上有多处霉点；整体大面积褪色或晕色；袜子下部皱褶；袜底皱缩严重；袜筒留存有骨殖（图19）。

图19　女袜修复前

2. 修复难点

（1）对袜子进行整体平整处理时，要注意袜子的厚度及金箔脱落状况。

（2）对织金锦上片金线和钉金所用圆金线的金箔进行加固。

3. 修复方案

（1）清理袜子里的残存骨殖（图20）。

（2）对金线的金箔进行加固，除去表面附着物及灰尘。

（3）进行袜子织金锦上附着微生物损害霉点的清洗处理。

（4）对袜子进行皱褶部位的平整处理，尤其是下部花绫处鉴于袜子的形制特征，对其进行填充以便塑形（图20、图21）。

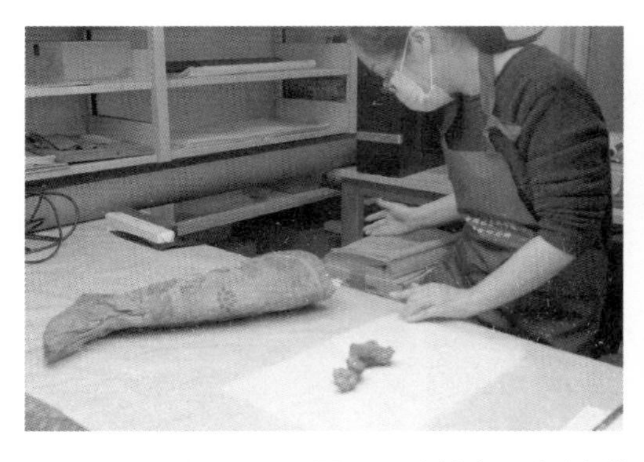

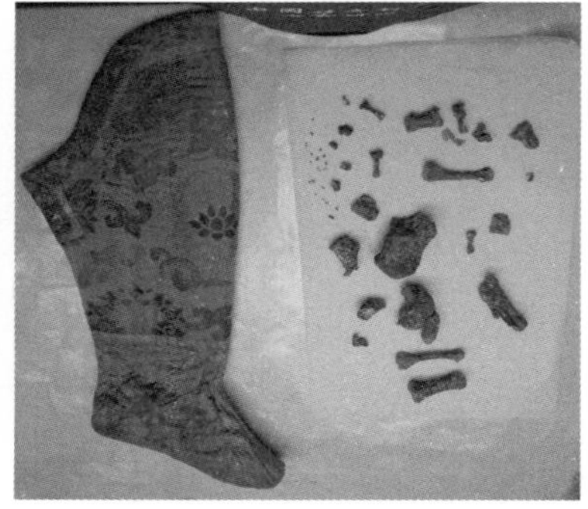

图20　女袜中骨殖（经鉴别为右脚骨殖）

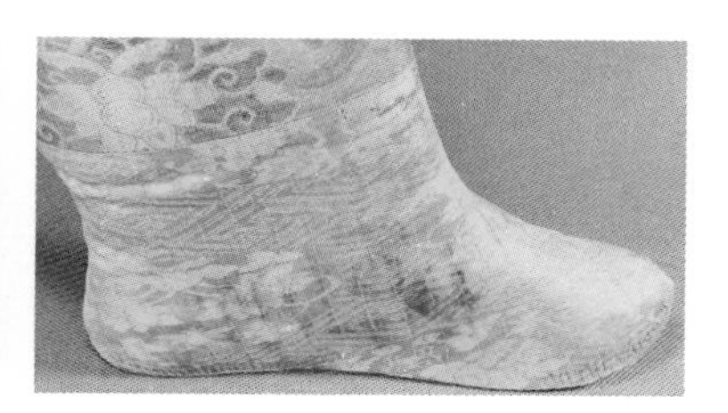

图 21　女袜修复后

4. 修复过程

其清理和清洗过程基本上与靴子相同，这里仅对于袜子形制进行说明。待袜子清洗后控制干燥过程时，就袜子的尺寸进行分部位测量，用于袜子的缝制探究。观察得出袜子共分为三部分：由上至下分别为袜靿（图 22）、袜身（图 23）、袜底（图 24）。用白棉布相同丝向裁制，缝制单袜（图 25）。缝制单袜可在内部填充支撑后，用于女袜的固型及展示时的保护性支撑。

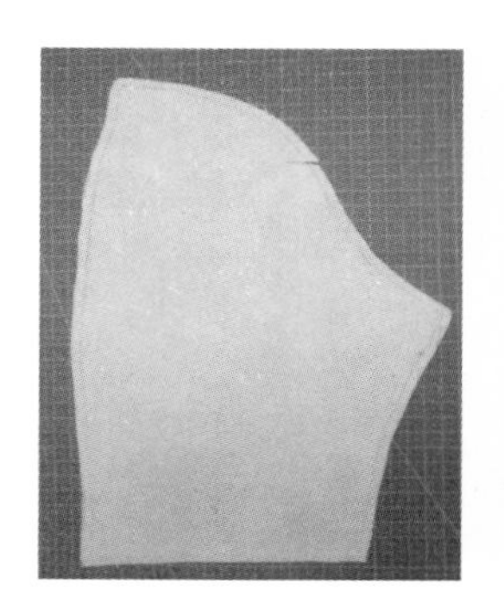

图 22　袜靿

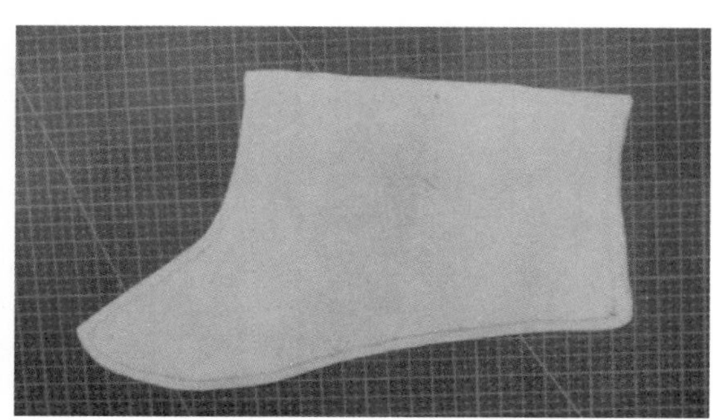

图 23　袜身

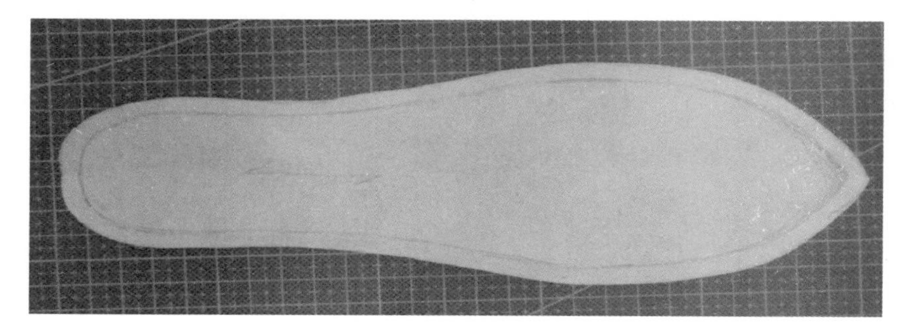

图 24　袜底

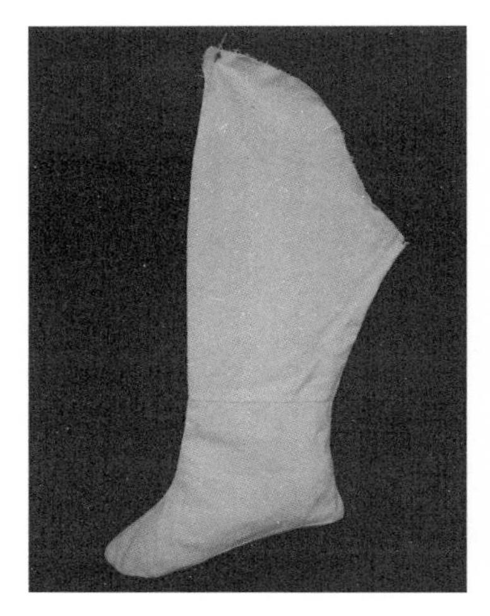

图 25　缝制的白棉布袜子与原件对比

三、结语

通过两组时代不同、材质相同的鞋靴类文物的清洗与保护，得知在鞋靴类文物的清洗过程中，除了要注意常规纺织品文物清洗保护注意事项，例如，糟朽织物的处理和金线粉化的封护处理外，还要注意不同厚度，尤其是不同鞋底厚度在清洗修复中的相应处理。

蒙元文化背景下的真武扶鸾

——以梳妆楼元墓出土庭院人物图刺绣为例

石钊钊[1]

摘　要：梳妆楼元墓一直被认为是辽圣宗之母萧太后的梳妆楼，直至1999年河北省文物研究所对其进行考古勘察发现其下方砖室墓，才证明梳妆楼元墓是以梳妆楼砖室墓为中心的元代墓群。2016年起中国社会科学院考古研究所对梳妆楼元墓出土的纺织服饰文物进行整理，其中以庭院人物图刺绣残片为代表，所包含的刺绣人物故事与纳什失纹样皆来自不同文化背景。以此文物修复个案为例，结合历代出土文物，考据此刺绣背后的真武信仰。

关键词：梳妆楼元墓；庭院人物图刺绣；降笔扶鸾；真武信仰；纳什失

The Zhen-Wu Worship in the Yuan Dynasty

— Embroidery from Shu-Zhuang-Lou Yuan dynasty Tombs

Shi Zhaozhao

Abstract: Shu-Zhuang-Lou Yuan dynasty tombs have considered to be the dressing house of Liao-Sheng-Zong emperor's mother Xiao. Until the archaeological research points out that Shu-Zhuang-Lou were a group of tomb of Yuan dynasty in 1999. 2016,Institute of Archaeology, CASS have begun work on the vexed issue of unearthed cultural clothing relics from Shu-Zhuang-Lou Yuan dynasty tombs.We found a embroidery pattern with characters in the garden which from different cultures. Based on the unearthed relics, the paper studies on the Zhen-Wu worship behind this kind of embroidery.

Key Words: Shu-Zhuang-Lou Yuan dynasty tombs; embroidery; goddess vision; Zhen-Wu worship; Nasich

[1] 石钊钊，中国社会科学院考古研究所助理馆员。

一、概况

梳妆楼元代墓群地处河北张家口沽源县城东，古称“金莲川”地区，是全国第五批重点文物保护单位。其主体建筑四壁呈正方形，上覆穹隆顶，建筑通体横券无梁，民间一直俗传为北宋年间专为辽圣宗之母萧太后营建的梳妆楼。直至1999年河北省文物研究所对梳妆楼进行了科学的考古勘察活动，在楼内地下发现一砖室墓，才证明了“梳妆楼”实际是一座蒙古贵族墓的地上享堂[1]。

梳妆楼元墓为东西向排列的三座长方形砖室墓，中室呈《元史》上记载的独木棺样式[2]，棺内墓主为男性，东西两侧尸骨为女性。墓葬中室出土有鎏金龙纹银带扣，并从墓中清理出具有元代蒙古族特色的衣物、金饰等珍贵文物。此后，河北省文物研究所又在此地组织大面积考古发掘工作，共发现10余处墓穴，证实了梳妆楼元墓是以梳妆楼砖室墓为中心的元代墓群。

2016年起，中国社会科学院考古研究所受河北省文物保护中心委托，着手对梳妆楼元墓出土的12件（组）纺织服饰文物进行整理。梳妆楼元墓出土的纺织品文物因其特殊的埋葬条件与后期整理保存的局限性，且采集初期并未进行完全有效的科学保护，致使这批文物存在严重劣化的风险。肉眼检视可见多数出土纺织品文物被白色盐类沉积物结晶、灰尘及其他油脂状污物严重污染，文物颜色已经退却并伴随大量浸染，多个织物品种伴有严重的织物纤维酥粉化与污染物板结病害。墓葬环境叠压造成的褶皱已经严重断裂，且绝大部分文物有严重的酥脆断裂损伤区域，多数纺织品文物互相纠绞，考古出土层位关系不清，残损织物相互黏连造成织物大面

[1] 赵琦．河北省沽源县“梳妆楼”元蒙古贵族墓墓主考［J］．中国史研，2003（2）：173.

[2] 潘莹，赵晓霞，赵晓冬．北方蒙元贵族墓葬建筑文化特征浅析——以河北沽源梳妆楼为个案［J］．才智，2013（19）：172.

积酥粉化，织物幅边与连缀痕迹碎裂严重。且刺绣外层的织金锦残片与已经碳化的方孔纱被胶水固结于双层厚玻璃板内，长久挤压形成的应力已令酥脆不堪的纺织品难以完整保存。鉴于这种恶劣的文物状况，最终决定对这批珍贵的元代纺织文物进行揭取、整理、修复与保护，在此过程中修复了刺绣残片、织金锦残片、方孔纱残片、彩绘绢片、钉金软靴、纳什失荷包、刺绣荷包等文物，并成功修复了一件形制完整的辫线长袍，至今已完成修复共计 14 件（组）。

二、庭院人物图刺绣残片的整理与修复

梳妆楼元墓出土纺织品文物中尤以庭院人物图刺绣残片颇具研究价值。这件技艺精湛的庭院人物图刺绣残片在初步整理时仅见刺绣痕迹，并未发现完整题材。其原叠压于编号为 SC-12 的一整包绢地织物堆积残片中，原始编号为 SC-12-2（图 1）。文物原始出土层位关系已散失，仅在后期整理时与纳什失（也称纳失石、纳石失）有缀合关系，并叠压在编号为 SC-12-3 的青色纳什失残片之上。在对文物进行初步检视与整理后，肉眼识别其组成部分为中间的绢地刺绣与上下两侧疑似带有织金痕迹的绛红色织锦残片组合，但其周遭所缀合的纳什失织物已经严重板结脱金，纹饰与形制皆无法辨识。这些织物保存状态较差，从污染层向下探肉眼可辨识出较为清晰的绢地刺绣色彩信息与连缀缝纫结构。但刺绣与织锦背面皆固结了已经碳化的丝棉组织（图 2），这就造成了刺绣与织金锦的褶皱均不可舒展，其多层复合褶皱所造成的向外应力正不断对织物本身的安全性造成威胁。且这些残片绞结形成的多层织物叠压层位关系特别混乱，这也为后期的揭展修复增加了一定难度。其带有刺绣痕迹的淡绿色绢地也已严重散碎，糟朽不堪，需谨慎处置。

图1　SC-12-2 绢残片原状

图2　SC-12-2 织物背后的碳化丝棉

在进行科学的文物病害记录与相关测试之后，我将 SC-12-2 整体翻转，先从背后处理厚重的油脂状污染与碳化丝棉层。随着污染物的逐步去除，织物应力逐渐释放，上下两片纳什失织物遂展开。

上侧缀合的织金锦为两片接合，通长 29.7cm，宽 7.3cm，左侧残片下边与刺绣部分完全相接，长 10.6cm，不见扣边；右侧织金锦残片长 19.3cm，左侧下边 14.7cm 与刺绣右上边缀合，扣边保留较完整，宽 0.4cm。刺绣下侧缀合的织金锦为三片接合，通长 28.3cm，宽 7.5cm，右侧最宽处 8.1cm。左侧残片上边与刺绣部分缀合，上边残长 2.6cm，下边残长 7.6cm；居中织金锦保留完整，上边与刺绣完全缀合，上边长 7.5cm，下边长 6.5cm；右侧织金锦残片残损严重，通长 15cm，左侧上边 12.7cm 与刺绣右下边缀合，下边残长 14.2cm，上边左起 2.2cm 处有横长 3.8cm 的破损一处，上边左起 8.5cm 处有纵向贯穿织金锦残片的断裂一处。三片织金锦皆保留较完整的扣边，宽 0.4cm。织物在水中剥离丝绵的过程中闪现部分织金痕迹，故可知为织金锦纳什失材质。

刺绣人物残片的图案在逐步的揭展过程中显现，经修复整理后得到较完整的庭院人物图刺绣，通长 24.4cm，右侧保存较完整宽 7.6cm，左侧残损严重宽 8cm。从得到的刺绣图案看，庭院人物图刺绣上、下、右三边皆用“砌山子”[1]刺绣作边栏，均宽 1.1cm。推测左侧散失部分也应有类似边栏。其中人物分散布局于刺绣缠枝花卉纹样之间，左起 0.5cm 下侧有一老者与一妇人抱子刺绣，人物高仅 0.6cm；中央有一长 12cm，宽 5.8cm 的巨大海棠形开光，从左至右分别有“降笔扶鸾”“树下宴饮”“亭中老者”三段人物刺绣。海棠形开光右下侧有三点景人物，右上侧有“亭中人物拜谒图”，人物均高仅 0.6cm，可谓精绣毫端（图 3）。

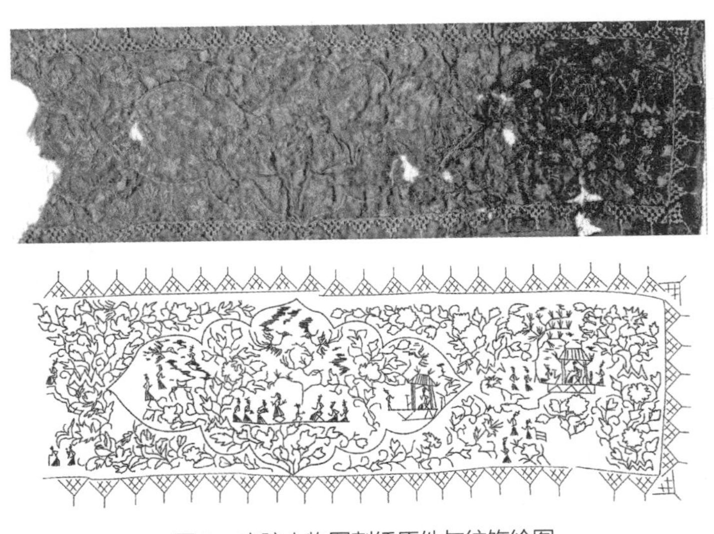

图 3　庭院人物图刺绣原件与纹饰绘图

[1] 隆化民族博物馆．洞藏锦绣六百年——河北隆化鸽子洞洞藏元代文物［M］．北京：文物出版社，2015：168.

三、元代的真武信仰与降笔扶鸾

庭院人物图刺绣中，除了表现慈孝的老人与纯真的孩童形象外，还有一部分内容颇具特色。海棠形开光内左侧的人物形象，为跪于曲折向天高台之上的人物，这位人像正伸出双手，召唤远处飞来的神鸟，而巨大的神鸟也徐徐下降，将鸟喙所衔的棒状物交由高台人物（图4）。关于宋元时期人与神鸟关系的传世图像，较早有相关记载的可见日本大阪市立美术馆藏唐梁令瓒《摹张僧繇五星二十八宿图》卷[1]，是卷原绘日、月、五星与围绕其运动的二十八星宿所化身的二十八星官，现仅存五星与十二宿。每星宿一图，或作女像，或作老人，或作少年，或兽首人身，并在星官图前以篆书配文榜题说明。其中绘金星（太白星）星官为一乘鸾女仙，榜题曰“太白星神祭用女乐。器用金，币用黄，食用血肉，不杀牲，亦忌哭泣。太白庙女宫中黄屋，饰皆黄，仍被五采，太白后妃也。”此为较早在图像中表现人与神鸟之天象星宿。而古代记述人与凤鸟的神话故事则有秦穆公之女“吹箫引凤”的典故，汉刘向《列仙传》就记有春秋时秦穆公之女弄玉在凤楼上吹箫引来凤凰的故事：“萧史者，秦穆公时人也，善吹箫，能致孔雀白鹤于庭。穆公有女字弄玉，好之，公遂以女妻焉。日教弄玉吹箫作凤鸣。居数年，吹似凤声，凤凰来止其屋。公为作凤台，夫妇止其上，不下数年。一旦，皆乘凤凰飞去。故秦人为作凤女祠于雍宫中，时有箫声而已。”[2]今藏故宫博物院藏明仇英《人物故事图册》第二开即为“吹箫引凤”[3]（图5），南京博物院藏明唐寅《吹箫女仙图》[4]亦为此题材，画中弄玉端庄华贵，眉间低垂，人物刻画颇为细腻。

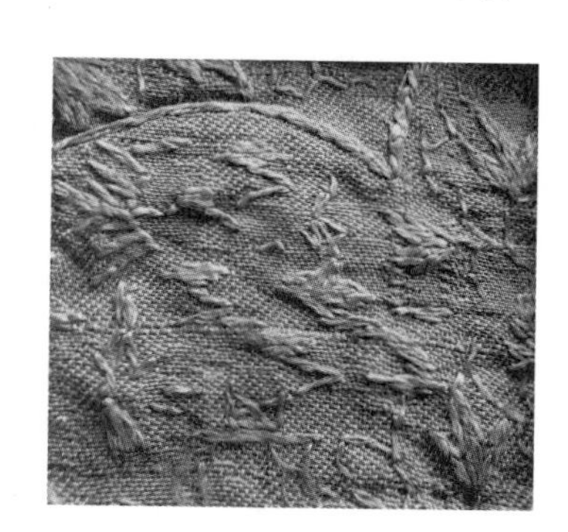

图4　刺绣“降笔扶鸾”

图5　仇英吹箫引凤

---

❶ 陈燮君，陈克伦．翰墨聚珍——中国日本美国藏中国古代书画艺术［M］．上海：上海书画出版社，2012：137.

❷ 广陵书社．中国历代神异典［M］．扬州：江苏广陵书社有限公司，2008：2275.

❸ 故宫博物院．故宫书画馆：第二编［M］．北京：紫禁城出版社，2008：88.

❹ 南京博物院．南京博物院珍藏大系——明代吴门绘画［M］．南京：凤凰传媒集团、江苏美术出版社，2013：62.

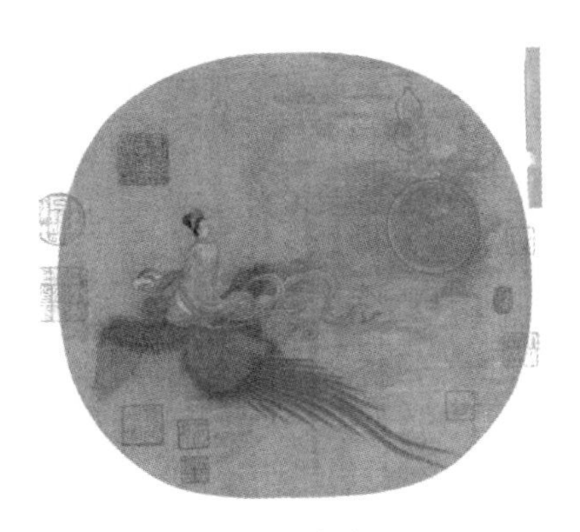

图6 宋人
《仙女乘鸾》册

另神仙故事中有神鸟者，则为青鸾。故宫博物院藏宋人《仙女乘鸾》册[1]（图6），为宋人绘仙女乘青鸾之态。元代真武信仰特别流行，其祭祀真武时主要的显灵形式即为“降笔扶鸾”。降笔，亦称“扶鸾”“扶乱”，宋代已经非常流行。据传上古神农氏时，东方木公一炁化一青鸾，后被鸿钧老祖收为差使，其后奉瑶池金母之命下凡度世。由于神鸾极具灵通神性，故常泄天机，致乖造化，因此被老祖收回，削去其嘴，令其从此无法泄密。后来凡间有人得到仙人神明授教，择取形恍如鸾丫形桃枝一枝，状若鸾鸟双翼，嘴含柳枝一截，做成“鸾笔”。“鸾笔”之意，亦为祈求神明赐示解惑，神明即借桃柳枝乩笔飞鸾赐示。而“降笔”之神常见则为紫姑神[2]，南北朝刘敬叔《异苑》卷五载“世有紫姑神，古来相传云：是人家妾，为大妇所嫉，每以秽事相次役。正月十五日，感激而死，故世人以其日作其形，夜于厕间或猪栏边迎之，祝曰‘子胥不在，曹姑亦归，小姑可出，便是神来。’奠设酒果，亦觉貌辉辉有色，即跳躞不住。能占众事，卜未来，蚕桑。又善射钩，好则大儛，恶便仰眠。平昌孟氏恒不信，躬试往投，便自跃茅屋而去，永失所在也。”

南宋张端义《贵耳集》曾记宋末真武降笔之事[3]：“均州武当山，真武上升之地，其灵应如响。均州未变之前，敌至，圣降笔曰：‘北方黑煞来，吾当进之。’继而真武在大松顶现身三日，民皆见之。次年有范用吉之变。敌犯武当，宫殿皆为一空，有一百单五岁道人，首杀之。则知神示人有去意矣。”文中记录公元1235年左右之“异象”：真武避黑煞（大黑天）现身、公元1236年均州太尉范用吉杀长吏投蒙古[4]、端平三年（公元1236年）十月道士曹观妙被害事件[5]等史实，文中以真武战神“降笔”显灵来说明宋元之变，颇具神异色彩。考文中的真武、黑煞皆为战神，却分别来自道教与佛教信仰，其所流行地域亦有汉、蒙之分。虽然张端义此处交代不同信仰下的神明交锋为后来政治变革埋下了一定伏笔，但对于元人而言，这样的表象丝毫不影响真武信仰在当时民间的流行。

[1] 浙江大学中国古代书画研究中心．宋画全集：第1卷第7册［M］．杭州：浙江大学出版社，2010：5.

[2] 孙芳芳，温成荣．魏晋南北朝志怪小说探微［M］．太原：山西人民出版社，2009：179-180.

[3] 张端义．贵耳集：卷下［M］．北京：中华书局，1958：68-69.

[4] 脱脱．白华传附范用吉传［M］// 金史：卷114. 北京：中华书局，1975：2513.

[5] 刘道明．古今明达［M］// 武当福地总真集：卷下．上海：上海书店出版社，1988：664.

元顺帝至元六年（公元1340年）左右禅僧念常撰写的《佛祖历代通载》有帝师胆巴传记[1]，其中记载“巴入中国。诏居五台寿宁。壬申（至元九年，1272年），留京师。王奋咸禀妙戒。初，天兵南下，襄城居民祷真武，降笔云：‘有大黑神领兵西北方来，吾亦当避。’于是列城望风款附，兵不血刃。至于破常州，多见黑神出入其家，民罔知故。实乃摩诃葛剌神也。此云大黑。盖师祖父七世事神甚谨，随祷而应，此助国之验也。乙亥（至元十二年，1275年），师具以闻，有旨建神庙于泳之阳。结构横丽，神像威严，凡水旱蝗疫，民祷响应。”文中真武信仰依旧采用“降笔”显灵，可见随着真武与大黑天故事的流行，降笔扶鸾在元代一直兴盛不衰。

现藏内蒙古博物院中元代济宁路遗址出土的紫罗地花鸟纹刺绣夹衫，对襟左侧有半幅罗地彩线绣仙女乘鸾图，其情节内容均与故宫博物院的《仙女乘鸾》册相似，或与元代真武信仰中的紫姑神有关。但观其文献记载紫姑接青鸾之“降笔”卜问，确与梳妆楼元墓出土园林人物图刺绣残片之情节颇为相近。

四、蒙元风格的绛红地奔鹿纹纳什失

因梳妆楼出土SC-12-2庭院人物图刺绣因其本身埋葬环境等原因已很难在织金锦表面释读出完整的织物纹样（图7），但同墓葬所出土的大量纳什失实物却与此种外圈织金锦在织物密度、颜色、织物结构等方面完全相同。宋金时期的回鹘人已经熟练掌握了在织锦中织入片金、捻金与缂丝织金（缂金）等技法[2]。此技法后被金人运用并由元代继承，在西域专门设局织造“纳什失”[3]。纳什失又称纳金石、纳石失，在典籍中又有别称“织金文绮”“金绮”“金段匹”等。从出土文物的种类来看，织金“纳什失”涵盖绫、罗、纱、苎丝等多种织物。现在学界普遍意义上讲的纳什失其实是排除了缂金与妆金回纬织锦工艺之外，利用捻金或者片金织造的织金织物[4]。这些织金织物图案明显带有西域风格，大量使用羊皮帖金切丝金线作为原料，部分织物中还运用棉纱与金线交织。故梳妆楼元墓出土的多块绛红地奔鹿纹织金锦残片实物应为纳什失。

从SC-12-2庭院人物图刺绣外圈织金锦背后的浮线痕迹可以发现，此种织物应

[1] Herbert Franke,Tan-pa,a Tibetan Lama at thecourt of the Great Khans, in Mario Sabattini ed.,Orlentalia Venetiana, Volume in onore di Lionello Lanciotti, Firenze:Leo S. Olschki Editore, 1984: 157-180.

[2] 李澍田．松漠纪闻扈从东巡日录启东录皇华纪程边疆叛迹［M］．长春：吉林文史出版社 1986：97.

[3] 韩儒林，等．镇海传［M］//元史：卷120. 北京：中国大百科全书出版社，1985：251.

[4] 尚刚．元代工艺美术史［M］．长春：吉林教育出版社，1999：90.

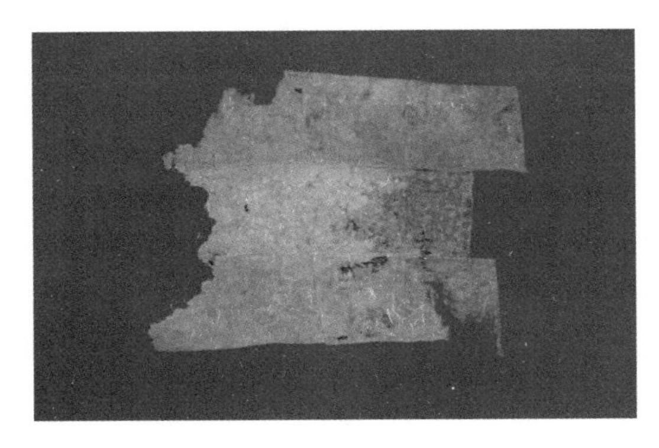
图 7　SC-12-2 庭院人物图刺绣两侧织金锦修复后织物

图 8　绛红地奔鹿纹织金锦（SC-3-2）

为同墓出土的绛红地奔鹿纹织金锦。梳妆楼元墓出土的织金锦主要集中在SC-1、SC-3、SC-4、SC-12 四个织物堆积层中。其中 SC-1、SC-3、SC-4 共提取出较为完整的绛红地奔鹿纹织金锦残片共计 7 件（组），其织物密度为每厘米经线 78 根、纬线 52 根，经线投影宽 0.05~0.1mm，Z 捻；纬线投影宽 0.1~0.15mm，S 捻。单位纹样长 1.8cm，宽 1.7cm，单位纹饰循环间隔为 0.7cm。通过对梳妆楼元墓出土绛红地奔鹿纹织金锦的修复与后期整理，在工作过程中逐渐得到了较为完整的奔鹿图纹饰（图 8）。这种鹿纹呈单体状，按照纬向横排同向排列，相邻两排间次异向。鹿角正面视角中断分叉，鹿身侧向视角做卷云状，四脚向内弯曲跃起，表现特别抽象。

鹿纹自古便是深受人民喜爱的纹样，“鹿”音通“禄”，《说文解字注》云其意为“福也。言福禄多不别。商颂五篇。言福、三言禄。大恉不殊。释诂、毛诗传皆曰。禄，福也。此古义也。郑既醉笺始为分别之词。”仙山与仙岛自秦汉时期已经随着升仙思想的流行而特别为人称道，当时人们将西王母居住的昆仑山作为死后接引上天的媒介。巍峨雄壮的山峦如联通天上与凡间的“通天柱”，在一对口衔云气的奔鹿守护下，接引死者的灵魂缓缓向上飞去。这样雄壮的仙山与云气混沌相连，时而隐秘云中，时而巍然伫立，正如长沙马王堆一号汉墓《红地彩绘漆棺头档》[1]的图像一般，两只仙鹿周身缠绕着云气，巨大的昆仑山以稳定的三角形出现在地平线上，气势通天。这种汉地对鹿纹的偏爱直至两宋时期仍然留下，南宋宫廷画家马和之曾奉宋高宗赵构所书《诗经》而补图画，其笔下的《诗经·小雅鹿鸣之什图卷》中也常见鹿的形象，全卷以宋高宗赵构所书《诗经》为引、马和之补画，颇具宋人

[1] 湖南省博物馆，中国科学院考古研究所 . 长沙马王堆一号汉墓：下集［M］. 北京：文物出版社，1973：29.

笔墨精神。清王毓贤撰《绘事备考》载：高宗尝以毛诗三百篇诏和之图写，未及竣事而卒。后由孝宗继其事，仍令和之补图，可见宋代鹿之流行。

另《蒙古秘史》载："奉上天之命降生的孛儿帖赤那和他的配偶豁埃马阑勒，他们同渡腾汲思海子而来到位于斡难河源头的不儿罕山。"不同于汉地鹿纹的祥瑞特征，蒙古人以苍狼白鹿为其祖先。至辽、金时期，"春水"与"秋山"题材演变成重要的装饰题材。春水为海东青啄雁，秋山则多为秋林奔鹿。契丹《辽史·营卫志》中有载"捺钵"，是为"随水草就畋渔，岁以为常。四时各有行在之所。""秋捺钵：曰伏虎林。七月中旬，自纳凉处起牙帐，入山射鹿及虎。林在永州西北五十里。尝有虎据林，伤害居民畜牧。景宗领数骑猎焉，虎伏草际，战栗不敢仰视，上舍之，因号伏虎林。每岁车驾至。皇族而下，分布泺水侧，伺夜将半，鹿饮盐水，令猎人吹角效鹿鸣，即集而射之。"今藏台北故宫博物院有五代《丹枫呦鹿》与《秋林群鹿》两轴[1]，或为辽圣宗时期千角鹿图之二。另有辽宁省博物馆藏叶茂台辽墓出土高翅帽上亦见秋山奔鹿罗地彩绣可见蒙元时期鹿纹流行之滥觞。元代鹿纹之流行除"秋山"题材玉器炉顶外，织物所见也特别丰富。如前述现藏内蒙古博物院中元代济宁路遗址出土的紫罗地花鸟纹刺绣夹衫背部便有刺绣松芝鹿水滴团窠[2]（图9），内蒙古达茂旗明水墓亦有出土的滴珠窠鹿纹织金绢[3]（图10），1988年湖南华容县章华台元墓出土的褐色罗地绣人物松鹤鹿纹荷包（图11）等。

图9　元紫罗地花鸟纹刺绣夹衫（集宁路窖藏出土，内蒙古博物院藏）

图10　元鹿纹织金绢（达茂旗明水墓出土，内蒙古博物院藏）

图11　元褐色罗地绣人物松鹤鹿纹荷包（华容县章华台元墓出土，湖南省博物馆藏）

[1] 刘芳如，郑淑方．国立故宫博物院藏蒙古文物汇编［M］．台北：台北故宫博物院，2015：260-271.

[2] 潘行荣．元集宁路故城出土的窖藏丝织物及其他［J］．文物，1979（8）：32-36.

[3] 夏荷秀．达茂旗大苏吉乡明水墓地出土的丝织品［J］．草原文物，1992（1）：113-123.

五、结语

本文的研究是以独立文物所包含的信息来报告梳妆楼元墓的整体纺织文物状况。所选取的出土文物皆具典型性与普遍性。对一件文物中所包含的多种信息的解读与研究大体是从文物修复的过程中就已经展开的，这些样本与个案虽然相互独立，但他们所包含的历史信息却皆为梳妆楼元墓的特色，应该放在同一历史环境下来讨论。

对“降笔扶鸾”真武信仰的对比研究，是从历史文物修复梳理的，在此期间我们可以看到不同历史时期对同一个神话故事脉络流传的差异性与民间信仰的多元性。不同时期、政权统治下的文本是如何展现统治者不同的意图。而其图像的关联性又为同类题材的解读提供了无限可能。

在蒙元文化的历史大背景下，“春水秋山”题材的流行依旧是一个共通的主题。这也成为研究梳妆楼元墓出土文物的历史与文化大背景，虽然在此对奔鹿纹的研究着墨不多，但其所包含的汉蒙文化之交流却与前文真武信仰在元代依旧盛行的情况不谋而合。其织物所展现的蒙元北方草原游牧民族风格，与其所受到中原的影响在此并不冲突，这两方面信仰的传播并未因为政权交替而消亡，却以相对独立的面貌各自存在。

梳妆楼元墓处于元代前期，对其墓葬形制与墓主身份的解读仍在进行中。通过对出土畏兀体蒙古文石碑残件的研究，认为梳妆楼下砖室墓主可能是元世祖忽必烈时期的汪古部高唐王、驸马阔里吉思[1]。无论墓葬最终定论如何，其出土纺织品服饰文物内容之广泛，所涉题材之多元，织造技法之精妙皆为研究元代物质文化史提供了特别宝贵的材料。

[1] 魏晓颖，魏琢．汪古部落墓地的发掘及考证［J］. 内蒙古统战理论研究，2010（5）：44-47.

历代纺织品中凤纹的形成

谈雅丽 [1]

摘　要：凤纹在中国历代装饰上均应用广泛，作为一个有生命力的母题，在不同的时代文化中呈现出各有特点的凤纹图案。凤纹所表现的内在精神、表现形式都刻有时代的烙印。本文力图从宏观的历史文化背景中，简要地论述有关凤纹是如何经历不同的时代，进而成长为一个璀璨的服饰文化符号；也进一步引发关于如何以传统纹样为母题，进行当代图案创新设计的思考。

关键词：凤纹；历代；寓意；创新设计

The Diachronic Formation of the Phoenix in Textiles

Tan Yali

Abstract: Phoenix patterns have been widely used in the decoration of Chinese dynasties. As a living motif, phoenix patterns are featured in different times and cultures. The inner spirit and manifestation of phoenix patterns are imprinted with the times. This paper tries to discuss how phoenix patterns experienced different times from the macro-historical and cultural background, and then grow into a bright symbol of costume culture. It also further triggers the thinking on how to take the traditional patterns as the motif and carry out the innovative design of contemporary patterns.

Key Words: phoenix; past dynasties; meaning; innovative design

[1] 谈雅丽，北京服装学院博士（在读）。

图1　商代凤纹

图片来源：田自秉、吴淑生、田青，《中国纹样史》，北京：高等教育出版社，2003：77（图3-18）。

图2　西周凤纹

图片来源：田自秉、吴淑生、田青，《中国纹样史》，北京：高等教育出版社，2003：98（图4-7）。

从源头上说，凤是一种氏族图腾，是原始先民寻求庇护的对象。“早可到三千年前，凤纹本来似属于鹫鹰和孔雀的混合物，结合了鹫鹰的凌厉和孔雀的华美，形成了一种具有神秘特征的纹饰符号”[1]。商代是崇尚神权的时代，文化的特色是祭祀与巫术。凤纹是在商代后期出现的，比鸟纹更加华美，头上有冠，有的是长冠，垂于颈后甚至背部；有的是华冠，呈花朵状；有的是多齿冠，呈羽毛状。凤纹多表现在青铜器上，呈现沉重神秘、抽象、恐怖、幻想的混合效果，有一种威严和规矩严谨的美（图1）。在各式精美的周代雕玉配饰上，可以看到秀美活泼的凤纹图案。这些凤纹高冠长尾，尾羽向上翻卷披及头顶形成垂冠（图2）。有学者认为周代社会观念已将祖先和神分开，因此人与天的沟通，是以凤鸟为媒介的[2]。商周时期凤纹在服饰上的应用多体现在玉器上，凤纹表现为威严有力的凤凰。随着西周神权色彩的逐渐减弱，古人开始从原始自然宇宙与社会政治文明相结合的角度来看待天人关系。虽然这个时期没有凤纹的纺织品实物，但可以从青铜和玉器纹样中窥见凤纹的风貌。

[1] 沈从文．龙凤艺术［M］．北京：北京十月文艺出版社，2013：52.

[2] 田自秉，吴淑生，田青．中国纹样史［M］．北京：高等教育出版社，2003：77-98.

春秋战国时期我国奴隶制社会瓦解，社会生产力得到较大的发展，丝织工艺也有大的提高。在先秦的理念中，凤鸟代表着祥瑞，凤出则“天下宁”，而“凤凰来仪”“凤鸣岐山”之说使凤纹的寓意与百姓的内心向往发生了关联。到了春秋战国时期凤纹呈现修长、秀丽的面貌，趋于轻盈舒展、自由活泼（图3）。凤纹受到了楚文化的影响，凤是楚人的祖先，是沟通天地、人神的神鸟。他们认为只有在凤的引导下，人的精魂才能飞登九天，周游八极[1]。凤凰的五彩之纹，便是才德的象征。所以凤凰也可以喻人，典型例子是屈原，他个性张扬，坦陈自己内外之美，德才双修，以凤凰自喻。在出土的楚墓绣品上，凤纹出现的频率远超龙纹、虎纹[2]，也出现了龙凤合体纹、凤鸟花卉合体纹等图案形式。在这个阶段，凤纹的表达除了与人的美好愿望契合之外，还投射了优秀的个人形象。

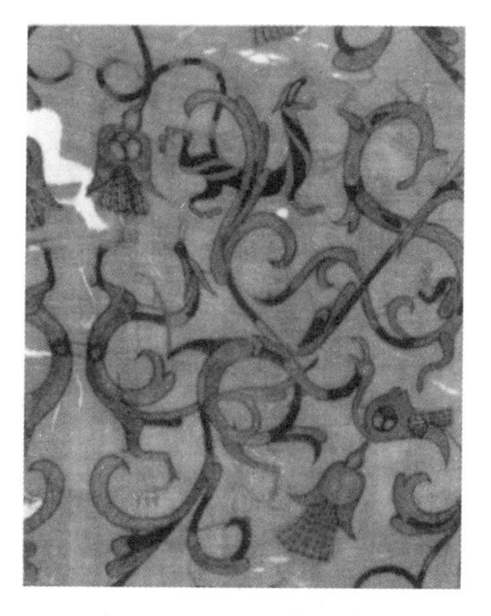

图3　战国龙凤虎纹
（湖北江陵马山战国墓出土）
图片来源：田自秉、吴淑生、田青，《中国纹样史》，北京：高等教育出版社，2003：124（图5–25）。

秦汉时期，工艺文化得到了空前的发展，桑树的栽培和养蚕的方法都有改进，织物品种更加丰富，织绣印染方式更加精进，丝织品成为对外文化交流的重要物品。汉代文献《急就篇》是这样记载的“齐国给献缯素帛，飞龙凤凰想追逐。”汉地重凤瑞的政治风气的延续，使凤纹被赋予祥瑞、兆庆的象征意义，出现了“鸾鸟”“朱雀”“朱鸟”等多种称谓。朱雀也以神兽的身份，以画像砖的形式，镇守在百姓的居所之上。凤纹从过去抽象的线条逐渐发展为具体的造型，增添了许多生活的气息。另外，西汉以抽象的形式形成了云凤或云鸟的合体纹（图4），也可称为云凤或云鸟变体纹……马王堆出土的乘云绣中的穗状卷云纹的

图4　西汉刺绣变体凤纹
（北京大葆台汉墓出土）
图片来源：黄能馥、陈娟娟，《中国历代装饰纹样》，北京：中国旅游出版社，1999：272（图3–237）。

---

❶ 张正明．楚文化史［M］．上海：上海人民出版社，1987：7.

❷ 张晓霞．中国古代染织纹样史［M］．北京：北京大学出版社，2016：50.

形成可以理解为：它是由凤鸟纹结合涡卷云纹衍生出的一种新的云纹形式❶。秦汉时期工艺美术的风格，初期承袭楚文化、中期后南北文化进一步交融变化，但不论怎样变化，凤纹依然被认为是吉祥纹样❷。凤纹与人的关系越来越亲切。

图5　北魏敦煌莫高窟佛龛莲花凤纹装饰

图片来源：黄能馥、陈娟娟，《中国历代装饰纹样》，北京：中国旅游出版社，1999：283（图3-268）。

魏晋南北朝时期，染织纹样在传承中广泛吸收外来纹饰的特点，呈现胡汉之风相融合的风格。佛教题材的纹饰开始出现。这个时期社会分裂动荡，难以形成凤文化的昌盛，但在物质层面与精神层面，凤凰的应用还是很广泛的。政治上制造凤瑞宣扬统治的合理性，乱世依靠凤瑞传达天命，凤凰与体现道教成仙思想、佛教生死轮回思想的一些图案元素交织在一起❸。在这个民族融合、多元文化交错的时代，百姓也多有信佛之人。这个时期的凤纹形象除了继续沿袭汉代以来的风格外，还融合少数民族风格，主要追求一种线条美、飘逸美，并开始采用凤纹穿插于花卉之间（图5），形成了“凤穿花”图案的雏形。这一时期更强调写实，表现手法上更精美和华丽。

隋朝结束了汉末以来长期分裂的局面，重新建立起统一的封建王朝，并实施了一系列发展生产的政策，纺织手工业得以发展。至唐繁盛时期，唐代的丝绸生产在品种和质量上都达到了前所未有的水平。这时的丝绸织造业无论官营、民营都体系完整，规模庞大。唐代的对外关系包括南亚、中亚和东亚地区的一些国家。唐代道教、佛教的发展与繁荣，打破了汉代儒家政治思想一统天下的局面，之前被儒家拔高成为政治工具的神化凤凰，也因为政治多元化之后，被削弱了神性光环，走入人间。而这一转折反而借由多元文化和世俗文化的生命力，欣欣向荣地成长起来，进而达到了另一个艺术创造的繁盛时期。这时凤凰除了吉祥高贵，还显示出一种神采，一种令人欣赏的风度与气质。李白有诗句：“皎皎鸾凤姿，飘飘神仙气。”唐

❶ 张晓霞．中国古代染织纹样史［M］．北京：北京大学出版社，2016：91．

❷ 顾方松．凤鸟图案研究［M］．杭州：浙江人民美术出版社，1984：34.

❸ 吴艳荣．中国凤凰：从神坛到人间［M］．杭州：浙江大学出版社，2014：65.

代凤凰的造型或雍容柔媚，或健壮英武，体现出唐代凤凰“双性”并存的特点。有的是单凤直立凤尾飞扬，有的是以联珠团凤的形式出现，也有凤衔绶带或璎珞的形式。凤凰以行走状或站立状为主（图6），体态丰满，神情自然，或双足立地，或一足站立，一足弯曲，尾羽翻卷而翘过头顶，常常被处理成缠枝形或花瓣形。唐代花卉缠枝图案的兴起，与佛教中轮回永生的教义有关，象征灵魂的连绵不断。缠枝花卉的图案排布形式很有可能是古代云纹形式的变化和发展。为了表现情爱的主题，双凤、对凤及凤穿花等形式日益多见，有的喙部还衔有花枝，寓意为筑巢育雏，反映出这个时期的凤凰形象更具母性之美，为以后成为龙的配偶奠定了基础。唐代的凤纹丰满刚健，时代气息强烈。

图6　唐代缠枝葡萄舞凤纹锦
图片来源：黄能馥，《中国丝绸科技艺术七千年：历代织绣珍品研究》，北京：中国纺织出版社，2002：122（图6-78）。

从北宋晚期开始，受北宋皇帝的艺术趣味和宫廷花鸟画的影响，纹样增强了绘画性和写实性。宋代吉祥图案盛行，集中地反映出个人对美好生活的向往。凤纹样式首如锦鸡，冠似如意，头如藤云，翅似仙鹤。凤鸟造型别致，飞姿劲健似拔空而起。曲颈前顾的凤首，迎风振飞的翅羽，挺然上翘铺展的凤尾，翅羽排列有序，躯体鳞片层次密集，尾羽似花叶、花瓣。以旋纹勾勒出来的云彩，滚滚翻腾，具有优美的律动感（图7）。在这个时代背景下，凤纹变得写实、细腻、清秀，也多与品类丰富的折枝、缠枝花卉相结合，对凤、云中凤、凤穿花是常见的组合。

图7　宋代翔凤纹缂丝
图片来源：高春明，《锦绣文章：中国传统织绣纹样》，上海：上海书画出版社，2005：101。

元代的统治者为马背上的蒙古族，性格粗犷彪悍。但元统治者对于疆域内各类文化形态采取了兼容的政策，并表现出强大的学习精神。所以元代染织纹样大体继承了宋、辽、金、西夏的形式，并且文化兼容了蒙古族文化、汉族文化、伊斯兰文化、藏传佛教文化、基督教文化、高丽文化等，这种多元的文化形式对染织纹样的造型和风格产生了深远的影响[1]。蒙古统治者对丝绸有着特殊的偏爱，这成为推动元代丝织业大发展的动因。元代凤纹的主要特征表现为尾部的羽毛，凤尾羽毛有两种造型以区别雄凤雌凰，雌凰尾羽为三至四根单边齿状长条形羽毛；雄凤尾羽为一根辗转往复的卷草纹。凤纹的造型头顶有夸张的冠翎，颈部多有一根或数根飞舞的长条羽毛，雄凰瞪眼形象及鹰嘴造型更显凶猛（图8）。凤鸟多与缠枝牡丹纹组合成满地效果，两只凤鸟上下呼应为喜相逢构图[2]。龙纹被视为皇权的象征而专用于帝王，与此相应，凤凰则多用于后妃，礼服之中以凤冠、凤袍、凤鞋为贵。

明代郑和带领船队由海上访问西洋，最远至非洲，是中外交流的一大发展，从16世纪开始，中国的艺术文化信息被带往欧洲，欧洲的艺术文化信息源源不断涌入了中国。明代染织纹样基本承袭宋元，动物纹样作为服饰礼制中彰显等级的标志性纹样而出现，并多与植物纹样组合构成吉祥寓意。这一时期城市经济和市民文化进一步发展，科技创造带动整个社会的工艺、生产向前发展，崇真务实风气很盛。明初流行的“羽翼凤尾纹”种类很多，包括双尾、三尾、五尾以及“卷草尾”等，都是继承了元代模式发展而来[3]。有时在凤纹的表现细节中有类似巴洛克式纹样曲线扭转的特点，体现了凤纹与西方视觉元素的融合（图9）。

图8　元代褐色地鸾凤串枝牡丹莲花纹锦被面

图片来源：隆化民族博物馆，《洞藏锦绣六百年：河北隆化鸽子洞洞藏元代文物》，北京：文物出版社，2015：78。

❶ 张晓霞．中国古代染织纹样史［M］．北京：北京大学出版社，2016：279.

❷ 刘珂艳．元代纺织品纹样研究［D］．上海：东华大学，2015：58.

❸ 吴艳荣．中国凤凰：从神坛到人间［M］．杭州：浙江大学出版社，2014：212.

清代的染织纹样表现为民间纹样、宫廷纹样、国内各民族纹样以及西方外来纹样的借鉴和模仿。清代织绣工艺发达，除官府的手工业工场外，各地的民间刺绣工艺也极为普遍，凤凰成了织绣工艺中的常用图案，在缂丝、刺绣、蜡染、妆花缎等工艺中都有体现。清代延续了明代言必吉祥的原则，其凤纹常与花卉、云气、杂宝组合以传达各种美好祝福。在清代凤纹造型方面，南京织造云锦的手工口诀中讲："凤有三长，眼长、腿长、尾长""首如锦鸡，头如藤云，翅如仙鹤"，均是对其的总结。统治者把"四团凤""八团凤"纹样作为冠服制度的一种标准来应用。凤纹在清代的发展脉络为：清前期纹样素雅清秀，清中期纹样趋向华美繁缛，清后期纹样更趋于华贵，以繁取胜，细碎造作，也将凤纹的吉祥寓意发挥到了极致（图10）。

进入民国，革命破除了阶级特权之后，凤纹的图案飞入寻常百姓家，在服饰的各个角落都有所呈现，寄托着人们对这个美好纹饰的喜爱。在凤纹的整个历史演变过程中，凤纹与人的联系越来越紧密，精神的投射越来越具体，也与各种吉祥祝福结合在一起，寄托人们的美好愿望。

图9 明代对凤纹织锦

图片来源：高春明，《中华元素图典：龙蟒鸾凤》，上海：上海锦绣文章出版社，2009：180。

图10 清代凤纹妆花缎

图片来源：张晓霞，《中国古代染织纹样史》，北京：北京大学出版社，2016：381（图8-48）。

结语

凤纹是一个重要的文化符号，在中国延续了上千年。通过简要梳理凤纹历代的文化和历史背景，对这个图案在历史长河中的演变可以有大概的认识。而关于这个图案每个历史阶段的具体挖掘，今后可以有更深入的研究。凤纹的母题无疑是有生命力的，从远古走来，这个图案与人的关系越来越近，图案投射出的感情也越来越细腻。转眼到了当代，社会高速发展，生活节奏加快，视觉元素爆炸，多元文化层出不穷，这是与过去截然不同的背景。在这里希望引发有关创新设计的思考。关于如何以传统图案母题为基础，理清文化脉络，提取有代表性的视觉元素，融合当下的审美和精神需求，设计出为大众认可，并能形成影响力的图案设计，是我们当下需要解决的设计问题。

探析四合如意云肩及其在服装设计中的应用

王思齐[1]

摘　要：云肩是中华民族传统服饰中精巧而独特的艺术珍品，它的形制丰富多样，其中四合如意云肩最为经典，应用最广，流传最久。笔者通过大量收集云肩资料并借鉴相关人文学科，针对课题内容进行客观且深入的研究。通过对民族服饰博物馆藏云肩进行测量，以作为四合如意云肩分析的参照依据，并选取其中三类典型的样式进行比较研究，分析其在艺术和设计方面的价值。最后具体阐述了四合如意云肩的艺术价值及其与现代服装设计融合的可行性分析，旨在将传统四合如意云肩融合到现代服装设计中，为传统与现代结合的设计思路带来启发与思考，协调现代人穿着方式的设计，延续了传统服装的文化韵律美。

关键词：云肩；四合如意；服装设计

Research of Sihe Ruyi Adorning for Shoulder and Application in Fashion Design

Wang Siqi

Abstract: Adorning for shoulder is a delicate and unique artistic treasure in Chinese traditional costume. It has a great variety in its shapes, of which Sihe Ruyi is the most typical, widely used for long. The author has researched the subject more objectively through a large number of information collection of adorning for shoulder and referenced by related humanities. The author has conducted a more objective and in-depth study according to the content of the subject. Through measuring adorning for shoulder kept in national costume museum, the author analyzes objectively Sihe Ruyi. And thus, the author can analyze the value objectively in its art and design from the comparation of these three typical types. At the end of the thesis, the author state the feasibilities in structure shape, the artistic value , the mixture with modern dress design, aiming at mixturing the traditional adorning for shoulder into modern dress design, bringing the inspiration and thinking about combination between traditional and modern design ,and coordinating continously the design of the modern way of wearing from the rhythmic beauty of traditional clothing culture.

Key Words: adorning for shoulder; Sihe Ruyi; fashion design

[1] 王思齐，大连艺术学院—服装学院设计教研室助教，硕士。

一、四合如意云肩研究

本文从北京服装学院民族服饰博物馆云肩藏品入手，选取了三件有代表性的四合如意云肩进行详细的分析与研究，馆藏 MFB001647 四色缎五叠刺绣四合如意婚嫁云肩，颜色清新亮丽，层次丰繁，多用于隆重的婚嫁场合；馆藏 MFB000841 土蓝缎三蓝打籽绣四合如意祝寿云肩，造型简洁、颜色稳重，纹样题材多有喜庆呈祥之意，一般为长辈在庆寿场合所穿戴；馆藏 MFB000036 五彩平绣人物四合如意戏曲云肩，造型夸张且具有动感，纹样以人物题材为主，常见于戏曲舞台。此外，笔者参考了大量云肩人物形象的老照片，这些图像内容传达出穿着者的身份、年龄、使用场合、审美意识、风俗习惯等，为四合如意云肩分析提供了翔实的研究依据。

（一）四合如意婚嫁云肩的研究

馆藏 MFB001647 四色缎五叠刺绣四合如意婚嫁云肩最大的特征是斑斓多彩、造型夸张、层次丰繁，适合隆重的婚庆场合。它的刺绣工艺相对单纯，纹样以家人为祈福对象，把婚姻和谐、祈生盼子、夫君高升作为三大主题，这也是从古至今每个女子出嫁时的美好愿望。馆藏云肩的缘边工艺技法高超，饰有精致的绲边和镶边（图 1）。

图 1　馆藏 MFB001647 四色缎五叠刺绣四合如意婚嫁云肩及款式图

1. 清新亮丽的色彩

本件云肩藏品颜色清新雅丽，内外五层，每层绣片颜色从内向外分别为乳白色、淡藕荷色、深松绿色、月季红色、乳白色（图 2~ 图 5）。边饰颜色丰富，绲边颜色有绒蓝、海蓝、龙胆紫，不算刺绣的绣线颜色，画面上已出现七种色彩，婚嫁云肩色彩绚丽却不杂乱，是因为不同的色彩是按其所占面积大小由外到内渐进次序叠加，有鲜明色彩的大体只有红、绿两种，乳白色、淡藕荷色与深色绲边近似中性色，对红色、绿色有调和与衬托的作用，并且颜色之间相呼应、融合，统一在有序的云肩结构中，整体看来色调和谐，有秩序感和空间感。

本件云肩藏品绚丽多元、清新亮丽的色彩使视觉产生强烈的感官刺激,烘托婚礼热闹昂扬的氛围。女人一生如花，结婚是盛开怒放的时刻，色彩鲜丽、层层叠叠的绣片好似花瓣，绣片之间大小的穿插、色彩的对比，讲究层次的丰富，构图的紧凑。

2. 逐层丰富的纹样

本件云肩藏品的刺绣纹样以植物、动物为主，纹样是随着层次的递加而逐渐丰富起来。云肩分为五层，逐层按照舒适的视觉比例递加，绣片之间排列得错落有致，纹样之间略有遮挡又互有联系，这样的布局使得纹样寓意的传递更加内敛含蓄。第一层的如意云头绣片上都是以花卉为纹样，第二层为蝴蝶，第三层为花卉，蝴蝶翩飞花间组成“蝶恋花”的纹样（图 6），蝴蝶代表新郎，花代表新娘，蝶恋花是对爱情的赞美与歌颂，也是新娘对男耕女织那样和谐生活的一种向往。从第四层、第五层开始，纹样不那么单一，多是禽类与花卉纹样的组合，表达了“一路连科”“一路荣华”的吉祥寓意（图 7）。鹭鸶历来被视为吉祥之禽，经常与芙蓉花、芦苇、

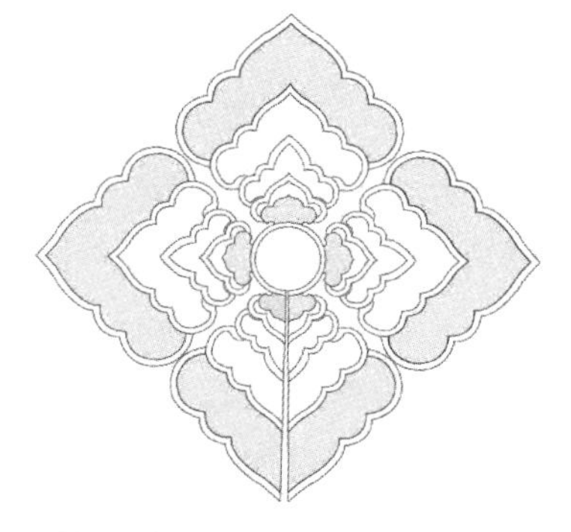

图 2　第一层和第五层为乳白色

图 3　第二层为淡藕荷色

图 4　第三层为深松绿色

图 5　第四层为月季红色

莲花组合织绣纹样，期望夫君仕途遂意，一生享尽荣华富贵。婚嫁云肩上多有求子纹样，四色缎五叠刺绣四合如意婚嫁云肩在胸前非常夺目的位置上就饰有“榴开百子”的纹样（图8），石榴是祥瑞之果，果实籽粒极多，象征多子多福。繁衍子嗣是家庭最大的期盼，新娘在出嫁前将自己所有的愿望和祈盼通过纹样的方式传达出来。

图6　一至三层绣片组成“蝶恋花”纹样

图7　四至五层“一路连科”“一路荣华”纹样

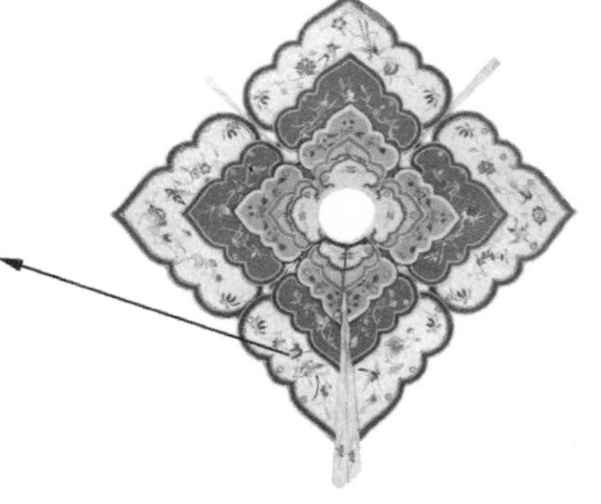

图8　胸前部位“榴开百子”纹样

3. 精致的绲边和镶边工艺

本件云肩藏品的每一个如意云头边缘都饰有做工精美的镶边和绲边，制作工艺复杂，要求边缘布面平整光洁、弧度圆滑顺畅（图9）。

馆藏云肩如意云头上的绲边有两种，分别为1cm宽绲边和0.3cm的细绲边，符合当时推崇多绲边的审美趣味。宽窄不同的绲边在使用上有所不同，细绲边可以满足如意云头五处转折起伏，形成云纹的曲折云卷，流畅且柔和，宽绲边不适合转折弧度较大的地方，只有面积较大的绣片才会采用宽绲边，所以本件云肩藏品在第一层如意云头的装饰上只使用了一条0.3cm细绲边。第二层至第四层的如意云头在一条 1cm 的宽绲边外面又包了一条 0.3cm 细绲边，从图 10 中我们可以看到，宽绲边在如意云头转折弧度较陡的地方并没有做全，但是因为有上一层绣片的遮挡，所以从外观上看并无大碍，这也体现了传统手工艺者的智慧与巧妙之处。馆藏云肩如意云头上的镶边是用 0.3cm 宽度的彩色镶线编织而成，不仅增加了层次感，让画面色彩更加协调。

绲边和镶边工艺最初的用途是为了使云肩更加结实耐用，云肩面料多轻薄柔软，领子及边缘处最容易磨损，不耐穿，因此用较为厚实的布条镶沿。由于这些边饰的精致与多样，在保护云肩的实用价值基础上又多了美化与装饰功能。

图 9　精致的绲边和镶边工艺

图 10　没有做全的宽绲边

4. 老照片中的婚嫁云肩

四合如意婚嫁云肩繁花似锦，色彩较其他云肩更为缤纷，尺寸较其他云肩更为庞大，可包裹整个上身，绣片之间层次丰富，比例协调，新娘佩戴起来如同漫步于花丛之间，甚是好看。图 11 为清代苏州地区的一张手工上彩的结婚老照片，新娘穿着装扮得体，头戴凤冠，肩披三叠立领绣花四合如意层叠式云肩，内穿多层镶边的袄褂，下着绣有“囍”字的凤尾裙。图 12 为豫西传统新娘装，新娘头顶大红盖头遮面，肩披四合如意层叠式婚嫁云肩，身穿红色绣花大襟衣，下着红绣裤、凤尾裙，脚踩红缎绣花鞋，项颈和手腕处佩戴金银、珍宝首饰，组成豫西传统风格的新娘婚服。图 13 为清末民初新人结婚老照片，新娘头戴凤冠，饰有珠帘遮面，上着刺绣袄褂，下穿马面裙，

图 11　清代苏州上彩结婚照

四合如意婚嫁云肩层叠式平铺于人体肩部，整体比例上窄下宽，尤其与传统婚服相搭配，风格别具匠心。四合如意婚嫁云肩既能强调颈肩胸部的造型，又是整体造型的点睛之笔，装饰功能不可小觑。

图 12　豫西传统新娘装

图 13　清末民初新人结婚照

（二）四合如意祝寿云肩的研究

馆藏 MFB000841 土蓝缎三蓝打籽绣四合如意祝寿云肩虽然造型简洁、色彩稳重，但是它的艺术价值不亚于其他类型的四合如意云肩，体现在它的内部纹样题材丰富、寓意深厚，刺绣工艺针法精细、变化多端，采用不同的针法表现纹样不同的质感（图 14）。

1. 简洁大方的造型

本件云肩藏品造型简洁大方，最主要的构成特征就是对称均衡，以垂直线为对称轴，“十”字几何骨架做如意云头四向对称连续纹样，用两层同一色地一大一小的元宝状四合如意云头围绕领颈中心处叠加而成，结构层次清晰明了，遵循某种形式美的原则。这种简单、端庄的造型体现了老人朴素、雅致不俗的气质，又传递了“方圆有形，应天地之象，天人合一”的传统观念（图 15）。

图 14　馆藏 MFB000841 土蓝缎三蓝打籽绣四合如意祝寿云肩

图 15　“十”字形结构

2. 喜庆呈祥的纹样寓意

本件云肩藏品在四向对称的如意云头上刺绣装饰有“狮滚绣球”“凤穿牡丹”“刘海戏金蟾”“福禄双全”“连年有余”“富甲天下”等纹样，囊括了对如意、平安、财富、子嗣、幸福的人生追求，表达了喜庆呈祥之意。

云肩在胸前和后背最重要的部位都饰有“狮滚绣球”纹样（图 16），人扮狮子舞蹈的“舞狮子”庆祝形式，多出现在喜庆隆重场合，纹样用在老人祝寿的云肩上非常切题，民俗认为双狮戏球是将有喜事上门的吉兆，所以又有“狮子滚绣球，好事在后头”的说法。在胸前部位的绣片上，“狮滚绣球”纹样的下方饰有“连年有余”纹样，莲谐“连”，鱼同“余”，莲藕与鱼组合寄寓对富足生活的无限向往（图 17）。在后背部位的绣片上，“狮滚绣球”纹样的右侧饰有“刘海戏金蟾”纹样，刘海是散财之神，俗话说“刘海戏金蟾，步步钓金钱”，此纹样有求财、求福的吉祥寓意（图 18）。

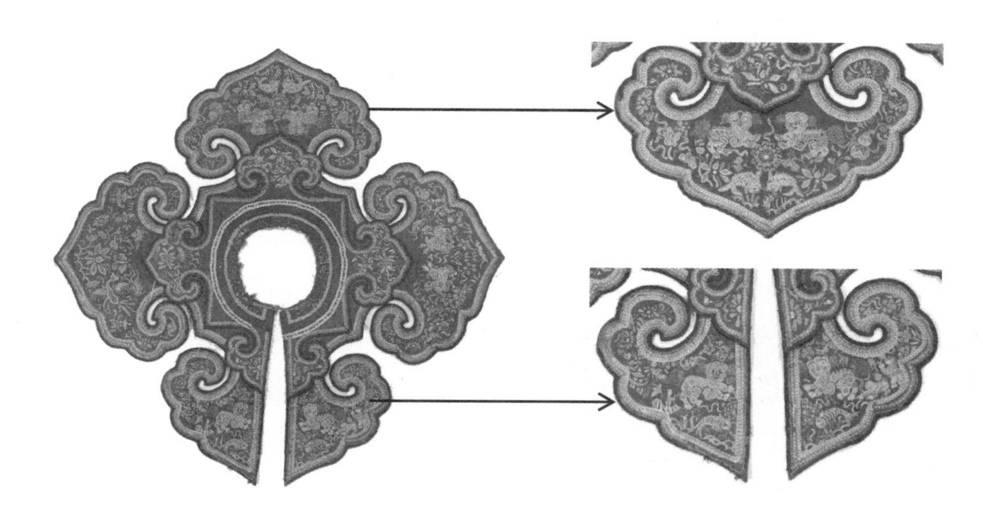

图 16　胸前、后背部位的“狮滚绣球”纹样

图 17　“连年有余”纹样

图 18　“刘海戏金蟾”纹样

图 19 “凤穿牡丹”纹样

图 20 “福禄双全”纹样

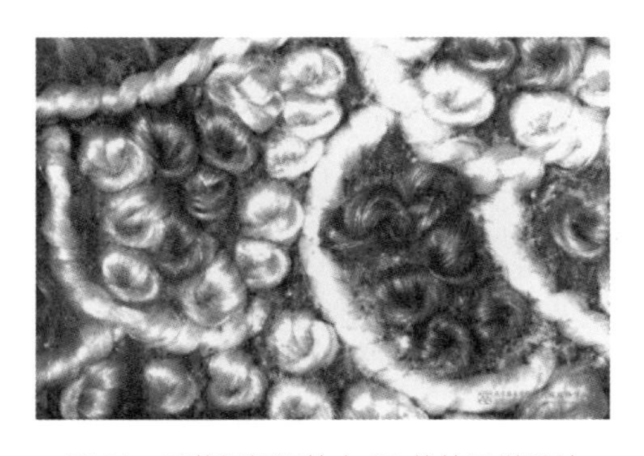
图 21 三蓝打籽绣放大 35 倍的显微照片

图 22 “福禄双全”纹样

云肩在左右肩部分别饰有“凤穿牡丹”“福禄双全”纹样。牡丹为花中之王，国色天香，凤凰是百鸟之王，它们都是富贵地位的象征，中国以孝为先，敬老尊老，老人在家中是长者，也是地位最高的，由牡丹与凤凰组图纹样，寓意吉祥喜庆（图 19）；蝠谐“福”，鹿同“禄”，蝙蝠与鹿组合即“福禄双全”，采用谐音寓意（图 20）。

3. 精巧的刺绣工艺

本件云肩藏品主要采用深浅不同的蓝色绣线，俗称“三蓝绣”，通过平绣、打籽绣技法，辅以盘金绣。刺绣手法较为复杂且费时费工，表达了制作者对老人的尊重。

三蓝打籽绣是此云肩纹样最主要的刺绣手法，打籽绣是一种通过绣线扣结的方式挽成小扣，结成小颗粒的刺绣针法（图 21）。“福禄双全”纹样整体平整细致、秩序紧凑、坚固耐磨，且富于立体肌理感。在整体采用打籽绣的基础上，于细节之处又有变化，在鹿角和鹿耳处采用平绣技法，用白色绣线勾勒鹿身内部纹样，增加画面趣味感（图 22）。在“狮滚绣球”纹样中，除了使用三蓝打籽绣技法，在狮子纹样的耳朵、尾巴和四合如意的边饰中还使用了较为奢华的盘金绣缝制，盘金绣源于宫廷，以真金捻线盘成纹样，结籽其上，钉固于云肩面上，局部盘金绣的使用使得狮子神韵生动可爱，整体上又相互照应，刺绣手法的精巧将制作者高超的手工技艺表现得淋漓尽致（图 23）。

4. 老照片中的祝寿云肩

在旧时，为庆祝生辰，后辈会为家中长辈操办寿宴。在这种宴请宾客的场合，寿星的服饰穿着搭配很有讲究，祝寿云肩就成为大宴上的礼仪式服饰，显示自己的庄重典雅。一张在山西地区举办的长寿宴老照片中，可以看到中间的寿婆身穿红色大袖衫，肩披四合如意祝寿云肩，头戴凤冠，穿着极为尊贵、体面，身边围坐着自己的子子孙孙，邻里乡亲也有前来贺寿，场面相当隆重（图 24）。祝寿云肩在明清时期的普及性就很高，穿着人群也从最初的宫廷发展流传于民间，民间与宫廷所穿样式一致，只是云肩的材质和装饰没有那么铺张。富贵人家在祝寿场合所使用的云肩材质上选用丝绸为面，刺绣纹饰精美。普通百姓的祝寿云肩虽然不比贵族的云肩奢华，但也是融合了大众的审美需求，更多了一份清丽秀雅与吉祥祈愿。

图 23　三蓝打籽绣、盘金绣“狮滚绣球”纹样

图 24　山西地区寿宴照

（三）四合如意戏曲云肩研究

馆藏 MFB000036 五彩平绣人物四合如意戏曲云肩虽然只有一片式，但是其图底关系的处理方式增加了整体层次感，使得造型夸张且具有动感。云肩的纹样以人物题材为主，刺绣人物形象又各不相同，流苏吊穗的装饰具有强烈的视觉效果，值得细细欣赏与品味。

图 25　五彩平绣人物四合如意戏曲云肩

1. 夸张且动感的造型

戏剧表演是在一定距离下欣赏的，观者对云肩的纹样、质地、细节不能一时察觉，但是造型的视觉反差却很容易感知，五彩平绣人物四合如意戏曲云肩夸张且动感的造型能够第一时间吸引观众的目光（图 25）。

图 26　五彩平绣人物四合如意戏曲云肩款式图

本件云肩藏品采用经典的单层四合如意形结构，在四向如意大云头之间插入四合如意小云头，整体呈“米”字形结构。一片式结构造型在戏剧艺术舞台中最为常见，最为基本，年代久远，在戏剧舞台适用性最强。本件云肩藏品夸张且动感的造型是通过图底关系的处理方法实现，云肩中的白色缎地的如意云头与红色缎地的如意云头互为图底，相互转化，犹如向中心涌起的水花，具有流动感（图 26）。每一层缘边都以如意云头作为造型，增加了视觉层次感。

2. 以人物为主的纹样题材

云肩以乳白色素缎为面，四合如意云头上绣有以人物故事为主的纹样，描绘了以女子出游相会为主题的民间生活故事场景，多是与剧中人物角色相关，或是反映剧中生活故事，或是寓教于乐、寓情于景。

从艺术欣赏角度来看，如意云头的缘饰好似戏剧舞台的帷幕，帷幕内景色宜人，春意盎然，男男女女出游相会，仿佛上演一出民间生活故事。每一个如意云头里的人物形象都不一样，有的在树下吹奏长笛、有的在凉亭下交流女红工艺，有的在长廊上边弹奏琵琶边欣赏风景，有的在河畔边抚琴拨弦边轻声伴唱一曲。人物服饰穿戴各式各样，活动场景也有所不同，刺绣工艺极其精细。将人物故事纹样饰于帷幕中，既增加了一个从内向外的画面层次，又增添了一份雅致的意境（图 27）。

3. 灵动的装饰效果

本件云肩藏品上的流苏吊穗具有灵动性与美感，满足戏曲服饰可舞性的形式美。它与戏剧中的表演息息相关，作为辅助戏曲表演中人物舞蹈动作而存在的，吊穗随着人体而流动，点线面的结合做到视觉上的协调感和韵律感，带来灵动之美（图 28）。戏曲服饰规定穿戴女蟒、女靠、宫装时必加云肩，这是根据人物剧情所设定的，戏曲演员穿戴云肩从帷幕里款款走上舞台，云肩吊穗上的流苏由肩部垂挂至人体腰部，仪态万千。在锣鼓铿锵的配合下，演员舞动时的速度很快，举手投足之际气韵流动，曼妙多姿，流苏加强了舞蹈的动感，更重要的是提高剧中人物的精神面貌和气质，增强舞台表现力。

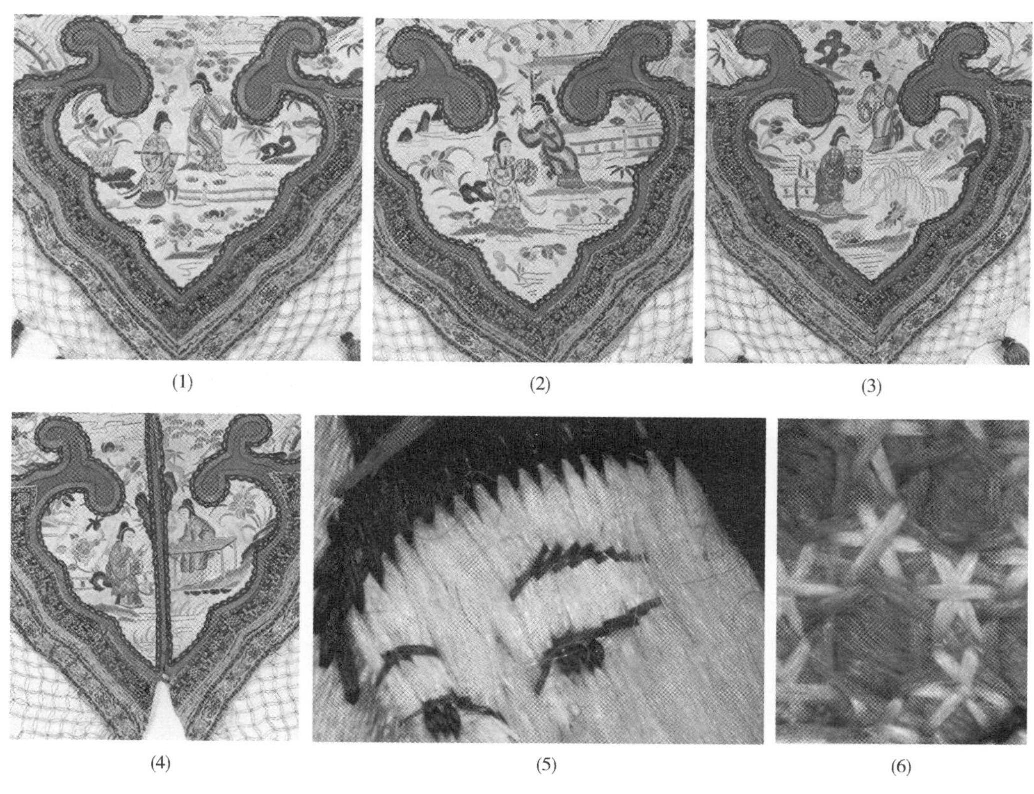

图 27　不相同的刺绣人物形象与细节

4. 老照片中的戏曲云肩

老照片中的戏曲云肩常搭配女蟒、女靠、宫装及女褶等戏曲服装，可谓是提纲挈领。图 29 为民国时期戏曲女演员剧装照，照片中的女子颇似刚从舞台上走下来，服饰中的单片式四合如意云肩四周编有璎珞并缀流苏，与裙子下摆的垂穗相呼应，随着身体的走动而摇曳。图 30 为京剧大师李玉茹在其经典曲目《唐赛儿》中的舞台照，李玉茹饰演的唐赛儿头戴女帅盔，身穿女靠，背上扎旗，肩上佩戴四合如意云头帔肩，足穿彩鞋，手持花剑，身段优美，英姿飒爽，动作利落，在表现女子英雄侠气、威风的同时不失女性的魅力。云肩、靠旗、双层飘带围裙这类服饰增加了戏曲的观赏性。

图 28　五彩平绣人物四合如意戏曲云肩的穿着状态

（四）小结

笔者通过对民族服饰博物馆三件典型四合如意云肩藏品的深入研究发现，它们之间既存在某种相似性，又有所差异。以云肩纹样来说，无论是植物、动物、人物、文字器形及组合形式，无不表达中华民族追求美好生活、祈盼吉祥的传统观念。然而不同品类的馆藏云肩根据穿着者不同的身份、穿着场合及用途，云肩上的纹样题材略有差别，吉祥寓意的侧重点也各有不同；构成关系上来说，四合如意形云肩外部造型就是典型的对称结构，然而不同品类的四合如意云肩在对称布局的基础上发展了不同的几何形骨架，表达了创作者在构成上的丰富经验和不同的审美观念。四合如意云肩内部纹样采用了均衡的构成方式。均衡不是完全相等、过分追求同形同量，而是要避免产生单调乏味的感觉。在整体对称统一的格局中，在细节之处加入生动的变化，这也是形式美的规律，能够增加视觉美感，体现一种静中有动，动中有静的灵巧与趣味。

图29　民国时期戏曲女演员剧装照

二、云肩在服饰设计中的应用研究

（一）云肩在服饰上的应用

云肩作为中国传统服饰中独特的一款，具有经典文化内涵，具备时尚流行品质。将云肩运用到现代服装设计中，使之成为现代服饰中的一部分，更是对中国优秀传统文化的继承与创新。

图30　《唐赛儿》舞台照，李玉茹饰唐赛儿

在服饰整体造型中，云肩的应用能够起到画龙点睛的作用，使整体服装的焦点集中于肩部的装饰。它不是简单地模拟云肩的外形，而是把服饰整体造型有机地结合起来。一些敏锐的设计师早已注意到这一点，于是将云肩融入现代服装设计中，并深受现代人的追捧。东北虎是以华服著称的中式服装品牌，在它的礼服设计作品中经常运用中国传统元素，其中就包括云肩。2008年东北虎品牌春夏发布的服装

中，云肩部分采用一片式形制，但在廓型上打破传统形式，结合现代的立体裁剪将云肩与人体曲线完美贴合，精致的手工刺绣并在胸前加以吊穗作为装饰，使云肩成为整体服装中的一大亮点（图 31）。另一套现代礼服设计中，云肩的比例结构做了变化：领座加高，整体尺寸缩小，和衣服是分离的。设计师对云肩运用大胆创新、不拘泥于传统的形式，搭配中国风的水墨印染，大胆别致独特，给人全新的视觉感受（图 32）。

图 31　东北虎品牌 2008 年春夏服装一

婚嫁服装中云肩的应用自古延续至今，影视明星张歆艺的婚服成为大众的焦点，礼服是设计师劳伦斯许为其定制，将四合如意云肩与明代凤冠点翠结合作为设计灵感，一袭复古的大红色长裙加上绣制、镶嵌的珍珠宝石，纯手工缝制据悉历时三月之久。婚服整体造型古典优雅，独具文艺气息。可以说，整体的剪裁以西式礼服为蓝本，在肩部的设计和细节的加持上均为东方元素（图 33）。

图 32　东北虎品牌 2008 年春夏服装二

（二）云肩在服饰上的创新应用研究

设计在于创新，创新的灵魂在于文化的传承。云肩独特的造型形制、工艺细节、色彩搭配等方面值得现代服装设计借鉴学习。笔者以四合如意云肩为主要研究对象，挖掘出四合如意云肩纹样、结构、色彩、工艺等方面的艺术特征，分析与提炼这些特征作为切入点，可将其设计元素结合现代审美特征，通过直接或间接应用的方式融入现代服装设计中。

1. 材质创新研究

从材质上作为设计的切入点，通过创新思维和特殊表达方法可以增添服装的形式感与艺术感。它也是激发设计师灵感涌动的源泉，拓宽创作思路，完善服装风格。

图 33 婚服、礼服中云肩的应用

对于消费者来说，服饰材料的选择能够表达自己的审美观念、时尚理念。服装的流行发展越来越重视材质在服装设计中的应用，具有极大的发展潜力。

四合如意云肩常用绫、罗、绸、缎、棉等传统面料，装饰为丝织刺绣纹样，除了应用传统面料，现代面料为云肩创新提供了更多的可能性，比如复合面料、化纤面料。复合面料除了能够改善超细纤维织物抗皱性差的缺点，还能够丰富面料的肌理感，品质好的化纤面料由于其手感、风格非常接近或类似真丝，价格相对便宜的优点，也常用作现代服装的面料。

合理灵活应用现代材料可以打破格式定局的束缚，完美运用工艺与设计结合，打造具有突破性、多重性和风格化的效果。总的来说，材质工艺的创新应用是未来服装设计发展的重要环节，将设计从单一化逐渐走向多样化。符合社会发展潮流，满足消费者需求，具有广阔的应用前景，是服装设计领域的未来发展趋势。

2. 结构创新研究

从四合如意云肩结构方面进行现代服装设计应用时，除了要掌握其“形”的特点，更要把握对其“意”的运用。我们不能将传统的云肩原形照搬，而是在充分了解造型结构的基础上，有选择地通过打散、改造、重组等方式，使之焕然一新。但是无论云肩的轮廓、内部结构如何变化多样，整体造型必须保持均衡的形式美法则。对其“意”的理解则是四合如意云肩给予人们层次有序、华丽隆重、均衡对称的和谐之感。

从形式上看，传统四合如意云肩在形制和纹样的运用上均采用了对称与均衡的形式美法则。在现代服装设计中也要把握分割结构线与装饰线，使服装圆润华美，轻柔飘逸。将四合如意云肩片与片相互间的层叠关系巧妙运用于现代女装设计中，舍弃只应用于肩部的装饰方式。根据设计风格与设计主题，对衣片进行协调与统一，层层叠叠的衣片在服装中有序排列，如构成几何的放射状，视觉效果也更加强烈。衣片与衣片的连接也可以采用云肩的连缀方式，增添了服饰的流动感和神秘感。如意云纹作为服装分割的结构线或装饰线运用时，更加注重云纹的装饰性能，流动的曲线在服装中的反复使服装整体充满和谐的韵律与节奏感。充分表达出四合如意云肩结构形制在现代服装设计中的意象形态，而且符合现代人简约、凝练的审美需求。

3. 工艺创新研究

随着现代技术进步，服装工艺层出不穷，展示了多样的服装艺术审美效果，成为服装设计又一大突破点。传统四合如意云肩装饰手法多样，以刺绣工艺为主，还加入拼布工艺、缘边工艺等。拼布、缘边都是现代服装设计中常见的工艺手法，拼布工艺可以增加装饰的趣味性，缘边工艺可以增加装饰的多样性。此外，现代服装设计趋势是在继承传统手工艺的基础上加以创新，如刺绣工艺费时费工，现代科技产生了数码印花与机器绣花，它们节约了手工刺绣的时间，提高了生产效率。由于社会化大生产的发展，机织蕾丝需求量大，普遍运用在高级成衣里，特别是女装晚礼服和婚纱上用得很多，利用蕾丝材料作为载体能够更好地传达设计理念和浪漫优雅的服装风格，其神秘而性感的特点受到大众喜爱。机器刺绣工艺相对于手工刺绣工艺节省了大量的人力与时间，也为现代服装设计碰撞出了新的火花。

（三）小结

通过传统云肩创新应用研究，积累了很多宝贵的经验，更多的是触发了对设计的思考与启迪，将服装设计的重心放在民族服饰上，挖掘本土传统的文化，吸取国外的精华，推陈出新，创建自己的风格。

三、结语

云肩作为中国传统服饰组成部分是民族文化的缩影，为现代设计提供了灵感来源与创作素材。将其元素与现代服装设计结合，增加现代服装设计的文化意蕴与艺术内涵，具有很强的可行性，是人们满足于物质需求后的一种文化需求的升华。在现代服装设计中无不体现着对它的需要，因此说它是传统艺术与现代设计融合的载体。

服饰文化既是在不同地域、不同民族的频繁交流中发展，又是随时代的发展不断注入新的内涵而传承的。云肩的传承也不例外，只有创新的设计应用才能不断吸收营养，只有体现时代精神的服饰文化才能不断发展、传承民族精神。

同时，随着社会的发展，现代设计理念和价值取向可以推动具有云肩传统元素的服装更趋时尚化，满足现代人的审美趣味。服装设计师把饱含东方文化特色的传统云肩造型、色彩、纹样、面料、工艺等设计元素作为民族服饰的视觉元素，而且在设计形式上结合现代审美加以创新，是民族特色最直观的体现。应该在现代服装设计中广泛采用民族元素进而吸收和融合现代元素，极大地丰富现代服装设计的创作空间，它所传达的民族精神和审美价值是符合当下中国国情并具有鲜明民族特色和时代特征的，存在强大的生命力、凝聚力和感召力。

参考文献

［1］崔荣荣，张竞琼．近代汉族民间服饰全集［M］．北京：中国轻工业出版社，2009.
［2］沈从文．中国古代服饰研究［M］．北京：商务印书馆，2011.
［3］周锡保．中国古代服饰史［M］．北京：中国戏剧出版社，1984.
［4］黄能馥，陈娟娟．中国服装史［M］．上海：上海人民出版社，2004.
［5］华梅．服饰文化全览［M］．天津：天津古籍出版社，2007.
［6］王绣．服饰［M］．山东：山东友谊出版社，2002.
［7］李琼．中华服饰［M］．北京：农村读物出版社，2010.
［8］梁惠娥，邢乐．中国最美云肩——情思回味之文化［M］．郑州：河南文艺出版社，2013.
［9］崔荣荣，王闪闪．中国最美云肩——卓尔多姿之形制［M］．郑州：河南文艺出版社，2012.
［10］王晓予．中国最美云肩——繁花似锦之纹饰［M］．郑州：河南文艺出版社，2012.

试析睡虎地秦简律文中所赀“络组”的本体属性

王煊 ❶

摘　要： 睡虎地秦简有对“徒”处以赀“络组廿给”或“络组五十给”惩罚的律条，一定程度上蕴含着当时社会对所赀络组本体属性的认同。从几个方面对其进行了分析，“给”字应是络组的数量单位，或对络组编织纱线数量的规定；所赀络组在长、宽、密、重等方面应有一定的规制；络组实物应是一种军备物资，特别用于编连甲衣。

关键词： 睡虎地秦简；络组；给；规制；组甲

Analysis of the Attributes of "Luozu" in the Legal Provisions of the Shuihudi Qin Bamboo Texts

Wang Xuan

Abstract: The legal provisions of the Shuihudi Qin bamboo texts impose the punishments of twenty or fifty "Ji Luozu(braids)"on "Tu(labourers)"for misconduct. To a certain extent , which implies the social recognition of the attributes of "Luozu"at that time."Ji" refer to the number of braids or to the number of warps for braid. The braids had certain regulations in terms of length, width, density, weight, etc. and may be a kind of military material especially used to connect many small scales or plates to each other and construct lamellar armor.

Key Words: The Shuihudi Qin bamboo texts; Luozu; Ji; regulations; constructing armor

❶ 王煊，秦始皇帝陵博物院考古工作部馆员。

1975年12月，湖北省云梦县睡虎地秦墓中出土大量竹简，又称睡虎地秦简、云梦秦简。这些竹简写于战国晚期及秦始皇时期，反映了篆书向隶书转变阶段的情况，其内容分类整理为十部分——《秦律十八种》《效律》《秦律杂抄》《法律答问》《封诊式》《编年记》《语书》《为吏之道》，甲种与乙种《日书》，主要是秦朝时的法律、行政、医学以及关于占卜吉凶时日等文书，为研究中国书法，秦帝国的政治、法律、经济、文化、医学等方面的发展历史和社会生活提供了翔实的资料，具有十分重要的学术价值。

《秦律杂抄》有两段律文是关于“省殿”或“园殿”的处罚，规定对于不同受罚对象，以不同数量的甲、盾、络组等用作惩罚，显示了某种处罚的等级形式。赀甲、盾的处罚情况在简文中较为普遍，关于实施赀罚具体方式的研究也成果颇丰，但“徒络组廿给”与“络组五十给”的处罚方式仅见此两例，律文对于“络组”为何物及其功能用途，以及“给”的概念和标准等内涵并未明言，也未曾见有学者对此有深入探讨。本文拟就此提出一些粗浅的认识。

一、对律文“给”字的认识

《秦律杂抄》简一七～一八是关于“省殿”的处罚，《秦律杂抄》简二〇～二一是关于“园殿”的处罚，其中都分别出现了“徒络组”这样的处罚等级。律文原简和释读如下。

《秦律杂抄简》一七～一八：省殿，赀工师一甲，丞及曹长一盾，徒络组廿给。省三岁比殿，赀工师二甲，丞、曹长一甲，徒络组五十给。

释文：考察时产品被评为下等，罚工师一甲，丞和曹长一盾，徒（一般工人——录者注）络组二十根。三年连续被评为下等，罚工师二甲，丞和曹长一甲，徒络组五十根。

《秦律杂抄》简二〇～二一：园殿，赀啬夫一甲，令、丞及佐各一盾，徒络组各廿给。园三岁比殿，赀啬夫二甲而法（废），令、丞各一甲。

释文：漆园评为下等，罚漆园的啬夫一甲，县令、丞及佐各一盾，徒络组各二十根。漆园三年连续被评为下等，罚漆园的啬夫二甲，并撤职永不续用，县令、丞各罚一甲。[1]

关于“徒络组廿给”“络组五十给”，整理小组认为：“络，《广雅·释器》：‘绠也’。组，薄阔的绦。络组即穿联甲札的绦带。给，疑读为缉，《释名·释衣服》：‘缉，则今人谓之绠也’。络组五十给，五十根绦带。”[2]“给”字对于理解络组内涵具有重要意义，但这一用法并未见于其他文献和著述，对整理小组意见可进行一些补充，对“给”字的释读也可以提出其他几种看法，虽然仍未能从中得出定论，但希望借此启发对简文的深入认识。

观点一，如整理小组释文，“给”就是“根”，是络组的数量单位，廿或五十“给”是指有二十或五十根络组。

从律文文法结构而言，一甲、一盾的甲、盾既是物类亦是计量单位，而络组廿或五十“给”的络组是物类，“给”是计量单位，甲、盾皆是指一物之完整形态，同理而言，“给”应是对应络组一个完整工艺形态的专用单位，这与根字之意亦较相符合。

观点二，认为“给”虽其实意指根，但疑其为“给”讹变而来。

“给”作量词仅见于睡虎地简二例。给，《博雅》（避讳“广”）：“缠也，缓也”。缠，《说文》：“绕也”；《玉篇》：“约也”；《广韵》：“束也”。“给”与“给”形近，而“合”与“台”形近相通，有治、洽通用的情况。[3]若“给”通“给”，则由其约、束之义引申为根、缕、束等亦较为合理贴切。

观点三，认为“给”即“绩（缉）”，“缉”并非仅是“给”的音读，本指麻事中析麻成缕的过程，因此推测“给”可能是对络组编织纱线数量的规定。

给，相足也，从糸，合声，居立切[4]；本义是衣食丰足、充裕。

---

[1] 睡虎地秦墓竹简整理小组．睡虎地秦墓竹简［M］．北京：文物出版社，1990：44，84.

[2] 同[1]P84.

[3] 赵平安．秦汉印章与古籍的校读［C］// 清华大学出土文献研究与保护中心．出土文献：第三辑．上海：中西书局，2012：232.

[4] 许慎．说文解字［M］．北京：中华书局，2012：273.

绩（缉），绩也。从糸咠聲。[1]绩也。自缉篆至絣篆皆说麻事。麻事与蚕事相似。故亦从糸。凡麻枲先分其茎与皮曰木。因而沤之。取所沤之麻而林之。林之为言微也。微纤为功、析其皮如丝。而撚之、而剿之、而续之、而后为缕。是曰绩。亦曰缉。亦累言缉绩。孟子曰。妻辟纑。赵注曰。缉绩其麻曰辟。按辟与擘肌分理之擘同。谓始于析麻皮为丝也。引申之、用缕以缝衣亦为缉。如礼经云斩者不缉也䘸者缉也是也。又引申之为积厚流光之称。大雅传曰缉光明也是也。从糸。咠声。[2]

可见，绩与服饰工艺相关，一是多用为动词，二是指纺织品的原料单位——纱线（缕、绩）。

由是推论，“给”与“绩（缉）”在此同音同义，本指蚕麻之事，廿或五十“给”是指廿或五十缉（绩）。律文或可理解为由二十或五十组纱线（麻丝、麻纱）编织成的络组。正若布匹有十五升、三十升的规制相类似，二十或五十“给”可能正是时俗对络组细密程度的规定。

观点四，认为“给”或为“袷”[3]，指袷衣一件。

李家浩对楚简文字的考释认为，“会”与“合”形音义相近，“绘”可释为“给”，在楚简文字里，形旁“纟”“衣”有通用之情形，仰天湖一五号简的“绘”是通作“袷”用。由此看来，在楚简书写体系中，应存在“绘”“给”“袷”通用的情形。秦楚虽有地域文化之差异，但其时代相近，可能有文字通用的情况。那么，一“给”即一“袷”，络组一“给”或指一件袷衣所需要的络组，二十或五十“给”当是指二十或五十件袷衣所需要的络组。

以上观点都有其合理之处，但仍莫衷一是，尚难辨析取舍。准确诠释“给”字的关键不仅在于其本义，还涉及秦简律文书写体系和用字规范问题，即“给”字是本义，是形近讹误，还是音义的相通等。再者，“给”字还暗含着关于络组规格的重要信息，但律文只提及“廿”“五十”两个明确的处罚数量，对于络组规格并无具言，这说明络组统计单位与其规格可能在当时有明确的对应关系，已是约定俗成的。从这些方面考察，律文中所蕴含的社会制度信息仍有待钩深极奥。

[1] 许慎．说文解字［M］．北京：中华书局，2012：277.

[2] 许慎，说文解字［M］．段玉裁，注．上海：上海古籍出版社，1997：695—660.

[3] 李家浩．楚简中的袷衣［C］// 吉林大学古文字研究室．中国古文字研究：第一辑．长春：吉林大学出版社，1999：96 -102.

二、时代背景下与络组规制相关的工艺信息

商周时期，组类编织物就已出现，成为当时重要的社会物资之一，其工艺、品类和功能愈见丰富。络组生产应与布匹一样，对于长、宽、密、重等有一定的规制。

《孙子算经》❶里有“度之所起，起于忽。欲知其忽，蚕吐丝为忽，十忽为一丝，十丝为一毫，十毫为一牦，十牦为一分，十分为一寸，十寸为一尺，十尺为一丈，十丈为一引，五十引为一端，四十尺为一匹……”。清代陈大章《诗传名物集览》❷里还详细介绍过，“蚕之所吐为忽，十忽为丝，五丝为緵，十丝为升，二十丝为緎，四十丝为纪，八十丝为緵，其丝之数盖如此”。而文献中早已有对丝纺织物度量的记载。如《西京杂记》❸载：“五丝为䋫，倍䋫为升，倍升为緎，倍緎为纪，倍纪为緵，倍緵为襚。”《后汉书·舆服制下》❹：“凡先合单纺为一系，四系为一扶，五扶为一首，五首成一文，文采淳为一圭。首多者系细，少者系粗，皆广尺六寸”其中的“首”“扶”“系”“忽”“文（丝）”“圭”“䋫”“升”“緎”“纪”，还有较为人们所熟知的“淳（纯）”“端”“幅”“尺”“寸”“丈”等度量概念，涉及络组长度、广度、密度，还有原料丝线规格等方面。

络组长度应是指其全幅尺寸。如《仪礼·士丧礼》：“瞑目用缁，方尺二寸，赪里，著，组后。握手用玄，纁里，长尺二寸，广五寸，牢中旁寸，著，组系”❺。《仪礼·士冠礼》：“缁纚，广终幅，长六尺”；注“纚今之帻梁。终，充也。一幅长六尺，足以韬发而结之矣。”❻又《汉官仪》别尊卑之“绶者，有所承受也。长一丈二尺，法十二月；阔三丈，法天地人。”❼若以秦汉尺计上述全幅，一幅六尺长度约138.6cm；一幅一丈二尺长度约277.2cm。当然，关于汉绶的尺寸还有其他长度规定。

络组宽度当指其幅宽。《韩非子·外储说右上》❽记载：“（吴起）使其妻织组，而幅狭度度。吴子使更之，其妻曰：‘诺。’及成，复度之，果不中度，吴子大怒……其兄曰：‘吴子，为法者也。其为法也，且欲以与万乘致功，必先践之妻妾，然后

❶ 孙子算经：卷上［DB/CD］// 迪志文化出版有限公司．文渊阁四库全书电子版．上海：上海人民出版社．

❷ 陈大章．诗传名物集览：卷五［DB/CD］// 迪志文化出版有限公司．文渊阁四库全书电子版．上海：上海人民出版社．

❸ 葛洪．西京杂记［M］．周天游，校注．西安：三秦出版社，2006：215．

❹ 范晔．后汉书［M］．李贤，等注．北京：中华书局，1965：3675．

❺ 杨天宇．仪礼译注［M］．上海：上海古籍出版社，2004：348．

❻ 杜佑．通典［M］．北京：中华书局，2007：1582．

❼ 孙星衍，等．汉官六种［M］．北京：中华书局，1990：188．

❽ 王先谦．韩非子集解［M］．钟哲，点校．北京：中华书局，1998：327．

行之。’”这里虽然没有提到确切数据，但“度”即是对组幅宽的规定。而至秦汉时期，作为尊卑等级体现的组绶已成制度，《后汉书·舆服制下》即载有明文规定，绶皆广尺六寸。

络组还有一定的密度。秦汉时规定，以首的多寡、绶的长度、绪头及颜色组合辨别职官身份等级。首是绶的密度基本单位。首多者绶紧而密，反之则粗疏。以汉朝规格最高的皇帝绶带为例，其“淳黄圭，长二丈九尺九寸，五百首”。考古发现的早期络组类实物已有一定数量。如江西靖安水口乡李洲坳东周大墓出土了斜向绞编织物，推测应属服饰器物系带，其孔眼密度约为每平方厘米 20×20 孔。湖北江陵马山一号楚墓出土了十件双层组织结构的斜编织物，其中用线最少、宽度最小系囊的组带在 2.3cm 间用线 26 根；而用于帽系的组带宽达 39.5cm，仅单层用线即 672 根。湖北荆州八岭山连心石料厂出土的编号 N12 组带是衣服上的镶边和衣带，宽约 1cm，为双层中空管状，丝线总根数为 84 根，单层左、右斜丝线密度各为每厘米 22 根[1]。湖南长沙楚墓 M89:153、M869:75、M365:78、M185:50 –3 几件单层斜编组带的密度约为每厘米左右经线各 13~20 根[2]。但对这些络组密度的规制还未见有更为深入的研究。

络组原材料的重量也可作为等价交换的原则。在《孟子·滕文公章句上》有记载:“布帛长短同，则贾相若；麻缕丝絮重同，则贾相若”[3]。

从文献和出土实物可见，络组有不同的生产需求和规格。秦律中以“络组”作为针对“徒”的惩罚等级参照，更应有严格的制度规定，规范其数量用度、规格和价值，律文背后所隐藏的这些信息虽然于今而言已模糊难辨了，但在今后的研究中应予以关注。

根据对“给”字的释读意见和络组规制的讨论，我们从不同观点出发，按照不同规格，对律文中所赀络组总量进行了推测。

第一种推测是，未知络组的其他规格信息，假以秦汉佩印緺发之组绶全幅计此络组长度，20 或 50 根络组。20 根组总长可能为 27.72m 或 55.44m；50 根组总长可能为 69.3m 或 138.6m。可能是个偶然的巧合，138.6m 与我们复原一件高级军吏俑札甲时所用组带的用量大致相当。[4]

[1] 赵丰，樊昌生，钱小萍，吴顺清．成是贝锦——东周纺织织造技术研究［M］．上海：上海古籍出版社，2012：101–116.

[2] 湖南省博物馆，湖南省文物考古研究所，长沙市博物馆，长沙市文物考古研究所．长沙楚墓（上、下）［M］．北京：文物出版社，2000：415.

[3] 焦循．孟子正义［M］．北京：中华书局，1998：398–399.

[4] 王煊．秦代札甲复原研究——一件高级军吏俑类型札甲实物的复原实践［C］．// 秦始皇帝陵博物院．秦始皇帝陵博物院 2015 年：第五辑．西安：陕西师范大学出版社，2015：254–268.

第二种推测是，虽未知络组其他各项规格，但假定其是由二十或五十组纱线（麻丝、麻纱）编织而成。根据实验考古学验证，以 0.6mm 线径的 24 根丝线绞编织组，组带宽度约 5mm，不仅可以顺利通过甲片上直径 2mm 的孔眼编连甲衣，也较符合秦俑高级军吏俑甲衣上的甲带造型。曾侯乙墓出土战国皮甲胄甲袖是用宽 6~8mm 宽的朱色丝带先横编成排。❶ 虽然此甲未为秦制，但制甲之法亦应属时代之范围。可以说，用 20 ~ 50 根纱线编织的络组当可适用于甲衣的编连。

显然，现阶段还难以对络组规制问题进行确切的阐释，但这些工作亦对其进行了有益的探索，以待新资料和新发现的校验。

三、络组实物的功能分析

这两段律文表明，责罚以甲、盾、络组类别及其数量为等级标准，在同一过失情况下，相关责任人的社会地位不同，受到甲、盾、络组的处罚物类别不同；而一人所犯过失轻重不同，同一处罚物类别的数量级别不同。虽然还无法确凿的判断甲、盾、络组是作为价值参照（罚金）实施处罚，还是以实物形态（成品或原料）作为处罚，但甲、盾本质上皆为军备物资，依此推论，络组亦应为一种军备物资，如整理小组的理解，很可能是一类特别用于编连甲衣的绦带。这一定程度上反映出军事思想在制度方面的强化和保障，也使我们对络组的社会功能有更全面的认识。“络组”除用于服饰、器物系带外，在当时确可用于甲衣的编连。❷ 如湖北省随州市曾侯乙墓出土战国皮甲胄的甲片就是“用丝质的组带编联的，这也正与文献中所讲楚甲用组、练编联的记载相合。”❸

四、结语

综上所述，对律文中所隐含的络组功能、用途及工艺规制等重要的社会信息只是进行了初步的探讨。络组具有作为处罚物资或等级标准的功能；这类络组实物的主要用途应是充做军备物资，可能主要用于编连甲衣；而其处罚数量是否与同律中一甲、二甲或三甲的制作有使用量上的对应关系，还有其规制的具体量化，尚需进一步的资料证明。

---

❶ 白荣金，钟少异．甲胄复原［G］．郑州：大象出版社，2008：59.

❷ 王煊．秦俑甲衣甲带研究的理论阐述暨甲带造型探析 [C]// 秦始皇陵博物院．秦始皇帝陵博物院 2016 年：第六辑．西安：陕西师范大学出版社，2016：83-99.

❸ 杨泓．中国古兵器论丛（增订本）［M］．北京：文物出版社，1985：241.

试谈点状绞缬花纹

汪训虎[1]

摘　要：在我国已发现的遗存绞缬实物里，点是主要的花纹形态。历史中的点状绞缬有诸多称谓，通过文献分析，制作实验，推断出了各种称谓的具体形态。文中提及的实物标本中，点均为斜线排列，两点间距约为一个点的边长；点为正方形、长方形、较圆的方形；较大点的边长为 1cm，最小为 0.2cm；花纹防染面积大小不一，现存的绞缬工艺能基本还原这些效果，制作工具、手法会直接影响上述的花纹细节，本文依据实验，结合工艺原理对上述要点逐一进行了分析，试图对传统点状绞缬工艺有更深的了解。

关键词：遗存绞缬物；点状绞缬花纹；制作实验；工艺原理

Research on the Punctiform Pattern of Tie-dye

Wang Xunhu

Abstract: In the remaining tie-dye products found in our country, the punctiform pattern is the main fabric pattern. Traditionally, there are many different references for punctiform tie-dye products, Through the analysis of literature, combined with the experiments, the specific forms of various references are inferred. The punctiform patterns in the real specimens that mentioned among this article are all arranged by diagonal line, and the distance between two punctiform patterns is about the length of one punctiform pattern. The punctiform patterns are all square, which include square, rectangular and round square. The side length of the larger punctiform pattern is 1cm, and the smallest is 0.2cm. The pattern of anti-dyed fabric is different, The existing tie-dye process can restore these effects basically. The tools and methods will directly affect these pattern details. Combining with the principle of the process and technological experiments, this article analyzed above points one by one. And finally, a deeper understanding of the traditional punctiform tie-dye process will be obtained.

Key Words: Historical tie-dye products; Punctiform pattern of tie-dye; Technological experiment; Technological principle

[1] 汪训虎，南通大学讲师，硕士，主要研究方向为传统织物防染工艺、传统织物图案。

中国绞缬工艺的历史极为久远，在两汉某些彩绘陶俑的衣着上，以及石刻画像人物的头巾上都可以看到类似绞缬的花纹。新中国成立以后，考古工作者在多地陆续发现了一些绞缬实物，这些实物标本极为罕见，有些标本的加工痕迹还依稀可辨，加上又有纪年文字的同现，让我们对传统绞缬工艺有了很多深入、直观的了解。除了考古出土，还有一部分收藏品传世，如收藏在日本正仓院、法隆寺、龙谷大学图书馆等处的传世实物，在《以我国遗存绞缬物为对象的传统扎染技艺研究》一文中，刘老师整理了28件历代绞缬实物，分析后发现，“点”是传统绞缬的主要图案形式，在25件实物中均有“点”的出现，约占总体的89%[1]。“点”也被称为“绞缬原形”，广泛存在于中国、印度、日本、东南亚、美洲、非洲等国家的绞缬实物中。

在传统绞缬中，历史上有特定称谓的点状绞缬花纹具体形态如何（如“醉眼缬”等）？不同形态的点状花纹具体是怎么制作的？点的形态由哪些工艺细节决定、制作工艺上又有哪些要点？为了解这些问题，笔者整理了一些传统点状绞缬花纹的实物资料，进行分析。（由于未能见到标本实物，部分数据直接引用几位学者的研究结论。此外，根据出土实物的照片，按照其实际长、宽计算比例尺，在照片的不同位置取点，推算单个花纹的实际边长。该结果存在误差，仅作为辅助参考资料。）

其中较大的点有标本1：1959年，新疆阿斯塔那305号墓出土的“大红绞缬绢”，残长14.5cm、宽7.5cm，为方框形防白花纹，同出的有前秦建元二十年（384年）文书，为目前所见年代最早的绞缬实物。花纹做散点布置，单个纹样呈正方形，边长1cm，其对角线完全重合在织物的经纬线上，无一例外；标本2：甘肃花海毕家滩墓地出土的“紫缬襦”，面料为绢地紫绞缬。据修复者介绍，其扎染缬点呈方框形，直径约在1cm，横向上每10cm有6个缬左右，纵向上每10cm四行。

小点的点有标本3：1973年发现的唐代泥头木身女俑上肩搭的罗纱披巾，单位

[1] 刘素琼. 以我国遗存绞缬物为对象的传统扎染技艺研究［J］. 纺织学报，2014，35（10）：100－103.

方形纹样的边长不到0.2cm；标本4：1967年新疆阿斯塔那北区85号墓出土的“红色绞缬绢”，长17.8cm，宽5.5cm，单位花纹为偏圆的正方形。其中单位花纹的最长边长为0.58cm，最短为0.42cm，大部分边长为0.47cm；标本5：曾在中国丝绸博物馆展出的“北朝绞缬绢衣”，面料全部采用绞缬绢制成，经向为72cm，纬向为192cm，绞缬的密度为1cm×1.4cm出现一个点，单位花纹为偏圆的正方形。单位花纹的最长边长为0.47cm，最短为0.25cm，大部分边长为0.4cm；标本6：在王㐨先生《中国古代绞缬工艺》一文中，记录了编号为67TAM85：3、67TAM85：4的绞缬标本，单位花纹边长为0.5~0.6cm，形状几乎为正方形，中心仅留很小的小方形点；标本7：新疆阿斯塔那北区85号墓中还出土了“绛紫色绞缬绢”，长11.5cm，宽3.5cm，单位花纹部分为正方形，部分为长方形，中心仅有很小的方形点。单位花纹的最长边长为0.72cm，最短为0.46cm。

可见，在出土的标本中，点的形态都为方形。大的花纹边长为1cm，以正方形为主；小的花纹边长为0.2~0.7cm，花纹的造型分为两类：一类为正方形，且大小均匀，另一类为偏圆的方形和长方形，大小有一定差别。

在分析了实物资料的基础上（表1），笔者运用当代的点状花纹绞缬工艺进行了实验（实验中使用的为日本绞缬工艺，文中工艺沿用日本名称，如“一目”“两卷”“疋田绞”等）。下面依据实验过程，对绞缬中点状花纹的制作试做粗浅的论述。

表1 推算标本点状花纹的实际边长（单位：cm）

类别	实际边长推算数据							
标本4	0.44×0.53	0.42×0.47	0.36×0.5	0.5×0.58	0.47×0.47	0.47×0.5	0.47×0.47	0.45×0.47
标本5	0.25×0.43	0.37×0.4	0.4×0.47	0.31×0.47	0.3×0.34	0.4×0.37	0.36×0.43	0.4×0.47
标本6	0.44×0.59	0.72×0.46	0.58×0.55	0.51×0.5	0.41×0.55	0.48×0.59	0.48×0.48	0.49×0.52

一、试谈绞缬的名称

据王㐨先生的研究成果，如标本2中的绞缬花纹，比较通行的名称叫作“鹿胎”，其花纹边长为1cm（图1）。唐代诗人李群玉《寄友人鹿胎冠子》：“数点疏星紫锦斑”也证明了鹿胎的花纹为小点，但点的边长不得而知。由此可大致了解“鹿胎”的花纹形态。

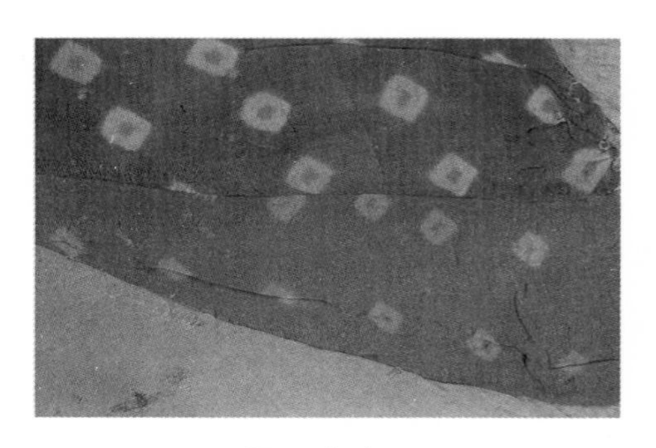

图1 标本2

王矜先生还提到，由于时代、地区、花纹效果的不同，这种鹿胎花纹还曾被称为“醉眼缬”，又如日本的“目绞”。《髹饰录》中第102条“彰髹条”有“晕眼斑”之名，今人王畅安解释，“晕眼斑”可能由斑中套斑而得名。通观起来，“醉”即“晕”，醉眼缬则是它的本名，就是这种如醉眼蒙眬的方框形花纹。“目绞”又称为“一目”。“一目”的花纹形状有正方形、长方形，以及偏圆的方形，且大小不一，整体看来，灵动而有变化（图2）。另有名为“卷上”的工艺，制作时先将点的根部扎紧，根部以上的位置绕线。线与线之间有间隙，不是并排紧贴着排列，染色后就会出现王畅安先生提到的斑中套斑（缠绕的方向、疏密、位置都会直接影响花纹的效果）（图3），由此试推测，“醉眼缬”大致的花纹效果类似于“一目”或“卷上”。纵观目前可见的以点为形状的绞缬实物，包括用了以上两种工艺的花纹，其防染部分和未防染部分的界线都清晰明了，但对比“三浦绞”“以及扎完点后将面料整体捆绑（捆的较松）”的绞缬实物，其效果更具醉眼蒙眬之感（图4、图5）。

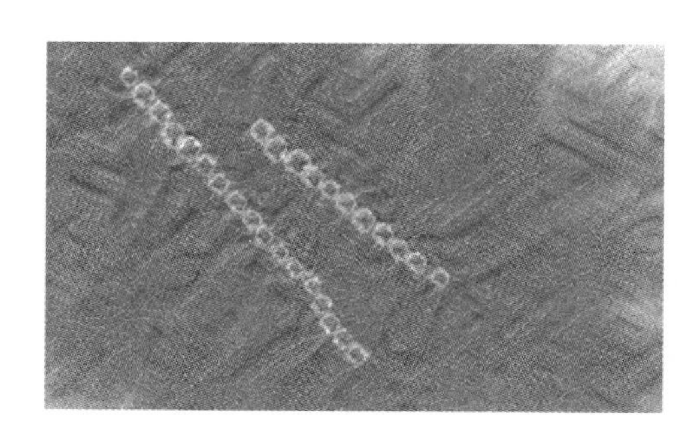

图2 “一目”

图3 “卷上”

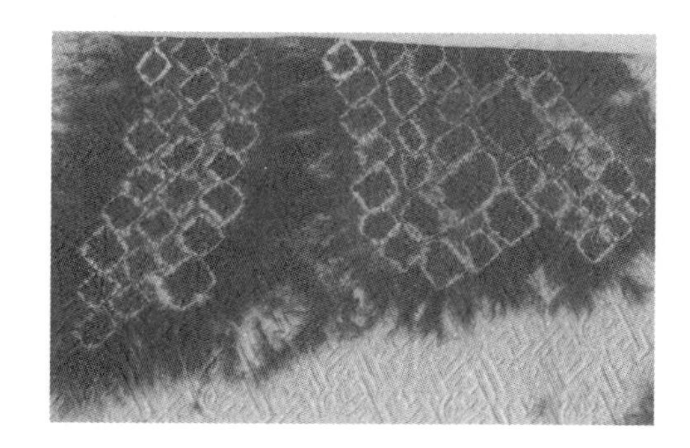

图4 “三浦绞”

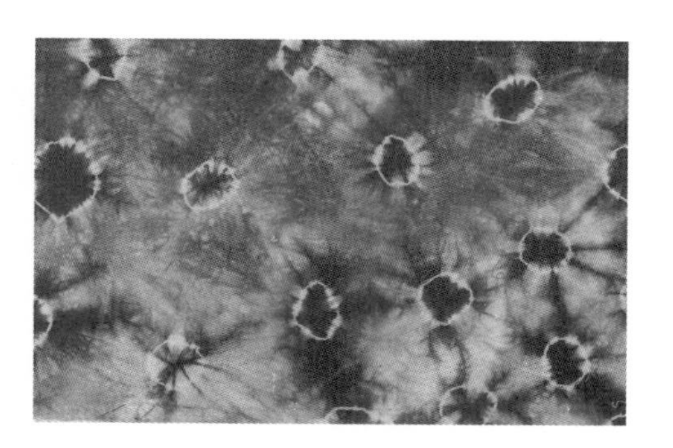

图5 扎完点后将面料整体捆绑的绞缬工艺

关于“鱼子缬”的描写见《全唐诗》卷五百八十四中段成式所作的《嘲飞卿七首》，“醉袂记侵鱼子缬”；《西域文化研究》第六卷《历史与美术的诸问题》一书中第27页的图八，图中的绞缬样式定名为“鱼子缬”[1]。本人未能找到该图，所以试从“鹿胎缬”“鱼子缬”的名称进行分析。“鹿胎缬”花纹的边长较长，点的形态较大，点与点之间有较宽的间隔，而“鱼子缬”点的形态较小，点与点之间间距很小，基本呈点挨点的状态，由此试推测“鱼子缬”的效果接近于“两卷、四卷、疋田绞”的花纹（图6）。

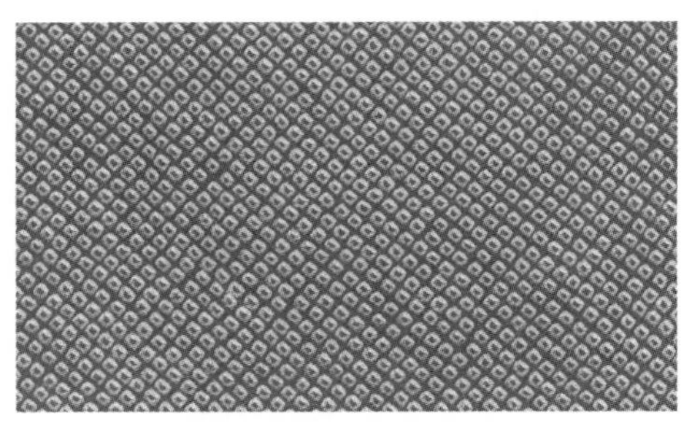
图6 “四卷”

二、单个花纹的疏密及花纹的整体造型

无论点的大小，在标本中，花纹均为斜线排列，同一条斜线上相邻两点间的距离和两排斜线上平行两点间的距离都约为一个点的边长，点在面料上均匀分布。

在制作时，两点中心之间的距离越大，制作起来，面料上留给制作者的空间就越多，制作越轻松（轻松只是相对两点间距很小的情况而言）。反之，间距越小，制作难度越大。在工艺可以正常实现的情况下，相临两点的间距多宽会比较适宜呢？在100cm的距离内，一般最多可均匀排列186粒点，两点之间的圆心距离为0.537cm，但这并不是工艺的极限。也就是说在100cm的距离内，均匀排列时，点数少于186粒都是可以制作的。如图7所示为单位面积中不同数量点的纸板，不同的工艺对点的疏密、由点组成线的走向都有不同要求。

标本中所有的点都是按45°的斜线排列，这样的排列方式绝非偶然，这和面料的经纬构造有关。以本次制作时使用的面料为例，将其按水平经线，呈45°的方向拉扯，面料将会有较大的延展空间和弹性，但将面料按水平经线方向拉扯，面料的延展空间明显小于上述情况。而且面料按水平经线、呈45°的方向制作时，也便于折叠。

图7 单位面积中不同数量点的纸板

[1] 日本西域文化研究会．历史与美术诸问题［M］// 日本西域文化研究会．西域文化研究会：第六卷．京都：法藏馆，1962.

点是最小的图案形态，可以单独存在，也可以组成线、组成面（图8）。《搜神后记》曾提及紫缬事，唐人记载称代宗宝应二年，启吴皇后墓，有缯彩如撮染成作花鸟之状；小说则以为玄宗柳婕妤妹，性巧，因发明花缬。因缺少实物，不能确定“撮染成作花鸟之状”的技法，但用点组成线、面的方式去试验，可以撮染成花鸟的形状，且这种情况也非常普遍（图9）。此外，用缝轮廓线的方式或缝完轮廓线再将所缝的图案扎紧，也可得到花鸟之状的花纹。

图8　点状花卉图案一

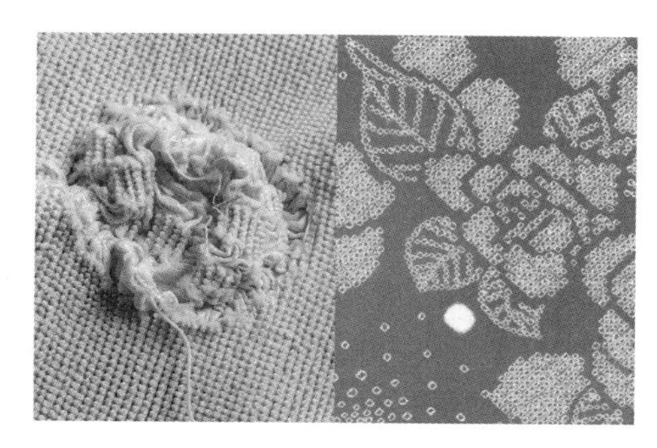
图9　点状花卉图案二

三、确定花纹的中心点

在面料上以一点为中心，在点的根部用线缠绕，染色后便可形成点状花纹。

最常规的方式是直接抓起一点，如何抓，就决定了点的形态。以“疋田绞”为例，先在面料上标记好圆心点并进行折叠，用指甲掐起一点即可（指甲即为工具，需留到适当的长度）（图10）。一般情况，单个花纹的边长为0.6cm。除了用指甲掐起一点，还可以用手指捏起一点或按预先设计的形状将面料沿轮廓线收紧，面料便会自然形成中心点。

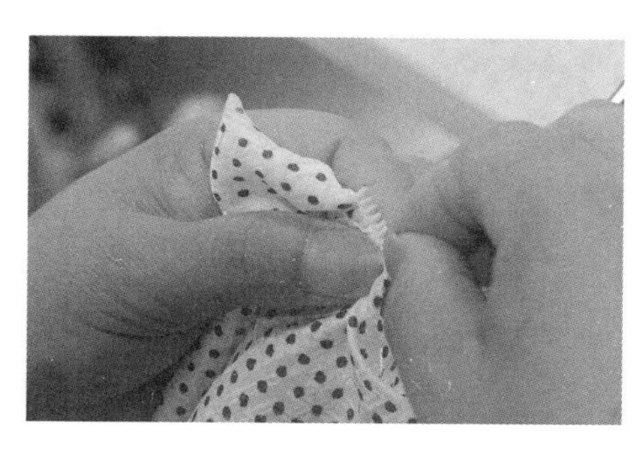
图10　制作“疋田绞”

此外，还可以借助工具在面料上勾起或顶起一点，工具的使用提高了制作效率，也在一定程度上提升了工艺的精细程度。“勾”的工具有针台和勾针（图11）。针台用来做

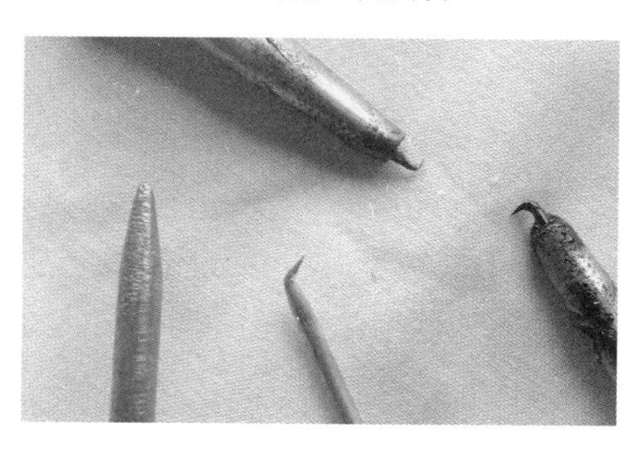
图11　各种制作点的工具

“一目”“两卷”“四卷”，不同的工艺使用不同的针杆和针尖（图 12、图 13）。勾针可以用来做“三浦绞”，也可以用来在勾起面料的同时整理扎起的面料的褶皱（图 14）。“顶”的工具有“突出绞”台，将面料顶在细棒的尖部，也就确定了中心点（图 15）。以上几种方法都是在所形成点的根部用线进行捆扎，随后再染色。

另外，还可以将面料直接捆在细的木棒或者粗细各异的“芯子”上（图 16），然后带着木棒、芯子直接染色，此方法可以制作出边长或直径很大的点。

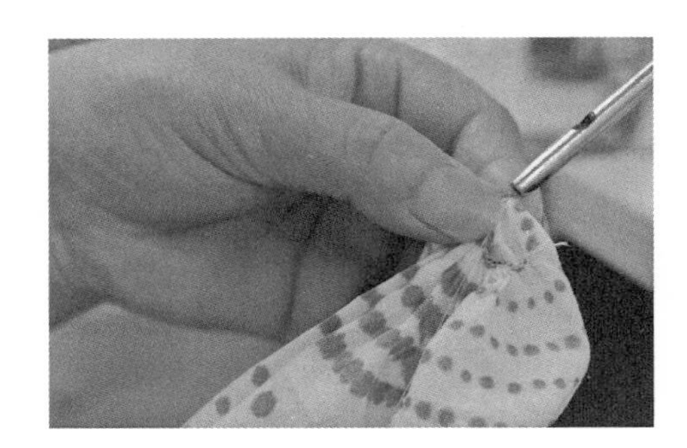

图 12　制作“一目”

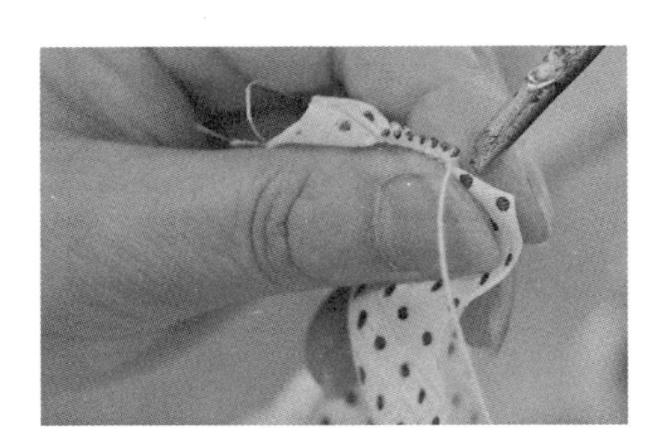

图 13　制作“四卷”

图 14　制作“三浦”

图 15　制作“突出绞”

图 16　粗细各异的“芯子”

四、花纹的几何形状

在标本中，点的形态均为方形。王㐨先生证实，面料经纬的构造决定了点的形状，虽然经纬交织的面料在外力作用下很容易被扎成方形，但方形的形状却由于制作工艺而有所区别。如图 17 所示，先将面料对折 180°，再对折一次，圆心所在的角为 90°，这个时候将面料按图中方向捆住，将会得到一个正方形轮廓的点；将面料在对折后，如图 17 所示再折叠两次，圆心所在的角即为 60°，捆绑后得到六边形轮廓的点；面料对折 180°，如图 17 所示再对折两次，圆心所在的角为 45°，捆绑后得到八边形轮廓的点；面料对折 180°，如图 17 再对折三次，圆心所在的角则为 22.5°，捆绑后就会得到一个 16 边形轮廓的点。在这组实验中，折叠方式的变化，使点的形状由方逐渐趋近于圆。同理在扎点的过程中，面料在扎点后折叠的状态，直接影响点的形状。通过实验，染色后点的形状，尽管与理论上的形状有差别，但基本反映了这个规律（图 18）。

图 17　折叠好的面料

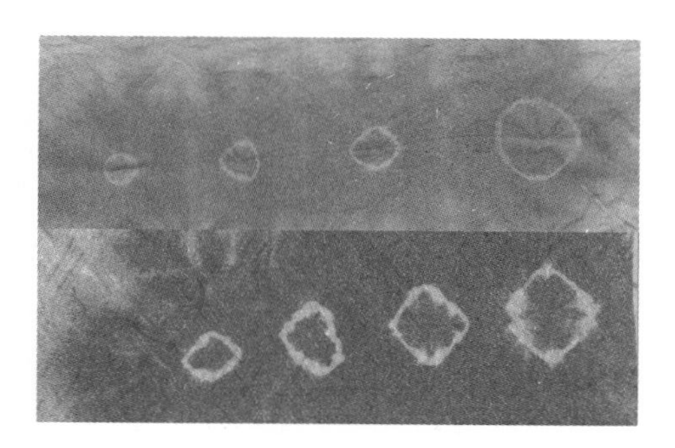

图 18　棉布和丝绸上的染色效果

"一目"的制作是直接将线从勾起点的根部扎紧，产生的褶皱没有经过整理，因而点的形状大小有别。但由于勾起的点很小，绕线的时候，面料收缩导致圆心所在的角度接近于 90°，所以扎出的点状花型大部分为正方形，部分为长方形。由于缠绕前面料没有整理，有些圆心所在的角度比 90° 小，故花纹形状偏圆。"两卷、四卷"制作时，也是用勾针将面料勾起，但不同的是对褶皱进行了整理，圆心所在的角基本为 90°，因此花纹形状几乎为正方形，且大小均匀。在"疋田绞"的制作时，褶皱的整理则更加细致，因此形成的方形造型更方，大小也更一致。"卷上"的制作分两种情况：制作小点的长纹时，直接将面料折叠到圆心所在的角为 90°，再绕线。大点的花纹则可以根据设计好的轮廓线用手捏褶，然后绕线。如果需要制作圆的点，需要尽可能缩小圆心所在角的角度，将面料均匀捏出多条褶皱即可实现；如果需要更为标准的圆，方法有两种：一是借助上文提到的“芯子”，二是可以沿圆形的轮廓线平缝，收紧捆扎即可。

五、花纹的大小

标本 3 ~ 8 中花纹的边长都比较短，最长也不过 0.72cm, 这种情况下决定花纹大小的因素有两个：勾针勾起或指甲掐起面料的多少。线缠绕在勾针下方，勾起的面料越多，花纹就越大。实际上，勾针很小，即使勾起的面料相对很多，也无法制作出大的花纹，只能带来一些微妙的变化。此外，最下缘绕线的位置也决定了花纹的大小，绕线位置相对圆心越远，产生的花纹就越大。但一般而言在“一目、两卷、四卷、疋田绞”制作的时候，勾针是将整个点勾住，这一步骤就确保了点的大小的一致，线都绕在勾针的下方，不会刻意往外扩展。即使由不同人制作，同一工艺，花纹大小是基本相同的。

标本 1、标本 2 中花纹的边长都相对较长，制作时需按设计的意图确定点的大小，即圆心到绕线处的距离（图 19、图 20）。所有的点状花纹在制作前都需要在面料上用青花水（淀粉糊加入碘制成）标记，缝制完成后染色前将面料在清水中沸煮 1~2 分钟，标记便会消失（图 21）。标本中点的分布都非常均匀，如果不提前标记，仅凭感觉制作，不可能做到如此整齐规律。在“突出绞”“三浦绞”的制作中，绕线的位置需在两圆心连线中点的附近，以保证面料上所有点绕线的位置基本一致。

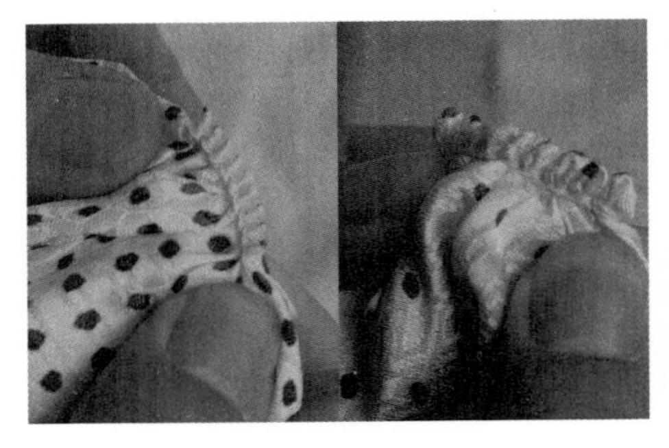

图 19　圆心到绕线处的距离决定了点的大小一

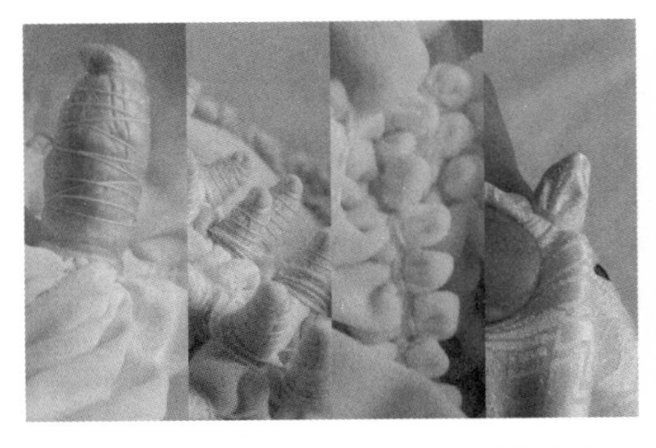

图 20　圆心到绕线处的距离决定了点的大小二

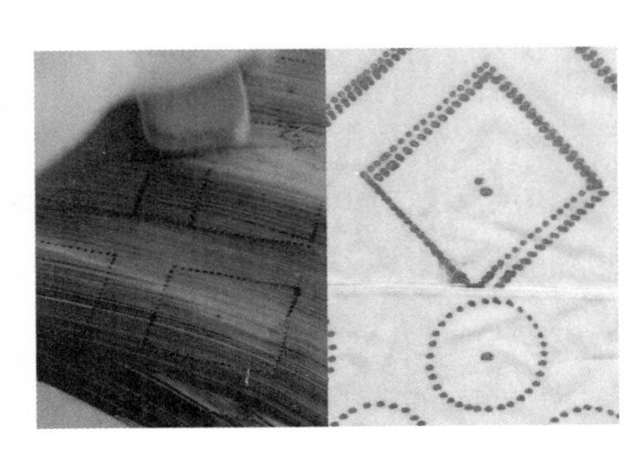

图 21　用青花水标记

六、花纹中白色防染面积的大小

有学者认为，点状花纹中较大的防染面积是由粗线捆绑产生。诚然，和细线比，粗线在捆绑的时候的确能产出更大的防染面积，但在实际的制作过程中，粗线不便于缠绕和打结，仅适合制作较大的点。如“标本3”花纹的边长不到0.2cm，其他标本的花纹边长也仅为0.4cm左右，制作时，粗线完全不能使用。尤其是“疋田绞”的制作，对线的材质、支数、股数、捻向都有具体的要求，因此花纹中白色防染面积的大小只能靠绕线的圈数来控制，“两卷”“四卷”指的就是一个点上绕线的圈数。此外，在绕线过程中，线必须要贴在一起，把需要防染的部位完全覆盖，才能形成完整的白色花纹，否则白色花纹中间就会出现染色的线状痕迹。图22所示为不同绕线圈数的染色实物，实验中，每排点绕线的圈数一样，排与排绕线圈数不同，分别为2～7圈。如“标本6”所述、“标本7”显示，花纹中心仅留很小的小方形点。只有当绕线的圈数足够多，才能使花纹的中心位置留下很小的方点，如图22中的左边第一排。

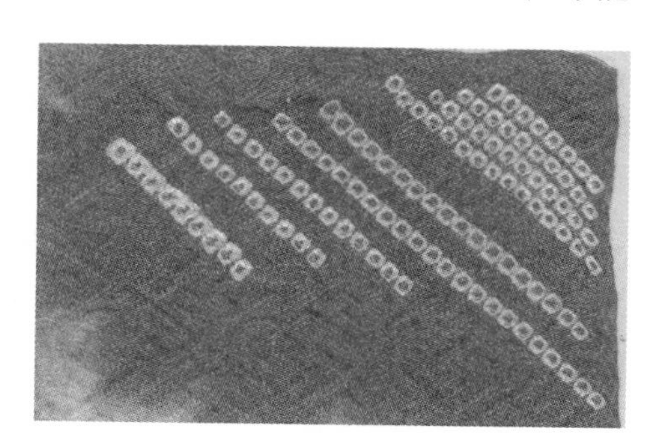

图22　不同绕线圈数的点的对比

绞缬曾经与蜡缬、夹缬、灰缬一起构成了传统的染缬体系，时至今日，很多传统绞缬工艺均已失传，仅能凭现有的工艺进行推测，“标本3”中唐代单位方形纹样的边长不到0.2cm，是当时工艺水准高度成熟的证明，现有工艺也不过如此。但今天绞缬工艺的发展也不容乐观，老一辈师傅们逐渐退休，由于当前就业渠道广泛，而做绞缬工艺的工资偏低，没有年轻人愿意学习从事这项工作。再加上点状绞缬花纹的制作很费工（熟手工作10个小时，仅仅只能扎满40cm×94cm的面料，很难满足现在社会对产品工期的要求，且成本很高）；工艺难度大（制作者需要确保每个点的大小形状一致、防染面积相同，且没有漏做、未扎紧、勾破面料的情况，非短期学习可以做的到）；大量制作时，制作过程枯燥。以上的因素都直接影响着点状绞缬工艺的存在和发展。但其实纵观各种绞缬工艺，还有一些简单易出效果的技法（图23），但特殊的效果也只能运用对应的工艺才能实现。当代绞缬工艺如何发展是一个尚待解决的问题。个人认为当代绞染的发展首先需要从工艺的角度，在尽可能保存工艺风格的情况下，做适应当代的技术改良，使用半机械化加工，使小批量化成为可能（图 24），绞缬才能进入人们的生活和视野。只有如此，才不至于眼睁睁地看着它快速消失。

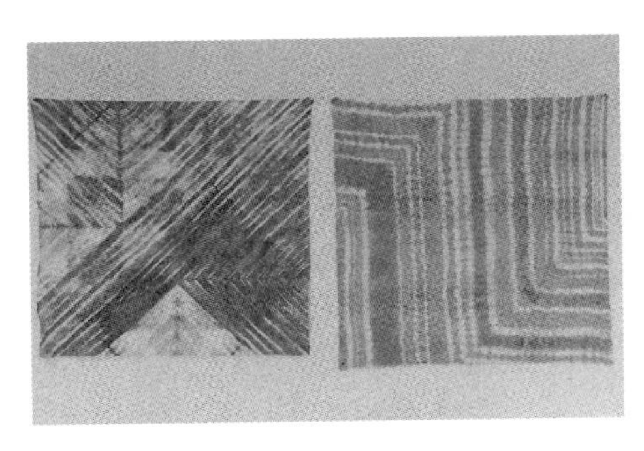

图 23　折叠捆扎

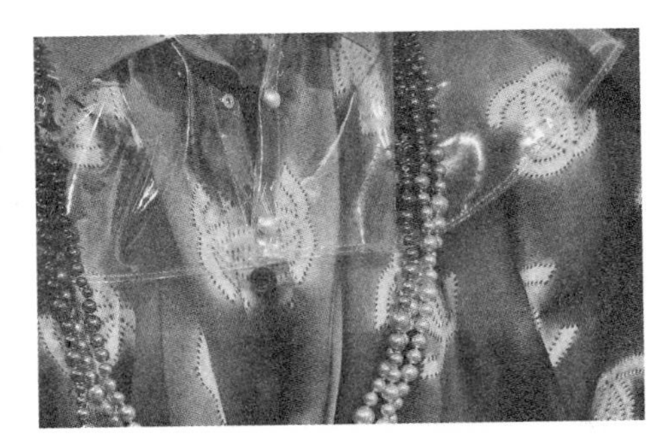

图 24　香奈儿 2018 春夏系列中的绞缬面料

参考文献

［1］王抒．缬染集［M］．北京：北京燕山出版社，2014.

［2］杨建军．扎染艺术设计教程［M］．北京：清华大学出版社，2010.

［3］王淑娟．花海衣裙：巧手修美衣［R/OL］．（2015-10-09）．https://zj.zjol.com.cn/news?id=179054.

［4］中国丝绸博物馆．丝路之缬：古代中国［R/OL］．（2014-10-13）．http://www.chinasilkmuseum.com/yz/info_18.aspx?itemid=25774.

［5］沈从文．物质文化史［M］// 沈从文．沈从文全集：30 卷．太原：北岳文艺出版社，2002.

公元4～13世纪“异文锦”考略[1]

谢菲[2] 贺阳[3]

摘　要：“异文锦”是“文字锦”中一个特殊的品类，由于数量稀少、异文识别困难等多方因素，这类织锦常被研究者忽略。本文从“异文锦”的文体辨识入手，拟就目前发现的公元4~13世纪“异文锦”做出分析和研究，更好地确定其织造时间、地域，合理推测出织造者和服用者的身份地位。“异文锦”是古代东西方文化交流最有力的证据，此研究有助于进一步探索古代中亚—西域—中原间的政治、经济和文化之间的关系。

关键词：公元4~13世纪；文字锦；异文锦

Research on “Foreign Language Brocade” from the 4th to 13th Century

Xie Fei　He Yang

Abstract: “Foreign Language Brocade”is a special category of “Character Brocade”, which is often neglected by researchers due to little quantity and difficulty in recognizing foreign language. From the “Foreign Language Brocade” stylistic identification, this article aims at the 4th to 13th century “Foreign Language Brocade” found currently to do analysis and research, determines its weaving time, geography more accurately, and reasonably estimates the status of users and the weaving workers. “Foreign Language Brocade”is the most powerful evidence of the culture communication between east and west in ancient times, and the study is conducive to further exploring the political, economic and cultural relations between ancient central Asia, western region and central plains.

Key Words: 4th to 13th century; Character Brocade; Foreign Language Brocade

[1] 本文为北京服装学院高水平教师队伍建设—— 创新团队建设计划“民族服装典型纹样研究与应用”（项目编号：NHFZ20180047）项目研究成果；北京市教育委员会科技计划一般项目——“纹样中国——中国传统纹样与冬奥服饰设计创新研究”（编号：YTG02170206/023）项目支持。

[2] 谢菲，北京服装学院博士（在读）。

[3] 贺阳，北京服装学院民族服饰博物馆馆长，教授，博士研究生导师。

“文字锦”是古代织锦中一项重要的品类，“长乐明光”“五星出东方利中国”等文字锦不胜枚举，一些学者和专家也对这类织锦做了深入的研究和探讨。在“文字锦”中存在一种异类——“异文锦”，顾名思义就是织有非汉字的织锦，经相关专家辨别考证，主要分为佉卢文、钵罗钵文和阿拉伯文三种，其中一部分“异文锦”的含义暂无法破译。

一、“佉卢文”锦

通过对相关文献、考古报告及出土实物的整理与分析可知，我国境内最早的“异文锦”出土于新疆库尔勒市尉犁营盘墓地。

这两块织造于公元4世纪初的兽面龙纹锦，为同一织锦不同部位的残片，已不能拼接。此锦纹样骨架间填带有双足的兽面纹、对称的龙纹，还隐约点缀文字。第一片（图1）围绕在龙纹四周的为“王”“羊”“羌”汉字字样（图2左一至右三线框内），还有一组对称的异文字符（图2左一线框内）。[1]

图1 兽面龙纹锦一（图片来源：《纺织品考古新发现》）

[1] 赵丰. 纺织品考古新发现［M］. 香港：艺纱堂/服饰出版（香港），2002.

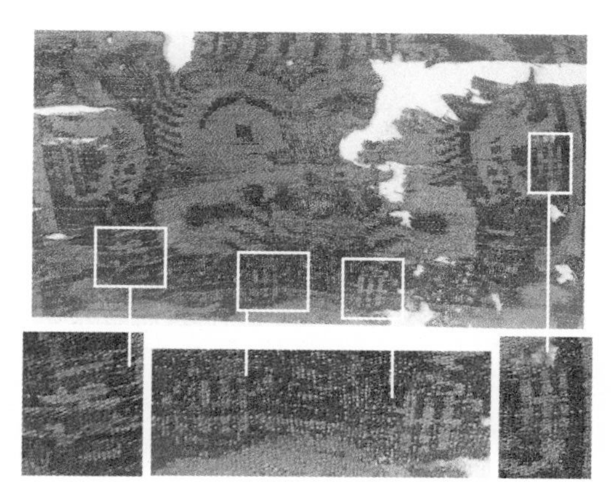

图2　兽面龙纹锦一（汉字和异文细节）

相似的字符还见于另一片兽首两侧（图3），关于这两片织锦上的异文，于志勇请教了日本龙谷大学佉卢文研究专家莲池利隆副教授，确认这些异文字符为佉卢文字（图4线框内），释读为“悉”（“一切”之意）。[1]

图3　兽面龙纹锦二（图片来源：《纺织品考古新发现》）

图4　兽面龙纹锦二（异文细节）

值得一提的是，此锦上出现的异文——“佉卢文”（图5），形似蚯蚓，又称

[1] 于志勇．楼兰——尼雅地区出土汉晋文字织锦初探［J］．中国历史文物，2003（6）：44.

“驴唇文”“大夏字”“亚利安字”等。据考证，佉卢文最早可能在印度西北部和今巴基斯坦一带使用，通过丝绸之路传入中亚和中国西域，在于阗、鄯善一带流行，5世纪左右所有国家和地区弃用佉卢文，英国探险家斯坦因称之为“一种已经死去的文字”。

图5 佉卢文

佉卢文字曾流行于楼兰—尼雅地区，这一点在此地大量出土的佉卢文字墨书残件中得到证实，但是这种“汉文—佉卢文”双语织锦尚属罕例，反映了这一时期中原文化和西域文化密切的交融关系。汉字“王”与佉卢文“悉”证实了使用者希望通过锦上的文字寓意昭示其尊贵的身份和地位。

除了作为一种纹样使用，在出土的一些纺织品上也发现了佉卢文的墨书题记。英国驻喀什总领事C.P.斯克林（C. P. Skrine）曾宣称在和田策勒县北部沙漠一个佛塔遗址发现了公元2 ~ 3世纪的佉卢文佛经残片（图6），上面文字译为“这块丝绸长100迪斯提（迪斯提是古代印度一种度量衡单位，表示这块丝绸的长度）”。[1]

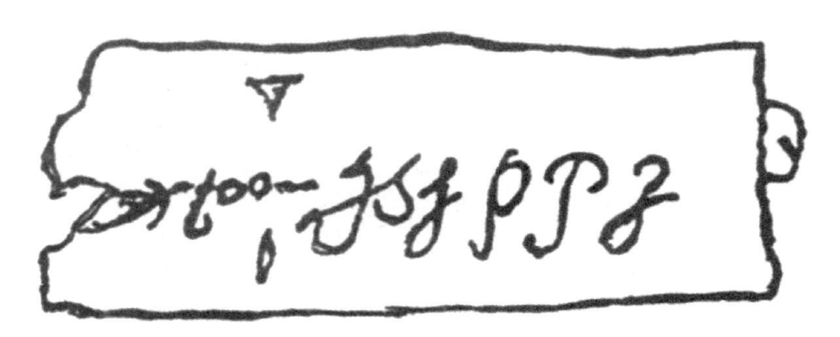

图6 佉卢文佛经残片（图片来源：《佉卢文材料中国藏品调查记》）

[1] 林梅村. 佉卢文材料中国藏品调查记［J］. 西域研究，2011（2）：117.

1988年在楼兰近郊LC墓地一座东汉墓中，发现一件“延年益寿，大益子孙”（图7）织锦，在幅边处写有一行佉卢文，印度学者（R.C.Agrawada）最新研究认为该织锦上的佉卢文字应释读为“有吉祥语的丝绸（织锦）”。[1]

图7 佉卢文“延年益寿，大益子孙”织锦（图片来源：《佉卢文材料中国藏品调查记》）

二、“钵罗钵文”锦

1983年青海省都兰县热水乡血渭吐蕃墓出土了一件唐代织锦（图8），缝合成套状，锦套一面为连续的桃形图案；另一面为红地织有异文，经专家鉴定为波斯萨珊王朝所使用的钵罗钵语文字（图9）[2]，此锦上钵罗钵语文字可译意为“伟大的光荣的王中之王”。

图8 锦套桃形图案面及异文面（图片来源：《中国美术全集》）

❶ 于志勇．楼兰——尼雅地区出土汉晋文字织锦初探［J］．中国历史文物，2003（6）：44-45.

❷ 钵罗钵语文字是中古波斯语的主要形式，通行于3～10世纪，是萨珊帝国（226—652）官方语言和文字，后来钵罗钵语为现代波斯语所取代。

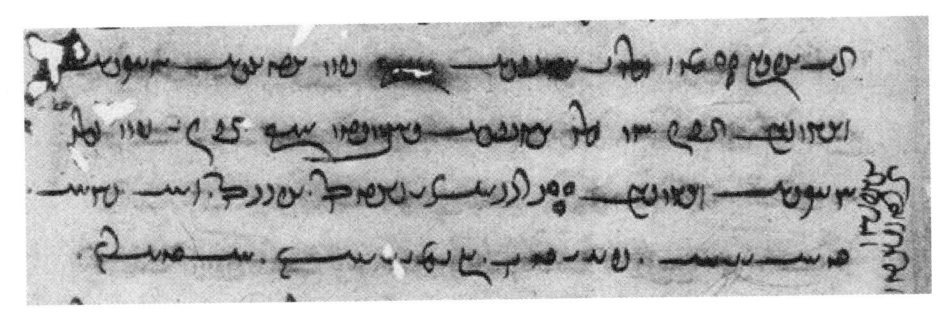

图 9　钵罗钵语稿

唐代鸟兽纹锦（图 10），异文环绕于同心圆双圈间，经鉴定此异文为波斯帝国萨珊王朝钵罗钵语文字，文字的含义暂无法破译，但基本可以判定出纹饰与文字表述着繁荣、昌盛等极广泛的吉祥寓意。❶

图 10　鸟兽纹锦（图片来源：《唐锦现波斯文字证唐代国际化》）

三、“阿拉伯文”锦

1912 年，日本大谷探险队的吉川小一郎在新疆吐鲁番的阿斯塔那墓地发现一件织有外国文字的新月纹丝绸残片（图 11），目前和其他大谷收集品一起入藏京都龙谷大学图书馆。长期以来，这件织锦的文化属性及其文字一直无人能识。1985 年，泉州博物馆的陈达生先生终于揭开了这个谜。他发现织锦上的文字应为库法体阿拉伯文“farid fath”，意思是“唯有胜利”。❷

图 11　新月纹丝绸残片（图片来源：《锦上胡风》）

库法体（图 12）是伊斯兰书法中

❶ 赵峰生．唐锦现波斯文字证唐代国际化［N］．收藏快报，2015-12-6.

❷ 林梅村．丝绸之路上的吐蕃番锦［C］// 包铭新．丝绸之路：设计与文化论文集．上海：东华大学出版社，2008：29.

最早用做装饰的字体，因其创自美索不达米亚的库法城而得名，这种字体多直笔，方方正正，棱角分明，具有金石味，[1]多用于重要仪式，随着伊斯兰教的传播，库法体的使用范围及地域十分广泛，又称伊斯兰体。

图12　库法体（图片来源：《阿拉伯书法艺术》）

图13　紫地盘领金锦襕绵袍袖襕（图片来源：《金代服饰——金齐国王墓出土服饰研究》）

图14　库法简体（图片来源：《阿拉伯书法艺术》）

1988年，黑龙江哈尔滨市阿城区金代齐国王完颜宴夫妇墓（1163年）出土了一件紫地盘领金锦襕绵袍，其通肩和袍的下摆处都有这种异样纹长襕。[2]袍两袖由领口至袖口各有一条织金袖襕（图13），宽14～15cm，上为窄条连珠，其下襕基本以直线为主，另有少量曲线，和短直线一头成开角镞状的线条构成。每条襕大体由11个直线和少量曲线组成的条块拼成。[3]经比对，这件金锦襕绵袍的袖襕纹样应为伊斯兰书法中的库法简体（图14）。

库法体的种类丰富，现有七十余种，其中最主要的是：库法简体、库法叶饰体、库法花饰体、库法辫饰体和库法几何体。[4]穆斯林认为，库法体最能体现他们敬畏与虔诚的心意，因而它被广泛地应用于伊斯兰的各种建筑及器物上，库法辫饰体（图15）将文字做艺术化处理，线条优美，花样繁多，具有极强的装饰效果。

[1] 郭西萌．伊斯兰艺术［M］．石家庄：河北教育出版社，2003.

[2] 金琳．浅议蒙元辫线袄的制作工艺［C］// 赵丰，尚刚．丝绸之路与元代艺术国际学术讨论会论文集．香港：艺纱堂 / 服饰出版（香港），2005：226.

[3] 朱国忱．关于金齐国王墓的考古发掘［J］．学问，2008（2）：5.

[4] 周顺贤，袁义芬．阿拉伯书法艺术［M］．银川：宁夏人民出版社，1993.

图 15　13 世纪叙利亚或埃及的金属盒（图片来源：*Islamic Calligraphy*）

元代的袍服在领口到肩部常装饰有一条横襕，称之为“肩襕”。藏于北京服装学院民族服饰博物馆的古 129 元代辫线袍的肩襕上有一几何花纹（图 16），由直线和曲线构成，呈十字形结构，各部分之间相互交错、叠压，方中有圆、圆中寓方，循环往复，具有极强的节奏感和秩序感。笔者请教北京外国语大学穆宏燕教授后确认，此几何花纹为阿拉伯书法中的库法辫饰体。

图 16　古 129 元辫线袍肩襕（图片来源：北京服装学院民族服饰博物馆）

内蒙古达茂旗明水乡的蒙元墓出土的异文织锦（图 17），其主花带是由直线和曲线连成的以圆形为主的一种几何形花纹，据判断，应为库法辫饰体。“圆形骨架的直径约为 14.8cm，但两个圆形对称排列，实际图案的纬向循环应为 30cm 左右，这种装饰带有 13 世纪伊斯兰文字风格的图案，并推测此织物应为袍服上肩部残片。”[1]

图 17　异文织锦残片（图片来源：《明水出土的蒙元丝织品》）

[1] 赵丰，薛雁 . 明水出土的蒙元丝织品［J］. 草原文物，2001（1）：128.

这种库法体纹饰与植物纹边饰的组合在元代服饰肩襕中颇为常见，藏于蒙元博物馆的鹦鹉纹织金锦辫线袍，肩襕上主花带纹样由两种库法辫饰体文字构成（图 18），从外形来看一方一圆，互相呼应，空隙中填充的植物茎蔓互相缠枝，起止于文字纹两端，相互联系成为一个整体。

滴珠奔鹿纹织金锦辫线袍，藏于 Rossi & Rossi 画廊，袍服上有一条宽为 14.5cm 有浓厚的伊斯兰风格的肩襕[1]（图 19）。肩襕的主花带纹样的设计十分有趣，两种库法辫饰体骨架相同，其一为横平竖直的规矩线条，其二将骨架线条借植物藤蔓表达出来，一柔一刚，虚实相应。

图 18　鹦鹉纹织金锦辫线袍肩襕（图片来源：《浅议蒙元辫线袄的制作工艺》）

图 19　滴珠奔鹿纹织金锦辫线袍肩襕（图片来源：《黄金 · 丝绸 · 青花瓷——马可 · 波罗时代的时尚艺术》）

中国丝绸博物馆收藏的滴珠兔纹织金锦（图 20），是一件女性大袖袍的残片，通过所剩部分可以看到领子形状及肩襕纹样。[2]其边饰为四瓣花与卷草，主花带中的库法辫饰体文字纹排列紧凑，所余空隙由植物纹填满。

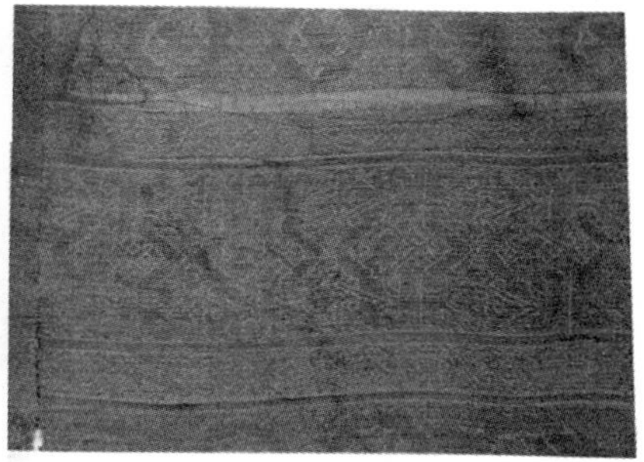

图 20　滴珠兔纹织金锦残片（图片来源：《黄金 · 丝绸 · 青花瓷——马可 · 波罗时代的时尚艺术》）

[1] 赵丰，金琳 . 黄金 · 丝绸 · 青花瓷——马可 · 波罗时代的时尚艺术［M］. 香港：艺纱堂 / 服饰出版（香港），2005.

[2] 同[1].

装饰阿拉伯文的织锦在埃及的出土文物中也有发现，这件织有“The Kingdom belongs to God(国王属于上帝)”的织锦(图21)织造于10世纪，字体做了装饰化处理，同时具备美观和表意的作用。

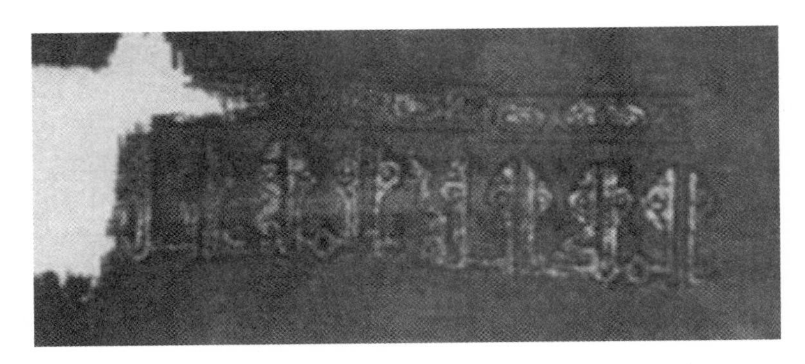

图21　10世纪埃及织锦（图片来源：*Islamic Calligraphy*）

这件织锦（图22）属于11世纪早期，在装饰带上下织有“Fatimid caliph az-Zahir”和“Shia profession of faith”字样，前者应为人名，后者是其职业。

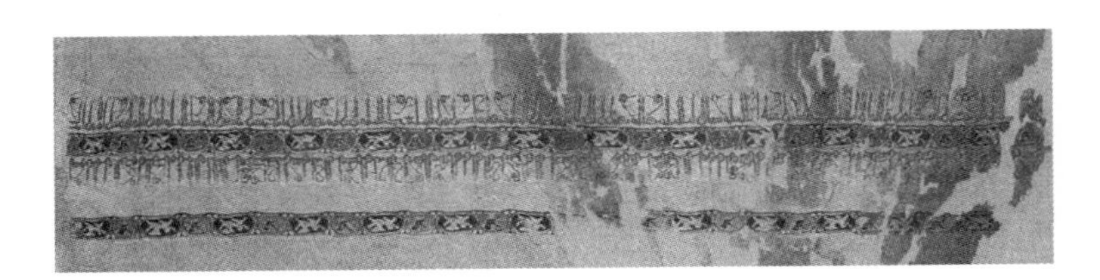

图22　11世纪早期埃及织锦（图片来源：*Islamic Calligraphy*）

这件12世纪的埃及织锦（图23）上的阿拉伯语为“In the name of God，the merciful，the compassionate”之意，即“以上帝的名义，要仁慈，要富有同情心”。

图23　12世纪埃及织锦（图片来源：*Islamic Calligraphy*）

四、结语

由于出土实物匮乏，文献记载更是鲜有，“异文锦”的身世仍旧扑朔迷离，笔者拟从“异文锦”的出现、生产、流行以及使用等角度讨论分析，并尝试从已知信息中寻求答案。

佉卢文在公元2世纪中叶传入西域，为贵族与宗教人士使用，4世纪中叶佉卢文随贵霜王朝灭亡而消失，代替它的便是钵罗钵语，10世纪后钵罗钵语被现代波斯语取代，这一更替现象在“异文锦”中也得到了证实。

“蒙元时代，在中国织造的纳石失主要依靠工匠，采用西方工艺，沿用其原产地的旧名，图案具有浓郁的伊斯兰风情，这与撒答剌欺尽皆相同。”[1]蒙古西征时，每到一处必会屠城，但是工匠例外，自古波斯、中亚的伊斯兰地区就以精湛的手工业而文明，蒙古统治者将征战中掳掠的工匠为己所用，由此可见，元代时期的“异文锦”出自这些中亚工匠之手。当时蒙古统治者对于宗教秉承兼容并包的政策，使得伊斯兰教得以传播到全国各地。在伊斯兰教理和美学思想影响下，伊斯兰装饰艺术具有构图严谨、规整、均衡的特点，深受蒙古贵族的喜爱，富有伊斯兰风格的器物在这一时期十分流行，正是文化、民族、技艺间的交流促使了“异文锦”的出现。

从已破解的“异文锦”含义可以看出，这些文字以宗教用语和吉语为主，具有神圣之意，同时这类织锦本身的织造工艺复杂，精致华美，非寻常百姓之物，想必其使用者非富即贵。但是，此种织锦的出土地点以新疆、青海和内蒙古地区为主，中原地区还不曾发现有“异文锦”的使用痕迹。唐代的统治者在《大唐诏令集》中曾明令禁止“异彩奇文锦”的织造和使用。从而，笔者提出一个大胆的假设，“异文锦”的出现是与当时的主流文化相悖的，至少在唐代的情况如此，它的使用者可能是西域地区的贵族或富商，“异文锦”便是不同文化间碰撞的产物。

参考文献

［1］赵评春，迟本毅．金代服饰——金齐国王墓出土服饰研究［M］．北京：文物出版社，1998.

[1] 尚刚．蒙元织锦［C］// 李治安．元史论坛（第十辑）．北京：中国广播电视出版社，2005：198.

［2］罗世平，齐东方．波斯和伊斯兰美术［M］．北京：中国人民大学出版社，2004.
［3］羽田亨．西域文化史［M］．耿世民，译．乌鲁木齐：新疆人民出版社，1981.
［4］金维诺．中国美术全集［M］．合肥：时代出版传媒股份有限公司黄山书社，2010.

清代袍服保护修复与研究

徐军平[1]　张媛[2]

摘　要：本文对一件出土清代袍服的保护修复进行了论述，并对袍服的纹样、组织结构及裁剪特点进行初步探讨。根据文物的污染和破损状况，经过试验，选用水洗法清除污迹，再运用不同的缝纫针法修复破损部位，完成了保护修复，展现出这件清代袍服的历史面貌。

关键词：清代袍服；保护修复；研究

Research on the Protection and Restoration of the Robe from Qing Dynasty

Xu Jun ping　Zhang Yuan

Abstract: In this paper, the preliminary discussion was made on the protection, the restoration, the pattern, the organizational structure and cutting features of a robe from Qing dynasty when this robe was made. According to the condition of the pollution and the damage of this cultural relics, the method of water washing was used to clean the pollution ,then the damaged parts were restored by different sewing techniques by professional staff. The history features of the robe from Qing dynasty has been showed after all.

Key Words: robe from Qing dynasty; protection and restoration; research

[1] 徐军平，山东省文物保护修复中心有机质文物保护部主任。
[2] 张媛，山东博物馆书画部职员。

一、引言

2013 年 6~7 月，山东省文物考古研究所、荆州文物保护中心及当地文物部门在沂南县河阳北村墓地考古发掘了三座清代墓葬。出土了纺织品、金银器、玉器等文物 140 余件。其中 M1 中室和 M3 二室棺内共出土 37 件（套）精美丝织品，这些文物是研究当地清代家族墓地葬俗、服饰、礼仪等不可多得的实物资料。

M3 二室出土了一件带立领的马蹄袖袍服，本文将对此件袍服的保护修复与研究展开论述。

二、袍服概况及病害分析

（一）藏品信息

1. 服装特点

文物呈现土黄色，通袖长 212cm，衣长 138cm，下摆宽 116cm，缝缀的立领长 44cm，宽 4cm（对折后），右衽，立领，马蹄袖，前后开裾。

2. 服装纹样

（1）面料：兽面纹、回纹、龙纹、火珠纹、莲蓬纹。

（2）里衬：牡丹纹、梅花纹、桃花纹、蝴蝶纹。

（二）外观描述

整件袍服保存状况较差，通体板结，遍布褶皱。正面领口部位有少量破损，衣领、右边衣袖、大襟右侧有较多黑色污迹。背面遍布黑色和红棕色污迹。

（三）病害分析

此件袍服出土时，墓葬中存有大量积水，袍服是从饱水环境中取出来的。由于长期处在潮湿的地理环境中，丝纤维从干燥到潮湿，在缓慢的吸水过程中，会产生水解。同时，由于土壤中的电解质、酸、碱及微生物的作用，加速了丝纤维的水解，以致丝纤维的结构遭到破坏，从而产生变形、腐化。当袍服从墓葬中取出时，又从饱水状态转变为干燥状态，丝纤维在干湿状态的转变过程中，就容易造成纤维疲劳而导致强度下降，即使在较小的外力牵拉作用下，也会导致丝线断裂。袍服原始状态存在诸多病害（图 1、图 2），主要有以下几种：

（1）板结：由于地下水的浸泡，袍服在棺木中吸取了大量的钙质沉积物，导致出土后的袍服面料整体硬挺、板结。

（2）褶皱：从几厘米至几十厘米的折痕布满整件袍服，这与袍服的存放形式有关。

（3）污染：袍服表面显现出较多的黑色和红棕色片状污迹。

（4）破损：由于丝纤维的断裂，袍服领口部位出现破损迹象。

图 1　袍服保护前正面

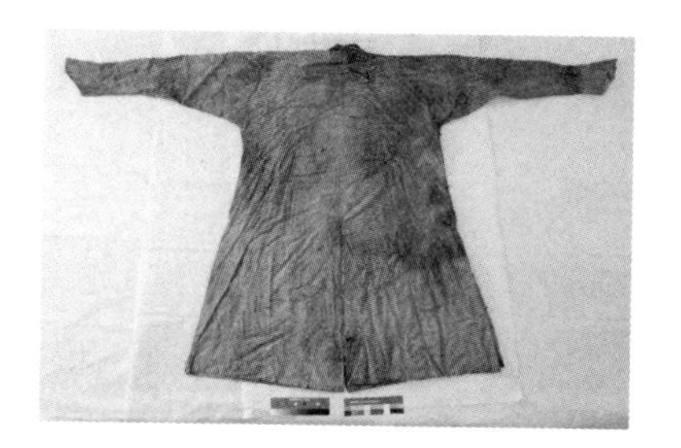

图 2　袍服保护前背面

三、保护前的准备

（一）保护方法的选择

此件文物主要存在的病害有板结、褶皱、污迹及破损。结合文物保存现状，选择不明显部位的 $1cm^2$ 做局部清洗试验。试验区下面放滤纸，然后用棉签蘸纯净水擦拭织物表面，观察棉签是否沾有颜色，判断文物有无褪色现象，反复几次后文物无褪色现象，以此确定使用水洗法对文物进行清洗（图 3）。

图 3　局部清洗试验

为恢复织物结构及相应强度，根据文物保护修复原则，选择针线缝补法对破损部位进行修复。

（二）修复材料的选择

对于补片和缝线的选择需要考虑以下情况。

1. 补片的选择

（1）补片要与原袍服的材质相同，即都是丝绸。

（2）补片的厚度和紧度最好稍低于原袍服，有利于提升加背衬后袍服的柔软度。

（3）在染色加工方面也同样依据袍服的色彩进行，以袍服的主背景色为依据来染色，达到补片与原袍服色调一致的效果。

2. 缝线的选择

（1）要求缝线与袍服纤维是同材质，即真丝线。这种线比较细，但有必要的强度和弹性，能给袍服以支撑和保护。

（2）要求缝线色泽与原袍服相近，缝线的染色必须以袍服的主背景色为依据来进行。

（三）修复材料的染色

1. 染料的选择

采用合成染料对修复材料染色。合成染料具有以下优点：

（1）合成染料较易获取，易保存。

（2）合成染料的稳定性和持久性强，色牢度好。

（3）合成染料的色牢度之间相对平衡，染色时，一般是两种或三种染料混合染色，染料定量使用，操作程序较为规范，可以重复操作染出同种颜色。

（4）本次染色的对象是真丝面料，鉴于丝质纤维在酸性环境中更易上色，故采用酸性合成染料、经多次尝试，采用国产品牌“衣宝贝”的酸性合成染料染色效果较为稳定，价格亦较为低廉。

2. 染色工序

（1）水洗脱浆：现代织物几乎全部经过染整助剂处理，如淀粉、树脂整理剂以及其他浆料等。这些助剂不仅会阻止染色时纤维对染料的吸收，而且还会影响织物寿命。如果这些化学品留在文物背衬中，以后会加速织物老化。对于任何一种选定的新背衬材料，都必须在沸水中或用其他有效方法去除这些添加剂。水洗脱浆工艺是将织物放入盛有适量去离子水或蒸馏水的容器中加热，至沸腾后继续煮约20分钟，降温后取出织物，吸水晾干[1]。

（2）准备染色辅助剂：

在染色中通常使用的助剂有以下几种：

①无水硫酸钠（Na_2SO_4）：用作蛋白质纤维的缓凝剂，使色彩分布均匀。

②冰醋酸（HAC）：在蛋白质纤维染色过程中，冰醋酸起到媒染剂的作用。

这些化学助剂可以在操作结束后用去离子水清洗去除。

（3）染色步骤：

①称量要染色材料在干燥条件下的净重。

②准备染料溶液。精确测量染料的重量，按照染料与去离子水的比例为1g:100mL配制染料溶液，其浓度为10g/L。

③根据配方计算染液需要的总体积（其比例是染色材料与去离子水的比为1g:40mL）。

④计算每种染液需要的溶液量。

染液所需的溶液量＝染色材料干净重 × 染料的百分比（配方的说明）× 100（固定数值）:染料的浓度

⑤计算染色辅助剂的量：配制染色辅助剂，将染色辅助剂按1g:10mL的比例溶于去离子水中。

四、保护修复实施步骤

（一）绘图

在修复前，要对袍服的病害情况进行全面了解。工作人员采用照相和手绘的方法，对病害作了详细记录。根据文物实际病害情况，按照国家文物局颁布的《馆藏丝织品病害分类与图示》，使用Photoshop软件绘制出袍服正、背面病害图（图4、图5）。

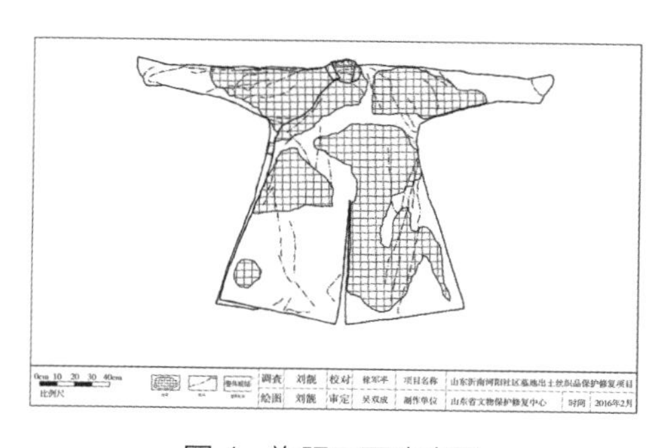

图4　袍服正面病害图

[1] 国家文物局博物馆与社会文物司．博物馆纺织品文物保护技术手册［M］．北京：文物出版社，2009.

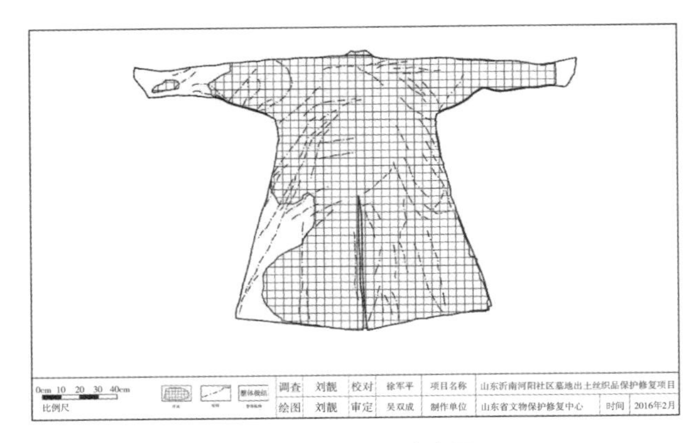

图 5　袍服背面病害图

（二）清洗

经试验发现，对于污迹严重部位，使用1%阴离子表面活性剂、5%中性洗涤剂、20%乳酸（pH调至5）、5%羧甲基纤维素钠的混合溶液清洗效果较佳。

图 6　喷湿织物

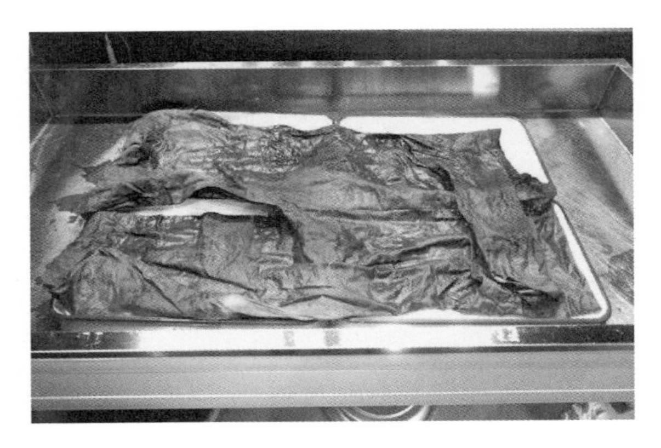

图 7　喷湿后静置

将文物平摊在清洗槽的支撑网上，使用超细喷壶，缓慢喷湿文物，静置10分钟。再用纯净水先清洗一遍织物，可将大量易溶于水的污物清洗掉，这样也利于下一步得到更好的清洗效果。接着用海绵先将清洗剂挤出大量泡沫，涂抹在织物表面，一般静置约30分钟，污迹严重部位静置40分钟。然后，用软牙刷沿着经线方向对织物进行刷洗。对于脆弱部位则使用软羊毛刷，正反面皆刷洗，时间为20分钟一遍。接下来用纯净水开始透洗，正面洗一遍反面洗一遍，交替清洗。每次透洗都将织物的水分挤干一次，直到最后清洗的水清澈为止，测量清洗后的水溶液pH在6.5~7.0（图6~图11）。

图 8　立领污渍清洗前

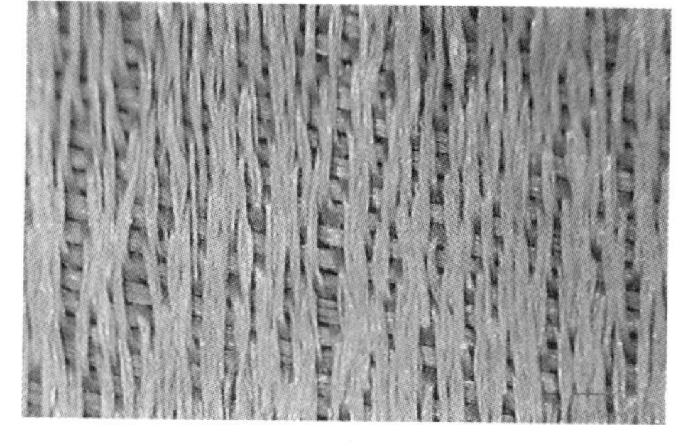

图 9　立领污渍清洗后

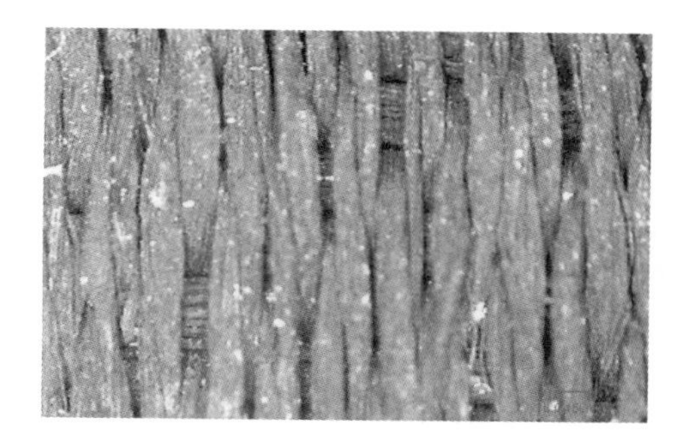

图 10　腋下污渍清洗前

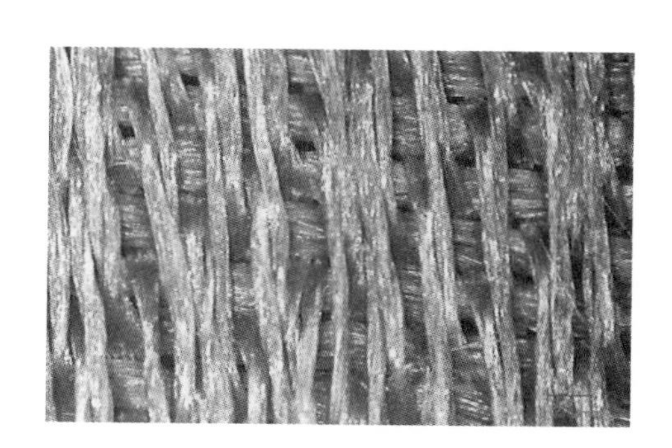

图 11　腋下污渍清洗后

（三）平整袍服

此项步骤主要利用丝纤维在湿润状态下易变形的特点，使袍服最大程度恢复到初始的平整状态。在文物半干半湿状态下，使用玻璃片将其压平，褶皱部位尽量达到平展的效果，从而达到袍服整体的平整。放置一段时间后，撤去玻璃片，使文物自然干燥（图 12）。

图 12　平展袍服

（四）针线法修复破损部位

对于破损部位使用针线法修复，主要使用同类织物衬补法。将衬补面料平整后放置于破损处，下面平放一块塑料片，防止缝补时将衣物的面料和里衬连缀在一起。固定好破裂口和衬布后，使用跑针、带针、交叉针等针法进行缝补修复。缝补完毕，将袍服平展，然后用玻璃片均匀地压在袍服上，使衬补材料与袍服之间的应力缓慢达到平衡（图 13、图 14）。

图 13　拼对破裂部位

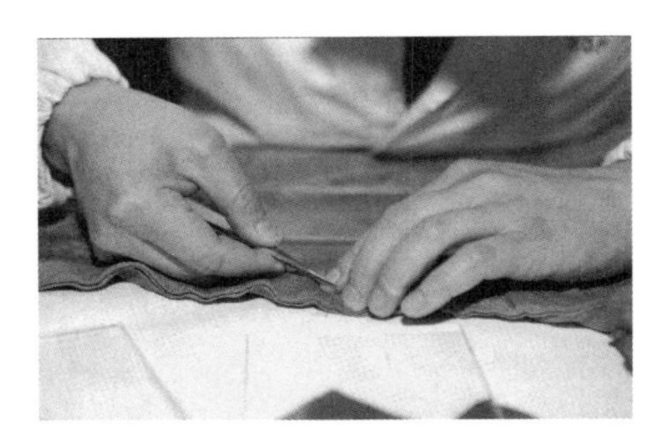

图 14　缝补破损边缘

五、保护修复后的效果

清洗后，袍服表面的污渍明显淡化，文物恢复了丝织品原有的光泽与柔软度。针线修复的部位丝纤维强度得到提高，整体效果达到了保护修复的目标（图 15、图 16）。

图 15　袍服保护修复后正面

图 16　袍服保护修复后背面

六、袍服研究

（一）图案

此件袍服的面料和马蹄袖里衬皆有织造的图案。

面料上织有二龙戏珠团兽面纹样，组成结构属于以中心纹样为题材，四周辅以较小的纹样形成团花的中心式图案。具体是以抽象的二龙戏珠纹为中心，外围嵌套回纹，外圈是用线条勾勒的兽面纹，最后用等距的短线条勾勒出团花的边缘（图 17、图 18）。

马蹄袖里衬织有牡丹团花纹、蝴蝶口衔梅花纹、蝴蝶口衔桃花纹。牡丹团花纹组成结构属于由一种题材构成一个团花，排列随意的自由独体式图案。图案中随意地排列着几朵牡丹花，有的含苞待放，有的饱满绽放。

图 17　面料团花图案

图 18　面料团花图案线描图

蝴蝶口衔梅花纹、蝴蝶口衔桃花纹组成结构属于动植物结合图案，两只蝴蝶在造型上以展翅、对称、丰腴的形象出现，分别口衔一朵梅花和桃花，加之中间的牡丹团花，以具象的手法描绘出蝴蝶在花丛中流连忘返的状态，传达着美好吉庆的寓意（图 19、图 20）。

图 19　马蹄袖里衬纹样

图 20　马蹄袖里衬纹样线描图

（二）面料和里衬的组织结构

1. 面料地组织

经线密度 40 根 /cm，投影宽度 0.21mm，并丝排列，无捻，黄色。纬线密度 38 根 /cm，投影宽度 0.27mm，强 Z 捻，黄色。地组织为平纹，花组织为三上一下右斜纹，面料组织结构为绉绸（图 21、图 22）。

图 21　面料地组织结构图

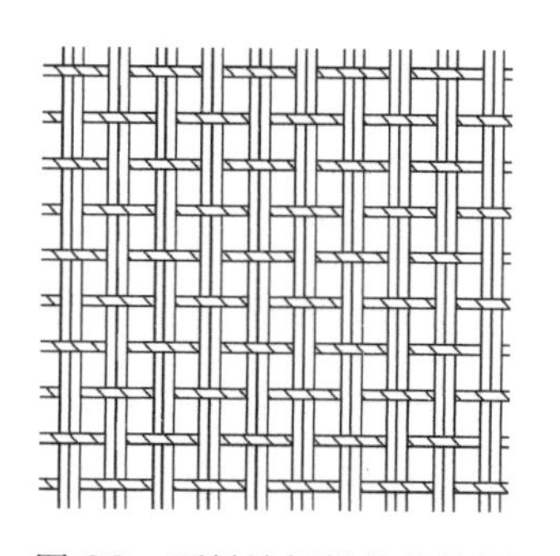

图 22　面料地组织结构线图

2. 马蹄袖里衬组织

经线密度 140 根 /cm，投影宽度 0.08mm，Z 捻，黄色。纬线密度 60 根 /cm，投影宽度 0.23mm，无捻，黄色。组织结构为八枚三飞暗花缎（图 23、图 24）。

图 23　马蹄袖里衬组织结构图

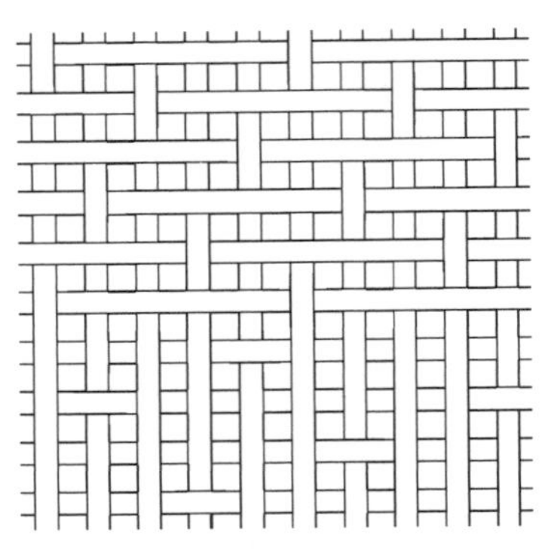

图 24　马蹄袖里衬组织结构线图

3. 里衬地组织

经线密度 54 根 /cm，投影宽度 0.19mm，无捻，黄色。纬线密度 48 根 /cm，投影宽度 0.20mm，无捻，黄色。地组织为平纹，花组织为三上一下右斜纹，组织结构为平纹暗花绸（图 25、图 26）。

图 25　里衬地组织结构图

图 26　里衬地组织结构线图

（三）裁剪特点

通过对袍服的前视图、小襟正视图、袍服的后视图的观察，可以发现此件袍服的面料是由 10 片布料经过裁剪后拼接而成。主要由单独立领、大襟、前后襟肩通袖、大接袖、小接袖、马蹄袖几个部分组成。此件袍服裁剪得体，款式是清代较常见的马蹄袖圆领袍服，唯有单独缝缀的立领显得较为特殊。在这批出土的服装中，只有此件是立领，可能具有某种特殊的寓意（图 27~ 图 30）。

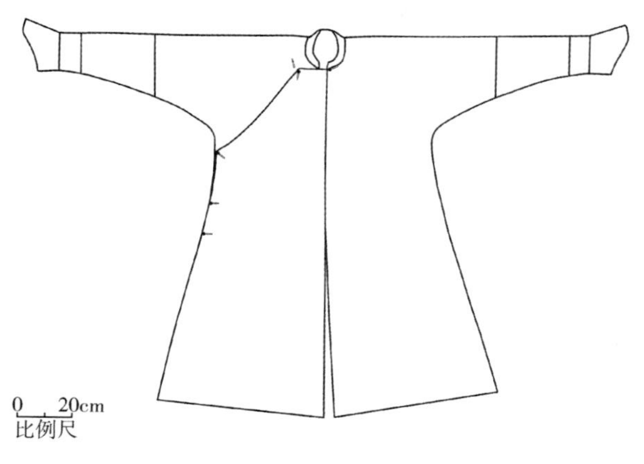

图 27 袍服前视图

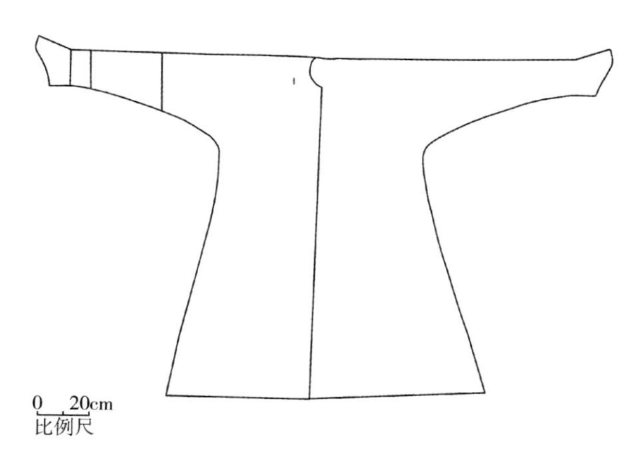

图 28 袍服小襟正视图

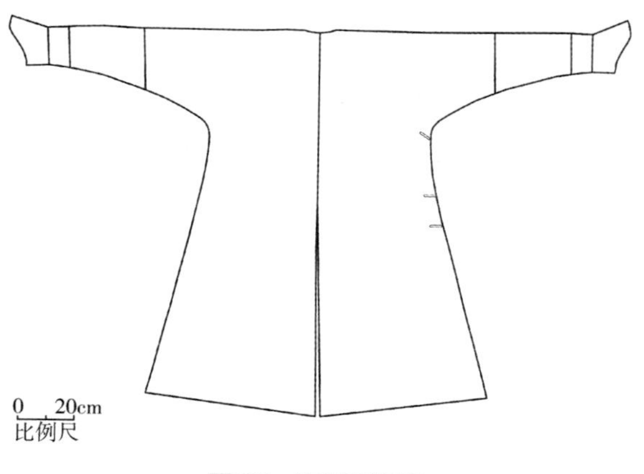

图 29 袍服后视图

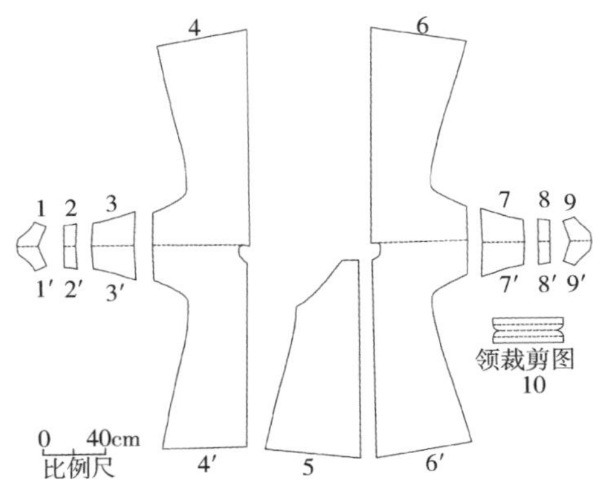

图 30 袍服裁剪图

1、1′、9、9′：马蹄袖；2、2′、8、8′：小接袖；3、3′、7、7′：大接袖；
4、4′、6、6′：前后襟肩通袖；5：大襟；10：单独立领

七、结语

关于破损丝织品的修复研究方法，主要可归纳为三个方面。

（1）查阅文献。了解纺织品的历史特点。每个朝代的服饰款式、织造工艺和缝制工艺都带有其时代的特征，在原件破损、脱线的情况下，只有查找资料通过考证，才能做出正确的判断，并用科学可行的方法保护修复。

（2）分析袍服面料的质地和色彩。袍服面料的破损是文物残破外在的主要表现，修复材料的选择，需要根据原件面料的结构和色彩，才能保证修复后的外观效果与原物相协调。

（3）修复方法。服饰款式不同，面料不同，破损状况不同，对应的修复方法就有所不同。如“同类织物衬补法”比较适合平面丝绸服饰的修复，其优点是能够使织物保持柔软的特性，并使其得到平展。[1]

这件袍服的保护修复涉及其蕴含的历史、文化、艺术、工艺等方面，要求工作人员不仅要有较高的专业水平，还需综合运用多学科知识，才能制定出科学的、行之有效的方法，并取得较好的效果。

致谢

感谢山东省文物保护修复中心的刘靓同志在此件服装修复过程中所做的工作！

[1] 王晨．破损丝绸服饰文物的保护与修复研究［J］．文物保护与考古科学，2005（01）．57．

明代品官常服考略

徐文跃[1]

摘　要：常服为明代品官穿用最广的一类服饰，有其固定的组合与搭配，并以圆领袍的颜色、圆领袍所缀的胸背（补子）、革带所饰的带銙区分等级。明代品官常服实物数见于墓葬出土，其影像也屡见于图像材料。由于明代宗藩制度的发展，明代品官常服其影响且及于日本、朝鲜、琉球等国。本文即对明代品官常服制度及其影响作一简单论述。

关键词：明代；品官；常服

Officials' Chang-fu in Ming Dynasty

Xu Wenyue

Abstract: Chang-fu（常服）is most widely wore by officials in Ming dynasty, and has its permanent combination including Yuan-ling（圆领）, Da-hu（褡䕶）,Tie-li（贴里）. Chang-fu has its rank, which is distinguished by colour of Yuan-ling, rank badge of Yuan-ling, material of belt. Ming dynasty officials' Chang-fu is found in their tombs frequently. We can also see it in Ming dynasty's Paintings. Owing to development of relationship between Ming court and surrounding countries, Ming dynasty officials' Chang-fu have an deep effect on these countries' costume. This paper researches Ming dynasty officials' Chang-fu and its influence briefly.

Key Words: Ming dynasty; officials; Chang-fu

[1] 徐文跃，自由职业者。

一、明代品官常服之制度

明代品官服饰，按诸制度，大致有祭服、朝服、公服、常服诸类，而诸类服饰之中，又数常服最为常用。明代品官常服制度初定于洪武元年（1368年）[1]，洪武二十四年更定，“凡常朝视事，以乌纱为帽，团领衫、束带为公服”[2]，其服用的场合为文武官常朝视事及年老致仕官员朝贺、谢恩、见辞等。依典制所载，一套常服主要由乌纱帽、圆领袍、革带、靴等组成，而据以区分等级的主要是圆领袍上的胸背花样、革带上的带銙材质。胸背花样有文武之别[3]，而带銙材质则不分文武（表1~表3）。

《明太祖实录》卷二百九“洪武二十四年六月己未”条载：“常服用杂色纻丝绫罗彩绣。花样：公、侯、驸马、伯用麒麟、白泽，文官一品、二品仙鹤、锦鸡，三品、四品孔雀、云雁，五品白鹇，六品、七品鹭鸶、鸂鶒，八品、九品黄鹂、鹌鹑，杂职练鹊，风宪官用獬豸。武官一品、二品狮子，三品、四品虎豹，五品熊罴，六品、七品彪，八品、九品犀牛、海马。文武官束带，公侯及一品用玉，二品用犀，三品金钑花带，四品素金带，五品银钑花带，六品、七品素银带，八品、九品及杂职未入流官用乌角带。其所穿靴止许一色，不许用他色。”

---

[1] 《明太祖实录》卷三十“洪武元年二月壬子”条载：“悉命复衣冠如唐制，士民皆束发于顶，官则乌纱帽、圆领袍、束带、黑靴。”

[2] 戴立强认为“束带为公服”当作“束带如常服”，见戴立强.《明史·舆服志》正误二十六例[J].辽海文物学刊，1997(1)：87–94.

[3] 丘濬《大学衍义补》卷九十八载：“我朝定制，品官各有花样，公、侯、驸马、伯绣麒麟白泽，不在文武之数，文武官一品至九品皆有应服花样，文官用飞鸟，象其文彩也，武官用走兽，象其猛鸷也，定为常制，颁之天下。”查继佐《罪惟录》卷四《冠服志》载：“圆领前后有补，文武分，文从禽，武从兽，惟风宪官用豸补。”

表1　洪武二十四年品官常服制度

		一品	二品	三品	四品	五品	六品	七品	八品	九品	备注
胸背	文	仙鹤	锦鸡	孔雀	云雁	白鹇	鹭鸶	鸂鶒	黄鹂	鹌鹑	杂职练鹊 风宪官獬豸
	武	狮子	狮子	虎豹	虎豹	熊罴	彪	彪	犀牛	海马	
革带		玉	犀	金钑花	素金	银钑花	素银	素银	乌角	乌角	杂职未入流官 用乌角带

表2　天顺八年奉国将军、镇国中尉、辅国中尉、奉国中尉及县君、乡君仪宾常服制度

		奉国将军（从三品）	镇国中尉（从四品）	辅国中尉、县君仪宾（从五品）	奉国中尉、乡君仪宾（从六品）
圆领	胸背	虎豹	虎豹	熊罴	彪
	色相	大红	大红	红	红
褡褸	色相	深青	深青	青	青
贴里	色相	黑绿	黑绿	绿	绿
革带		钑花金	光金	钑花银	光银
靴		皂麂皮铜线	皂麂皮铜线	皂麂皮铜线	皂麂皮铜线

表3　弘治十三年郡主仪宾、县主仪宾、郡君仪宾、县君仪宾、乡君仪宾常服制度

	郡主仪宾	县主仪宾	郡君仪宾	县君仪宾	乡君仪宾
胸背	狮子	虎豹	虎豹	彪	彪
革带	钑花金	钑花金	光素金	钑花银	光素银

对区分品级的胸背，典制规定特详。为便于记诵，时人且有服色歌。《三才图会》载文官服色歌曰：一二仙鹤与锦鸡，三四孔雀云雁飞。五品白鹇推一样，六七鹭鸶兼鸂鶒。八九品官并杂职，鹌鹑练雀与黄鹂。风宪衙门专执法，特加獬豸迈伦夷。武官服色歌曰：公侯驸马伯，麒麟白泽裘。一二绣狮子，三四虎豹优。五品熊罴俊，六七定为彪。八九是海马，花样有犀牛。《世事通考》所录文字与此稍异。不过寻绎史文，胸背之外尚有服色以示尊卑。尹直《謇斋琐缀录》卷一载：

宣德以来，阁老及经筵日讲官间赐冠服，必绯袍金带，无问品秩。今上御经筵之初，万循吉、李文通为学士，孙舜卿、刘叔温、牛大经为少卿，两不相下。当赐衣时，

牛太监右其侄，故三少卿皆赐金带绯袍，而万、李则赐青罗袍以抑之，然带犹金也。[1]

诸人所赐，带皆为金，而袍有绯、青二色，文曰“抑之”，是绯尊于青可知。又，《明世宗实录》卷一百九十八记载：

礼部奉旨查奏：文武官服色花样，俱因会典不曾分载，因而互用，殊非法制，乞严加禁约。除本等品级及特赐者，毋得僭分自恣，擅用蟒衣、飞鱼、斗牛违禁华异服色。其大红纻丝纱罗，惟四品以上官及在京九卿、翰林院、詹事府、春坊、司经局、尚宝司、光禄寺、鸿胪寺五品堂上官，经筵讲官。其余俱青、绿锦绣，遇有吉礼止服红布绒褐。品官花样，一循品级。公、侯、驸马、伯麒麟、白泽，文官一品仙鹤、二锦鸡、三孔雀、四云雁、五白鹇、六鹭鸶、七鸂鶒、八黄鹂、九鹌鹑，杂职练雀，风宪官用獬豸。武官一二品狮子、三四虎豹、五品熊罴、六七彪、八犀牛、九海马。得衣麒麟者惟锦衣侍卫指挥。乞严为禁约，庶免僭差。得旨：如拟命。即出榜文晓谕。[2]

礼部此奏，既以品官胸背为说，所论自然是指品官常服而言。奏文中论及“其大红纻丝纱罗，惟四品以上官及在京九卿、翰林院、詹事府、春坊、司经局、尚宝司、光禄寺、鸿胪寺五品堂上官，经筵讲官。其余俱青、绿锦绣，遇有吉礼止服红布绒褐”，是知奏文所列五品堂上官、经筵讲官及前诸人均可穿用大红[3]，而《謇斋琐缀录》所载充经筵讲官诸人受赐之绯袍、青袍即为常服。其余衙门五品官及五品以下官则只可服青、绿，大红尊于青、绿也据此可知。用服色以区分等第，《大明会典》载“文武官公服……一品至四品绯袍，五品至七品青袍，八品九品绿袍，未入流杂职官，袍、笏、带与八品以下同”[4]，而常服则未曾明说此制。不过上引实录所载，常服四品以上作绯（大红）袍，五品官及五品以下官作青、绿袍，正与公服品色相同，而实录所列五品堂上官、经筵讲官及前诸人得以服用大红，实则出于恩例。据此，明代品官常服服色亦有等第，与公服同，此不惟于史文有征，亦于图像有验。

品色之外，明代圆领上的纹样似亦有别。王夫之《识小录》记云：“常服纻丝及纱，皆织云纹，唯未入流朱衣不得有云。七品以下，每列七云，四品至六品五云，

---

[1] 尹直．謇斋琐缀录［M］．济南：齐鲁书社，1995：360–361．

[2] 《明世宗实录》卷一百九十八“嘉靖十六年三月乙巳”条。《大明会典》卷六十冠服二文武官冠服“常服”条文字与此稍异。

[3] 此中五品堂上官、经筵讲官遇有吉礼时所服大红纻丝纱罗圆领殆即文献中所称之“吉服”，更俟再考，此不赘论。

[4] 赵用贤，等．大明会典［M］．申时行，等修，上海：上海古籍出版社，2001：237．

三品以上三云，赐玉者一衣十三云。”[1]

革带的等级之分，在于带銙的材质，不过以示尊卑之别的似又有革带带鞓的颜色。典制仅载革带带銙之制，于带鞓颜色未予明言，然《大明会典》有载文武官公服“鞓用青革，仍垂挞尾于下”[1]，即革带带鞓之色为青。品官常服所用革带带鞓当如公服，颜色只可用青，用红即属僭妄[2]。

明代品官常服，文武两班又有衣服长短宽窄的异同。洪武二十三年，令文武职官衣服长短宽窄以身为度。规定文官的衣下摆离地一寸，袖长过手复回至肘，袖跟宽一尺，袖口则为九寸；武官衣下摆离地五寸，袖长过手七寸，袖跟宽一尺，袖口为一拳的宽度。公、侯、驸马则与文官同[3]。

二、明代品官常服实物及图像

常服既是明代品官穿用最广的服装式样之一，其传世品和出土实物及图像资料就显得尤为多见。其实物不外乎传世与出土，传世实物较少，而经考古发掘出土的实物则为数较多。

传世实物中较为知名的当数日本京都妙法院所藏万历时期赐给丰臣秀吉的一套常服，除乌纱帽、褡䕶、革带外，圆领、贴里、靴等并皆存世[4]。其圆领以大红纻丝为地，前胸后背各缀一块织金麒麟胸背；贴里现呈蓝色，腰间密密打有褶子；靴呈蓝色，缎质，高勒，底为布纳，靴底微翘（图 1）。当年与丰臣秀吉同时受赐冠服的还有其辖下诸人[5]，上杉神社也保存了当时上杉景胜受赐的常服，其中乌纱帽、圆领、革带、靴等尚存。乌纱帽敷以黑纱，后山高耸，帽翅已与帽体分离，帽翅以铁丝为骨，弯成扁椭圆形，

[1] 王夫之．识小录［M］．长沙：岳麓书社，1996：604.

[2] 《明史・耿炳文传》载：“燕王称帝之明年，刑部尚书郑赐、都御史陈瑛劾炳文衣服器皿有龙凤饰，玉带用红鞓，僭妄不道。炳文惧，自杀。”见张廷玉，等．明史［M］．北京：中华书局，1974：3820.

[3] 《大明会典》卷六十载：“凡常服制度。洪武二十三年，令官员人等衣服宽窄以身为度。文职官衣长自领至裔，去地一寸。袖长过手复回至肘，袖椿广一尺，袖口九寸。公、侯、驸马与文职官同。武职官衣长去地五寸。袖长过手七寸，袖椿广一尺，袖口仅出拳。”

[4] 河上繁樹．豊臣秀吉の日本国王冊封に関する冠服について—妙法院伝来の明代官服—［J］．学叢，1999(20)：75-96.

[5] 《明神宗实录》卷二百八十一“万历二十三年正月乙酉”条载：“兵部石星题：关白具表乞封，上特准封为日本国王。查隆庆年间初封顺义王旧例，其头目効顺者授以龙虎将军等职，朵颜三卫头目见各授都督等官。今平秀吉既受皇上锡封，则行长诸人即为天朝臣子，恭候旨下，将丰臣行长、丰臣秀家、丰臣长盛、丰臣三成、丰臣吉继、丰臣家康、丰臣辉元、丰臣秀保各授都督佥事，小西飞间关万里纳欵，仍应加赏赉以旌其劳，其日本禅师僧玄苏应给衣帽等项，本部俱于京营犒赏银内酌给。奉旨：如议行。”

（a）麒麟胸背圆领

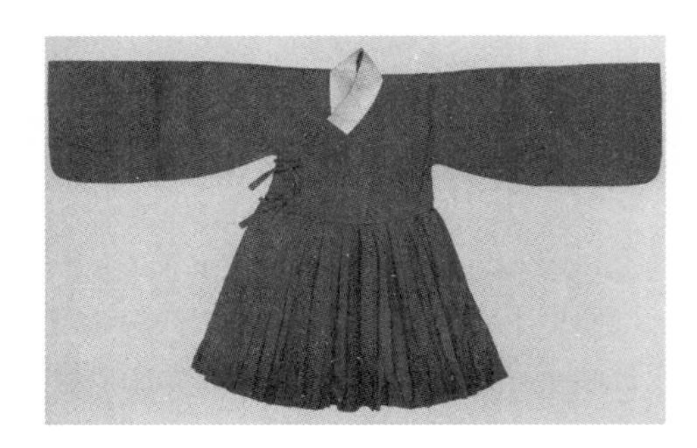

（b）绿贴里

（c）蓝缎靴

图1　万历时期赐予丰臣秀吉的常服（日本京都妙法院藏）

其上黑纱脱落；圆领以大红云纹暗花缎为地，前胸后背各缀一块方形缂丝斗牛补子；革带虽已残断，但大体完好，带銙为玉，镂空作麒麟纹样；靴为黑色，皮质，并敷以织物，高鞠，底为布纳，靴底微翘[1]。

万历二十年（1592年），丰臣秀吉治下的日本大举侵入朝鲜，明军入朝援助，后与日军相持不下，遂议封贡。万历二十三年封丰臣秀吉为日本国王，“赐以金印，加以冠服”。当时明朝政府册封丰臣秀吉的敕谕原件尚存于世，敕谕之末且开列有赏赐给丰臣秀吉的各类衣物和匹料（附录1）。敕谕内常服相关文字为：“纱帽一顶（展角全），金厢犀角带一条，常服罗一套：大红织金胸背麒麟圆领一件，青褡褳一件，绿贴里一件，”而“常服罗一套”高于后三者书写（图2）。

明代品官常服，按诸制度知其有固定的搭配，“乌纱帽、圆领袍、束带、黑靴”是也。查继佐《罪惟录》卷四《冠服志》载：“官用乌纱帽、圆领、大襬、宽带、皂靴。”叶梦珠《阅世编》卷八“冠服”亦载：“如前朝职官公服，则乌纱帽，圆领袍，腰带，皂靴。……圆领则背有锦绣，方补品级，式样与今之命服同，但里必有方领衬摆，不单着耳。”除却品官常服有其固定搭配外，近御之人所穿的二色衣也有数层衣物搭配穿着。刘若愚《酌中志》卷十九“内臣佩服纪略”云“自外第一层谓之盖面，如衪襒、贴里、圆领之类，第二层谓之衬道袍，第三层曰褂领道袍”。然典制所载或有阙略，据此敕谕，可知圆领袍之内当另有褡褳、贴里。

[1] 大庭脩．古代中世における日中關係史の研究［M］．東京：同朋舍，1996：233-286.

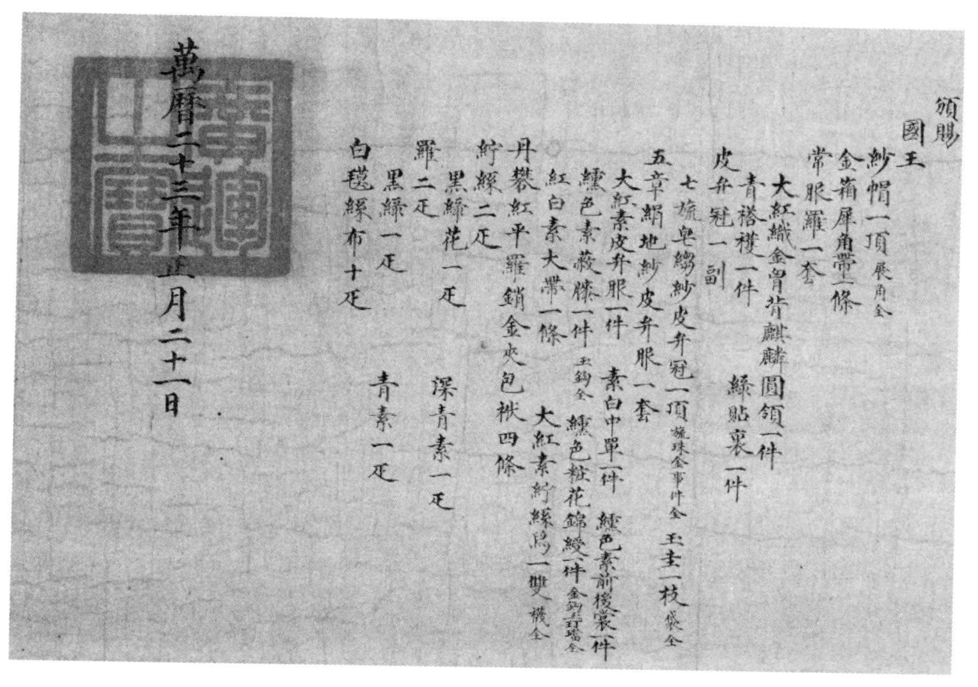

頒賜
國王
紗帽一頂 展角全
金廂犀角帶一條
常服羅一套
大紅織金胷背麒麟圓領一件
青褡褸一件　綠貼裏一件
皮弁冠一副
七旒皂縐紗皮弁冠一頂 旒珠金事件全　玉圭一枝 袋全
五章絹地紗皮弁服一套
大紅素皮弁服一件　素白中單一件　纁色素前後裳一件
纁色素蔽膝一件 玉鉤全　纁色粧花錦綬一件 金鉤玎璫全
紅白素大帶一條　大紅素紵絲舄一雙 襪全
丹礬紅平羅銷金夾包袱四條
紵絲二疋
黑綠花一疋　深青素一疋
羅二疋
黑綠一疋　青素一疋
白氁絲布十疋
萬曆二十三年正月二十一日

图2　敕谕局部（日本宫内厅书陵部藏）

《大明会典》卷二百一载“凡赏赐衣服，永乐十二年，添设主事一员于六科廊，专管成造，其纻丝、纱、罗、绢、布，每套俱有圆领、褡褸、贴里”，其后亦谓“上半年成造织金纻丝圆领八百件、素纻丝圆领二百件，纻丝褡褸、贴里各千件；绢圆领、褡褸、贴里各三十件。……下半年成造织金纻丝圆领八百件、素纻丝圆领二百件，纻丝褡褸、贴里各千件；绢圆领、褡褸、贴里各三十件”。[1]其中圆领、褡褸、贴里的数量相等，可知三者乃是作为固定组合一同用于赏赐。又，《明宪宗实录》卷十二载录奉国将军、镇国中尉、辅国中尉、奉国中尉及县君、乡君仪宾的冠服制度，其常服皆为纻丝夹一套，内有织金胸背开褉圆领、素褡褸、素贴里、乌纱帽、束带、皂皮靴。只是因着等级的不同，圆领上的胸背或作虎豹，或作熊罴，或作彪等，而圆领、褡褸、贴里的颜色也有深浅之别[2]。由此可知，圆领、褡褸、贴里皆为当时常服中缺一不可的组合。

又，明代官员死后，往往以常服随葬。《明史·礼志》载：“敛衣，品官朝服一袭，常服十袭，衾十番。”[3]经考古发掘的明代墓葬为数众多，其中有常服随葬的大抵

[1] 赵用贤，等．大明会典［M］．申时行，等修，上海：上海古籍出版社，2001：405．

[2] 《明宪宗实录》卷十二“天顺八年十二月庚寅”条。

[3] 张廷玉，等．明史［M］．北京：中华书局，1974：1485．

有如下几处：湖北荆州石首杨溥墓[1]、浙江桐乡濮院杨家桥杨青墓[2]、江苏常州广成毕宗贤墓[3]、江苏泰州西郊胡玉墓[4]、江苏南京徐达五世孙徐俌墓[5]、江苏泰州徐蕃夫妇墓[6]、宁夏盐池冯记圈明墓[7]等（表4）。而徐俌、徐蕃诸墓且圆领、褡護、贴里并出，据此也可知完整的一套常服除却圆领尚有褡護、贴里。明代品官常服与帝王常服在形制及搭配上大体相同，仅在名称和装饰上稍有区别。品官乌纱帽，帝王则为翼善冠，前屋、后山大抵相同，同样敷以乌纱，唯翼善冠帽翅上折冲天；品官圆领袍，帝王则为衮龙袍，前胸后背及两肩装饰团龙，颜色亦与品官有别；其余革带、靴等大体只是材质、颜色上的差别。早年山东邹城市鲁荒王墓曾出土有常服一套，其中翼善冠、衮龙袍（圆领）、褡護、贴里、革带皆备[8]，是又可知明初完整的一套常服亦当有褡護、贴里。

表4　明代墓葬所出品官常服

墓主	乌纱帽		网巾	圆领		褡護	贴里	革带		靴	卒年／入葬年份
	材质	尺寸（cm）		胸背	技法			材质	带板数量（块）		
杨溥	藤、纱 铁丝	径：20 高：15		麒麟	织金	√	√	木	19		正统十一年
杨青		径：19 高：20	√	獬豸	刺绣		√	木	20		天顺四年
毕宗贤	纱 铜丝	径：20 高：16	√	白鹇	织金			木	20	√	弘治七年
胡玉		围长：58 通高：18		√		√	√	木	19	√	弘治十三年
王洛	纱 铜丝	径：19 高：20.5						木	19	√	正德七年

[1] 荆州地区博物馆，石首市博物馆．湖北石首市杨溥墓［J］．江汉考古，1997(3)：45-51．
[2] 周伟民．浙江桐乡濮院杨家桥明墓发掘简报［J］．东方博物，2007(4)：49-57．
[3] 朱敏，李威，谭杨吉，唐星良．常州市广成路明墓的清理［J］．东南文化，2006(2)：44-49．
[4] 黄炳煜．江苏泰州西郊明胡玉墓出土文物［J］．文物，1992(8)：78-89．
[5] 南京市文物保管委员会，南京市博物馆．明徐达五世孙徐俌夫妇墓［J］．文物，1982(2)：28-32．
[6] 泰州市博物馆．江苏泰州市明代徐蕃夫妇墓清理简报［J］．文物，1986(9)：1-15．
[7] 宁夏文物考古研究所，中国丝绸博物馆，盐池县博物馆．盐池冯记圈明墓［M］．北京：科学出版社，2010．
[8] 山东省博物馆．发掘明朱檀墓纪实［J］．文物，1972(5)：25-36．
山东省博物馆．鲁荒王墓［M］．北京：文物出版社，2014：22-42，48，70，76-85．

续表

墓主	乌纱帽		网巾	圆领		褡𫋲	贴里	革带		靴	卒年/入葬年份
	材质	尺寸（cm）		胸背	技法			材质	带板数量（块）		
徐俌	√		√	麒麟	织金	√	√	雕花白玉 金镶碧玉	20		正德十二年
徐蕃				孔雀	刺绣	√	√			√	嘉靖十二年
薛如淮				孔雀（白鹇）	刺绣	?	√				嘉靖三十七年
薛鏊				仙鹤（鹭鸶）	刺绣	√	√				嘉靖四十四年
冯记圈M1				狮子	刺绣	√		料器	10		
冯记圈M2				麒麟	织金			木	7		
冯记圈M3	竹篾 藤、纱 铜丝	围长：59.5 通高：19		獬豸	刺绣			玉	20	√	万历年间

说明：1. 表中打“√”者表示墓中明确有出土。
2. 表中括号内“白鹇”“鹭鸶”等指修订后的补子纹样。

文献和实物之外，常服中圆领、褡𫋲、贴里的搭配还可见于存世的图像。南京博物院藏的沈度像，其头戴乌纱帽，身着大红织金仙鹤胸背圆领，腰束犀角带，脚踏皂靴，坐于交椅之上（图3）。衣身开衩处，可见内里还有两层衣物，由外至内分别是绿、青二色。而其圆领之内为交领的绿色衣物，可知此绿色衣物即为褡𫋲，青色衣物则为贴里。台北故宫博物院藏的明成祖御容，永乐帝头戴翼善冠，身着黄色衮龙袍，腰束红鞓闹装带，脚踏皂靴，坐于宝座之上（图4）。衣服开衩处，同样可见内里还有红、青二色衣物，再察永乐帝圆领衮龙袍之内为交领的红色衣物，而袖口处只见红色衣物内里青色衣物的袖口。据此可知红色衣物的袖子要较青色衣物为短，此红色衣物即为褡𫋲，青色衣物则为贴里。台北故宫博物院所藏明宣宗御容其穿着亦同，衮龙袍之内也是褡𫋲、贴里皆具。

明代品官常服还见于容像、宦迹图（事迹图）、雅集图等各类写实性较强的图像资料。明人常服容像一般用于祠堂祭祀，所以存世较多。如岐阳王世家、衍圣公府就存有不少像主穿着常服的影像，岐阳王世家文物中且可见明初常服的式样。宦迹图多表现像主一生居官履历及其功绩，存世的如《王琼事迹图》《王守仁事迹图》《徐显卿宦迹图》《张瀚宦迹图》等，其中都有不少像主的常服影像。雅集图表现的多为文人雅士之间品题书画等的各类集会，存世的如《五同会图》《十同年图》《竹园寿集图》《杏园雅集图》等，表现的都是文人公退之暇的雅集，其中也多有常服影像，且常服作红（绯）、青、绿三色，正可补史文之阙（图5）。

图3　沈度常服像（南京博物院藏）

图4　明成祖御容（台北故宫博物院藏）

图5　《十同年图》局部（北京故宫博物院藏）

三、明代品官常服之构件

明代品官常服完整的一套，其组合大致是乌纱帽（其内罩以网巾）、圆领、褡䕶、贴里、革带、靴，已如前述。

乌纱帽

明代品官常服所用乌纱帽又称唐帽、纱帽。郎瑛《七修类稿》卷二十三辩证类“堂帽唐祭”条载：“今之纱帽，即唐之软巾，朝制但用硬盔列于庙堂，谓之堂帽；对私小而言，非唐帽也，唐则称巾耳。”黄一正《事物绀珠》亦载：“国朝堂帽象唐巾，制用硬盔，铁线为硬展脚，列职朝堂之上乃敢用，俗直曰纱帽。”按其结构，乌纱帽由前屋、后山、帽翅组成，前低后高，通体皆圆（图6）。乌纱帽帽体大致由竹篾、藤篾等编织为胎，使其轻巧，帽胎之上髹漆后或再敷以黑纱。陈铎《折桂令·冠帽铺》曲词谓“大规模内苑传来，簪弁绫缨，一例安排。窄比宽量，轻漆漫烙，正剪斜裁。乌纱帽平添光色，皂头巾宜用轻胎。帐不虚开，价不高抬。修饰朝仪，壮观人才。”附于后山上的帽翅又称耳、雁翅、展角，计有一对，左右各一。帽翅以金属丝围出扁条形框架并敷黑纱，一端且留出一段金属丝用以固定。后山靠帽沿处中间钉缀有翅管，翅管两侧留有孔洞，帽翅上的金属丝插入此孔洞即可固定。

图6　乌纱帽（潘允徵墓出土，上海博物馆藏）

不同时期，明代的乌纱帽又有差别。明初乌纱帽帽体低矮，帽翅窄小，屈曲下垂。而后帽体虽保有前曲之势，帽翅却渐趋平直，但还不甚宽大。及至中叶，风气大变，帽体高耸，帽翅宽大，此风相扇，一直延续到明末。正德时兵部尚书王敞，“纱帽作高顶，靴作高底，舆用高杠，人呼为‘三高先生’”[1]。

网巾

明人巾帽之中另有网巾用以束发，乌纱帽内往往需戴网巾。按照明人的记载，网巾的创制与道士有关，而其流布天下则出自明太祖的旨意。郎瑛《七修类稿》载：“太祖一日微行，至神乐观，有道士于灯下结网巾。问曰：‘此何物也？’对曰：‘网巾，用以裹头则万发俱齐。’明日，有旨召道士，命为道官。取巾十三顶颁于天下，使人无贵贱皆裹之也。”时人以其为明代特有之物，实则元代即有此物。网巾多由马鬃或线编织而成，北方地区或用绢布替代，及至明代末期，也用人发编制。网巾的形制，王逋《蚓庵琐语》记载颇详，书谓“其式略似渔网，网口以帛缘边，名边子。边子两幅稍后缀二小圈。用金玉或铜锡为之；边子两头各系小绳，交贯于二圈之内，顶束于首，边于眉齐。网颠统加一绳，名曰网带，收约顶发，取一纲立而万法齐之义”[2]。可知网巾有边子、网巾圈、系绳、网带等，网巾圈可由金玉铜锡等制作，边子上的系绳即通过两个网巾圈以调节松紧（图 7）。网巾形制也非一成不变，王逋《蚓庵琐语》文后又云“前高后低，形似虎坐，故总名虎坐网巾……至万历末，民间始以落发、马鬃代丝。旧制府县系囚，有司不时点闸。天启中，囚苦仓卒间除网不及，削去网带，止束下网，名懒收网，便除顶也。民或效之，然缙绅端士不屑也。予冠时，犹目懒收网为囚巾，仍用网带。十余年来，天下皆戴懒收网，网带之制遂绝。”网巾在明代的行用，原本就有特定的内涵，逮至明末，且衍伸出诸多寓意。网巾最初取万法俱齐、一统天和、法束中原之意。王圻父子《三才图会》谓“国朝初定天下，改易胡风，乃以丝结网以束其发，名曰网巾，识者有‘法束中原，四方平定’之语”。后网巾中的巾带、网巾圈又用以表示男女之情。冯梦龙辑明曲《挂枝儿》道：“巾带儿，我和你本是丝成就。到晚来不能勾共一头，遇侵晨又恐怕丢着脑背后。还将擎在手，须要挽住头，针能够结发成双也，天！教我坐着圈儿守。”网巾圈用以比喻男女之情，《金瓶梅词话》中所涉已夥。又，明人束发即需戴网巾，明清易代之际，清人行剃发易服，网巾这一小小的物事因此也成为关乎民族大义的关节所在。

[1] 顾起元. 客座赘语［M］. 北京：中华书局，1987：97.

[2] 王逋. 蚓庵琐语［M］. 台北：新文丰出版公司，1989：204.

图 7　网巾（张懋墓出土，湖北省文物考古研究所藏）

圆领

圆领，也作员领，又称圆领袍、团领衫、盘领衫，是常服之中最外层的一件衣物。正如名称所显示的，圆领的领式呈圆形，其前胸后背且缀有胸背（补子）用以区分品级。胸背或织或绣，公、侯、伯、驸马为麒麟、白泽，风宪官为獬豸，文武群臣则以飞禽走兽作为区分，文禽武兽，等级分明。降至明代中叶，僭越之风大盛，胸背的等级制度渐趋松弛，而其中又以武官为甚。

丘濬《大学衍义补》卷九十八载："上可以兼下，下不得以僭上，百年以来文武率循旧制，非特赐不敢僭差。惟武臣多有不遵旧制，往往专服公、侯、伯及一品之服，自熊罴以下至于海马非独服者鲜而造者几于绝焉。"沈德符《万历野获编》补遗卷三"武弁僭服"条云："今武弁所衣绣胸，不循钦定品级，概服狮子；自锦衣至指挥佥事而上，则无不服麒麟者。……至于狮子补，又不特卑秩武人，今健儿荷刀戟者，无不以为常服。偶犯令辄和衣受缚，宛转于鞭挞之下，少顷，即供役如故。孰知一二品采章，辱亵至此。"

褡褳

褡褳，又作搭护、搭胡、搭忽、答胡、答忽，异名之众，亦可知其为外来语音译。据考，褡褳为蒙古语"Dahu"的音译，推其原意本为毛皮或皮袄[1]，后用以指代丝质或布质半袖或无袖的衣物（图 8）。褡褳的主要形制特征就是袖子短小只到

[1] 方龄贵．元明戏曲中的蒙古语［M］．北京：汉语大词典出版社，1991：15-16.

图8　褡𬡝（徐俌墓出土，南京市博物馆藏）

肩膀的一半或没有袖子，所以后人常认为褡𬡝即半臂，但实则不然。翟灏《通俗编》卷二五“服饰·搭护”条载：“郑思肖诗：‘鬃笠毡靴搭护衣，金牌骏马走如飞。’自注：‘搭护，元衣名。’按俗谓皮衣之表里具而长者曰搭护，颇合郑诗意。《居易录》言：‘搭护’，半臂衫也，起于隋时内官服之。’乃名同而实异。”明代品官常服之中，褡𬡝穿于贴里之外、圆领之内。常服之外，褡𬡝也可搭配其他衣物穿着。在明代中后期，常服中的褡𬡝、贴里常被替代或减省，但在正式的官文书中仍多有提及。《醒世姻缘传》第三十六回“沈节妇操心守志 晁孝子刲股疗亲”讲到“次日元旦，县官拜过了牌，脱了朝服，要换了红员领各庙行香，门子抖将开来与官穿在身上，底下的道袍长得拖出来了半截，两只手往外一伸，露出半截臂来，看看袖子刚得一尺九寸，两个摆裂开了半尺，道袍全全的露出外边”。据此，可知圆领之内亦有穿着道袍者。另外，明代墓葬所出常服实物，圆领之内也并非都有褡𬡝和贴里。

贴里

贴里，又作帖里、天益、天翼、缀翼、裰翼，诸多异名可知其原为外来语音译。据考，贴里之名乃蒙古语“Terliq”之音译。关于“Terliq”初始之意，或以为不详[1]，或以为指丝、丝织品、绸缎，后泛指丝麻织物[2]，或以为乃腰间收束之袍服，现代蒙古语“贴里”一词仍为“袍服”之意[3]。实则现代蒙语中谓夏季单袍为“Terlig”，冬季皮袍则为“Deel”。贴里之制，始见于蒙元时期[4]，其特点主要是腰间纵向密密打褶，间或在腰际缀有腰线，这类衣物当属“细缝袴褶”一类，亦即所谓的“胡服”[5]。

---

❶ 이은주. 철릭의 명칭에 관한 연구 [J]. 한국의류학회지, 1988(12): 363-371.

❷ 党宝海、杨玲. 腰线袍与辫线袄——关于古代蒙古文化史的个案研究 [J]. 西域历史语言研究集刊，北京：科学出版社，2009(2)：29—48.

❸ 李莉莎. “质孙”对明代服饰的影响［J］. 内蒙古大学学报（哲学社会科学版），2010(4)：11-16.

❹ 《朴通事谚解》云：“贴里，元时好看此衣，前后具胸背，又连肩而通袖之脊至袖口，当膝周围亦为纹如栏干，然织成段匹为衣者有之，或皮或帛，用彩线周遭回曲，为缘如花样，刺为草树、禽兽、山川、宫殿之纹于其内，备极奇巧。皆用团领着之，其直甚高。”

❺ 沈德符《万历野获编》卷二十六“玩具 · 物带人号”条载：“若细缝袴褶，自是虏人上马之衣，何故士绅用之以为庄服也？”

又，贴里也为明末内官所穿，且依品级缀有补子，又因品级、职事的不同，贴里的颜色各异。刘若愚《酌中志》卷十九内臣佩服纪略“贴里”条载：“贴里，其制如外廷之褷褶。司礼监掌印、秉笔、随堂，乾清宫管事牌子、各执事近侍，都许穿红贴里缀本等补，以便侍从御前。二十四衙门、山陵等处官，长随、内使、小火者，俱穿青贴里。”又，“顺褶”条载：“顺褶，如贴里之制。而褶之上不穿细纹，俗为马牙褶，如外廷之褷褶也。间有缀本等补。世人所穿褷子，如女裙之制者，神庙亦间尚之，曰衬褶袍。

革带

革带之制，以革为质，其外裹以丝织物并饰以带銙。明朝初期，革带之制还未定型，其上所饰的带銙数量多少不等。定型之后，革带之上所饰的带銙固定为二十块，且带銙的分布各有其规律和名称。带銙因其所处位置、形状的不同又有三台、圆桃、辅弼、铊尾（又名挞尾、鱼尾、獭尾、插尾）、排方等称谓。

方以智《通雅》卷三七“鞶带”条载：“今时革带，前合口曰三台，左右各排三圆桃。排方左右曰鱼尾，有辅弼二小方。后七枚，前大小十三枚。”叶梦珠《阅世编》卷八“冠服”亦载：“腰带用革为质，外裹青绫，上缀犀玉、花青、金银不等，正面方片一两，傍有小辅二条，左右又各列三圆片，此带之前面也。向后各有插尾，见于袖后，后面连缀七方片以足之。带宽而圆，束不著腰，圆领两胁，各有细钮贯带于巾而悬之，取其严重整饬而已。”革带共分三段，前围两段，后围一段。前围两段较后围短，用带鐍与后围固定，前围两段之间则以铜插销扣合（图9）。穿戴时，革带靠圆领两侧腋下钉缀的带襻固定。明代中叶以降，革带也趋向奢靡，为取轻便，鞓质往往用伽南、水沉、班竹皮、玳瑁、黄白纱等为之，等级上也渐趋紊乱。王世贞《觚不觚录》载：“世庙晚年不视朝，以故群臣服饰不甚依分。若三品所系，则多金镶雕花银母、象牙、明角、沉檀带；四品则皆用金镶玳瑁、鹤顶、银母、明角、伽楠、沉速带；五品则皆用雕花象牙、明角、银母等带；六七品用素带亦如之，而未有用本色者。”王夫之《识小录》亦载：“带用玉、犀、金、银、明角，为五等。……以轻便取适者，用伽南、水沉、班竹皮、玳瑁、黄白纱为鞓质，而以本品宜用金或银镶之。”

图9　革带（上杉神社藏）

靴

明代品官常服所用之靴，多为皂靴，但也经常可见白靴、蓝靴。靴多为布纳白底，圆头微翘，靴靿高低不等。靴面多用各类皮革制造，或鹿皮，或麂皮，或牛皮，皮质的不同抑或有等级上的差别。其时皮靴的制作有一定的式样和铺户，买卖也有一定的规程。在皮靴的缝合上，又有六缝、四缝的差别，而六缝或非常人所能穿用。

《醒世恒言》第十三卷“勘皮靴单证二郎神”讲二郎庙里庙官孙神通假扮二郎神骗奸皇宫内夫人韩玉翘，事发被潘道士打落一只四缝乌皮皂靴，皂靴最终成为破案的关键。关于此靴的制式、匠人及买卖的规程，小说中描述甚详，小说讲的虽是宋代故事，反映的却是明代世情。皮靴相关的略引两段如下：“冉贵向灯下细细看那靴时，却是四条缝，缝得甚是紧密。看至靴尖，那一条缝略有些走线。冉贵偶然将小指头拨一拨，拨断了两股线，那皮就有些撬起来。向灯下照照里面时，却是蓝布托里。仔细一看，只见蓝布上有一条白纸条儿，便伸两个指头进去一扯，扯出纸条。仔细看时，不看时万事全休，看了时，却如半夜里拾金宝的一般。那王观察一见，也便喜从天降，笑逐颜开。众上争上前看时，那纸条上面却写着：‘宣和三年三月五日铺户任一郎造’。任一郎接着靴，仔细看了一看：‘告观察，这靴儿委是男女做的。却有一个缘故：我家开下铺时，或是官员府中定制的，或是使客往来带出去的，家里都有一本坐簿，上面明写着某年某月某府中差某干办来定制做造。就是皮靴里面，也有一条纸条儿，字号与坐簿上一般的’”。

依照明末之人的记述，常服的穿、脱有一定的先后顺序。穿着时大抵是先穿靴，次戴帽，后着圆领；脱解时则先解圆领，次换帽，后脱靴。脱圆领前则需先解革带，按动革带三台处插销的雀舌即可解开革带。《醒世姻缘传》第八十三回“费三千援纳中书 降一级调出外用”说狄希陈捐了个武英殿中书舍人，“做员领，定朝冠、幞头、纱帽，打银带，做皮靴，买玎珰锦绶，做执事伞扇。”要试穿圆领时，骆校尉道：“这穿冠服都有一定的先后，你是不是没穿靴，没戴官帽，先穿红圆领，这通似末上开场的一般。你以后先穿上靴，方戴官帽，然后才穿圆领。你可记着，别要差了，叫人笑话。”狄希陈将圆领逐套试完，自己先脱了靴，摘了官帽，然后才脱圆领。骆校尉笑道：“这个做官的人可是好笑，怎么不脱圆领，就先脱靴，摘官帽的呀？”狄希陈道：“你说先穿靴，次戴纱帽，才穿圆领。这怎么又不是了？”骆校尉道：“我说穿是这们等的，没的脱也是这们等的来？你可先脱了圆领，拿巾来换了官帽，临了才脱靴。你就没见相大爷怎么穿么？”狄希陈道：“我只见他那带，一个囫囵圈子，我心里想：这个怎么弄在腰里？没的从头上往下套？没的从脚底下往腰上束？我只是看那带，谁还有心看他怎么穿衣裳来！我见长班，把那带不知怎么捏一捏儿就开了，挂在腰里；又不知怎么捏捏儿又囫囵了。我看了好些时，我才知道这带的道理哩。”骆校尉道：“你既是不大晓的，你爽利不要手之舞之的。脱不了有四个长班，你凭那长班替你穿。这还没甚么琐碎，那穿朝服祭服还琐碎哩。”

四、明代品官常服的域外影响

明朝对周边诸国如日本、朝鲜、琉球等实行册封，而作为名义上的藩属，日本、朝鲜、琉球等国则对明朝进行朝贡，这就是当时所谓的封贡体系，是明朝政府对外的重要政策。其中明朝政府赐给各国冠服就是维护封贡体系的重要一环，明代品官常服，无疑是诸多赐给冠服中给予域外影响较大且深的一种。

明代品官常服制度早在高丽时期就已传入朝鲜半岛。《高丽史·舆服志》载：“（辛禑）十三年六月（洪武二十年，1387 年），始革胡服，依大明制。自一品至九品，皆服纱帽团领，其品带有差。”[1]明朝初立，高丽即于次年入贡，虽然高丽曾有两次奏请赐给冠服，但之前赐给的是朝祭之服，常服并未赐给。直到偰长寿入京觐见，明太祖才允其穿戴常服回国，《高丽史》谓“长寿服帝所赐纱帽团领而来，国人始知冠服之制”。高丽时期的常服并无实物存世，不过从后世所摹的容像之中仍可见其仿佛，而其时常服又颇与明初的式样相符。

高丽、朝鲜易代之后，朝鲜王朝奉行事大政策，国号“朝鲜”一名即出于明太祖钦定。这一时期，朝鲜的典章制度全面追踵明朝，品官常服制度亦然。不过当时引入的常服制度尚有未备，最为明显的就是用以区分等第的胸背制度未能确立，这也使得朝鲜国内屡屡建议施行胸背制度。《朝鲜世宗实录》卷一百一十九“正统十三年正月乙巳”条载：“副司直李相上书：……臣昧死，谨以中朝今时宜行之事条陈以進，伏望圣裁。……一，中朝文武臣僚，皆服花样胸背。文以飞禽，武以走兽，自一品至九品，各有等差。虽天下朝觐会同之时，即知职秩尊卑，是乃章服也。本朝大君、诸君、驸马、三公大臣、百僚等官，并无胸背，服色混同，瞻仪莫辨。乞依中朝之制，文武百官凡诸朝会及接中国使臣之时，悉令服胸背，以别尊卑。……

[1] 郑麟趾，等. 高丽史［M］. 光海君五年（1613 年）木版本. 奎章阁韩国学研究院藏.

下议政府议之。佥曰：'不可。'……竟不行。"又，《朝鲜端宗实录》卷十二"景泰五年十二月丙戌"载："议政府据礼曹呈启：'文武官常服，不可无章。谨稽皇明礼制，文武官员常服胸背方花样，已有定式，用杂色纻丝绫罗纱绣，或织金，各照品级穿着。请自今文武堂上官，并着胸背，其花样则大君麒麟，都统使狮子，诸君白泽，文官一品孔雀、二品云雁、三品白鹇，武官一二品虎豹、三品熊豹，大司宪獬豸，且凡大小人毋得着白笠入阙门内。'从之。"

直到成宗时期，当时纂定刊行的政典《经国大典》才对常服制度作了明确的规定。其书卷三礼典"仪章"条规定："一品常服纱帽，贯子笠缨用金玉，笠饰用银（大君用金）……常服纱罗绫段，胸背大君麒麟，王子、君白泽，文官孔雀，武官虎豹；二品常服纱帽，贯子笠缨用金玉，笠饰用银……常服纱罗绫段，胸背文官云雁（大司宪獬豸），武官虎豹；三品常服纱帽，堂上官贯子笠缨用金玉，笠饰用银……常服堂上官纱罗绫段，胸背文官白鹇，武官熊罴"[1]。据此，可知朝鲜品官常服遵循的是明代制度，而其一品相当于明朝三品，"递降二等"。《朝鲜太宗实录》卷三十一"永乐十四年三月壬戌"条载："礼曹上朝官冠服之制。启曰：'谨稽洪武三年中书省据礼部呈，钦奉圣旨，赐与冠服咨内一款：陪臣祭服，比中朝臣下九等，递降二等，王国七等。第一等秩，比中朝第三等；第二等秩，比中朝第四等；第三等秩，比中朝第五等；第四等秩， 比中朝第六等；第五等秩，比中朝第七等；第六等秩，比中朝第八等；第七等秩，比中朝第九等。'"又，李睟光《芝峰类说》卷十九服用部"朝章"条载："高皇帝洪武初，钦赐陪臣冠服，比中朝臣下九等，递降二等。"

朝鲜品官常服制度既是遵拟明朝，亦以此赐予女真人、国内臣工，间亦赠给明朝使臣，而其构件也是乌纱帽、圆领、革带、靴数者皆备，圆领之内亦有褡褸、贴里。如成化六年（1470 年），成宗"命赐光陵守陵官尹弼商、侍陵内侍安忠彦，各鞍具马一匹、玉色绵布袂团领一、鸦青纻丝襦搭胡一、桃红纻丝绥线襦帖里一"[2]；景泰三年（1452 年），明朝吏部郎中陈钝、行人司司正李宽出使朝鲜，回国前端宗赠以"鸦青丝布袂圆领各一领、柳青丝紬帖里各一领、草绿绵紬搭胡各一领"[3]。另，朝鲜初期的边脩（1447~1524 年）墓中曾出有圆领 2 件、褡褸 6 件、贴里 12 件，可知至少有两套常服随葬，且圆领、褡褸、贴里俱备（图 10）[4]。文

[1] 经国大典［M］. 显宗九年（1668 年）木刊本，奎章阁韩国学研究院藏.

[2] 《朝鲜成宗实录》卷七"成化六年八月丁卯"条。

[3] 《朝鲜端宗实录》卷二"景泰三年八月丙戌"条。

[4] 국립민속박물관. 오백년의 침묵 그리고 환생 : 주변씨출토유물기증전 [M]. 서울 : 국립민속박물관, 2000：34-52.

献、实物之外，从存世的朝鲜初期功臣容像中也可知圆领、褡𫋲、贴里三者是常服的固定组合。如敌忾功臣吴自治（1426~？年）、张末孙（1431~1486年）、孙昭（1433~1484年）等，率皆头戴乌纱帽，身穿青色织金胸背圆领、绿色褡𫋲、红色贴里，腰束革带，脚踏皮靴（图11）。又，前已述及明代帝王与品官常服在形制与搭配上大致相仿，唯名称略有区别。朝鲜国王秩比明代亲王，其常服衮龙袍之内即有褡𫋲、贴里。正统九年（1444年）朝鲜谢恩使从明朝带回的冠服之中亦有三套明朝赐给朝鲜国王的常服，每套常服其敕书中都开列有衮龙袍（圆领）、褡𫋲和贴里。《朝鲜世宗实录》卷一百三"正统九年三月丙子"条载："谢恩使柳守刚赍敕书及冠服，回自京师，王世子率群臣迎于五里亭。其敕曰：……常服香皂皱纱翼善冠一顶，玉带一，袍服三袭各三件：纻丝大红织金衮龙暗骨朵云袍、青暗花褡𫋲、黑绿暗花贴里纱，大红织金衮龙暗骨朵云袍、青暗花褡𫋲、鹦哥绿花贴里罗，大红织金衮龙袍、青素褡𫋲、柳青素贴里，皂鹿皮靴一双，大红熟绢冠盝一，大红熟绢单包袱五，朱红漆服匣一。"

（a）圆领

（b）贴里

（c）褡𫋲

图10　边脩墓出土常服（韩国国立民俗博物馆藏）

《朝鲜王朝实录》中的这一记载，正可与朝鲜太祖御真中李成桂的穿着对验

（图 12）。现存的太祖御容虽为后世所摹，不过其龙纹等尚存明初的特点，从其衣侧开衩处可知衣有三层，由外至内当即衮龙袍、褡褸和贴里。

图 11　张末孙常服像（张氏后裔张德必藏）

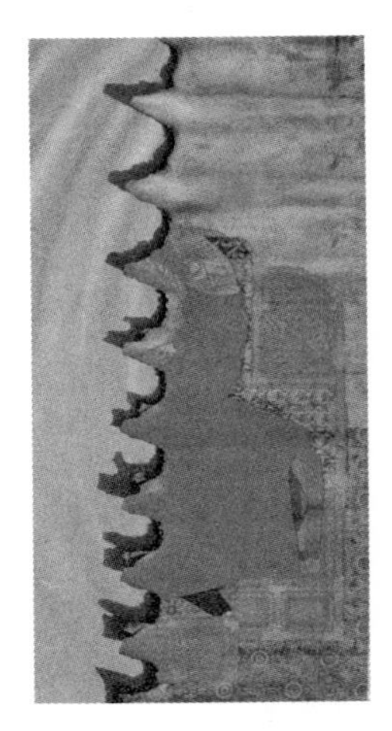

图 12　李成桂御真（韩国国立古宫博物馆藏）

朝鲜之外，琉球也受明朝服饰影响较大。每当琉球新王即位，明朝政府都会赐给琉球国王（中山王）皮弁冠服和常服，这在琉球官修编年体公文汇编《历代宝案》中有详细的记录（附录 2）。洪武初年，琉球即遣使入贡，琉球入贡之际明朝政府往往赏赐琉球国王、陪臣常服。《明太祖实录》卷二百五十六“洪武三十一年三月癸亥”条载：“赐琉球国中山王察度冠带。先是，察度遣使来朝，请中国冠带。上曰：彼外夷能慕我中国礼义，诚可嘉尚，礼部其图冠带之制往示之。至是遣其臣亚兰匏等来贡谢恩，复以冠带为请，命如制赐之并赐其臣下冠服。”此中所谓的冠带，即常服。

除却《历代宝案》所记琉球有受赐于明朝的常服之外，中山王府旧藏绘制于清朝乾隆时期的《冠服图帐》表现的则是琉球的常服制度（图 13）。《冠服图帐》今有残缺，但其“补子之图”尚存数页，图作彩色，图旁标明补子纹样及其品级。照此数页残纸，可知琉球一品官按司用仙鹤，二品官亲方用锦鸡，三品官申口座用孔雀，四品官吟味役用云雁。察其补子纹样，皆作双禽且与明代的补子纹样十分近似，其图样当本自《大明会典》。又，琉球上至国王、王子下至官员的容像中也常能见到明代品官常服。如尚恭（浦添王子朝良）、吴（向）鹤龄国头亲方画像中，两者均穿着明代品官常服，头戴乌纱帽，身穿圆领，腰束革带，脚踏皂靴，惟时为王子的尚恭补子作麒麟，国头亲方的吴鹤龄补子作獬豸（图 14）。

图 13　《冠服图帐》中的补子（那霸市历史博物馆藏）

图 14　吴（向）鹤龄容像

五、结语

品官常服是明代冠服制度重要的组成部分，穿用极广。明清易代之后，明代品官常服制度中的某些装饰（如胸背）也为清朝所沿用，而后世戏曲服饰之中亦不乏明代品官常服的遗痕。综前所述，作一小结如次：

（1）明代品官常服用以区分品级的主要是圆领上的胸背、革带上的带銙。胸背有文武之分，文禽武兽，区别明显，文武两班圆领的长短宽窄亦有异同。带銙则以材质为别，而带鞓的颜色率用青色。胸背、带銙之外，用以标示等第的还有圆领的服色，尊卑以红、青、绿为别；明代后期圆领上云纹的多少抑或有着品级上的差别。

（2）明代品官常服其实物、文献及图像资料存世不少，从中可以验证典制中常服乌纱帽、圆领、革带、皂靴的组合，而圆领之内又有褡褸、贴里的搭配。圆领、褡褸、贴里三者的搭配虽然仍见于明末的文献及实物，不过也颇有圆领之内穿用道袍、衬摆的现象。

（3）明朝立国二百多年，其品官常服各构件的形态也颇多变化。乌纱帽的形态渐由低矮趋向高敞，帽翅亦由屈曲转向平直；圆领上所饰胸背，其制度渐被僭越，而武官尤甚；革带上所缀带銙，渐趋轻便，奢靡过度。常服制度的施行与制度的规定渐趋背离。

（4）作为对外交往的重要内容，明朝政府往往颁赐冠服给周边国家以示笼络，而常服是赐给最多的服装式样。当时的日本、朝鲜、琉球等国都曾受赐常服，常服制度且得以在朝鲜、琉球等国施行，对东亚诸国的冠服制度产生深远的影响。

附录 1　明朝赐给丰臣秀吉的冠服

颁赐国王纱帽一顶（展角全），金厢犀角带一条；常服罗一套：大红织金胸背麒麟圆领一件、青褡裢一件、绿贴里一件；皮弁冠〔服〕一副：七旒皂绉纱皮弁冠一顶（旒珠、金事件全），玉圭一枝（袋全），五章绢地纱皮弁服一套：大红素皮弁服一件，素白中单一件，纁色素前后裳一件，纁色素蔽膝一件（玉钩全），纁色妆花锦绶一件（金钩、玉玎珰全），红白素大带一条，大红素纻丝舄一双（袜全），丹矾红平罗销金夹包袱四条；纻丝二疋：黑绿花一疋、深青素一疋，罗二疋：黑绿一疋、青素一疋，白氁丝布十疋。

万历二十三年正月二十一日

附录 2　《历代宝案》所录明朝赐给琉球的冠服

皇帝颁赐琉球国中山王尚巴志纱帽一顶，金相犀带一条，红罗衣服一副，纻丝四匹，罗四匹，氁丝布一十匹。

洪熙元年二月初一日

皇帝颁赐琉球国中山王尚德皮弁冠服一副：七旒皂皱纱皮弁冠一顶（旒珠、金事件、线绦全），玉圭一枝（袋全）；五章锦纱皮弁服一套：大红素皮弁服一件，白素中单一件，纁色素前后裳一件，纁色素蔽膝一件（玉钩、线索全），纁色妆花锦绶一件，纁色妆花佩带一付（金钩、玉玎珰全），红素大带一条，大红素纻丝舄一双（袜全），大红平罗销金云夹包袱四各（条）；常服：乌纱帽一顶，金犀带一条，大红罗织金胸背麒麟圆领一件、深青褡裢一件、栢枝绿贴里一件；纻丝四疋：织金胸背麒麟红一匹、织金胸背麒麟绿一匹、暗八宝骨朵云红一匹、素青一匹，罗四匹：织金胸背麒麟红一匹、织金胸背麒麟绿一匹、素青一匹、素蓝一匹，白氁丝布十匹。

天顺五年三月二十五日

皇帝颁赐琉球国中山王尚圆皮弁冠服一副：七旒皂皱纱皮弁冠一顶（旒珠、金事件全），玉圭一枝（袋全），五章绢地纱皮弁服一套：大红素皮弁服一件，白素中单一件，纁色素前后裳一件，纁色素蔽膝一件（玉钩全），纁色妆花锦绶一件，纁色妆花佩带一付（金钩、玉玎珰全），红白素大带一条，大红素纻丝舄一双（袜全），丹矾红平罗销金云夹包袱四条；常服罗一套：纱帽一顶（展脚全），金相犀带一条，大红织金胸背麒麟员领一件、青褡𧞣一件、绿贴里一件；纻丝：织金胸背麒麟大红一匹、织金胸背白泽大红一匹、暗骨朵云莺哥绿一匹、素栢枝绿一匹；罗：织金胸背麒麟大红一匹、织金胸背狮子大红一匹、素黑绿一匹、素青一匹，白㲲丝布一十匹。

成化七年七月初八日

颁赐国王（尚真）纱帽一顶（展脚全），金相束带一条；常服罗一套：大红织金胸背麒麟圆领一件、青褡𧞣一件、绿贴里一件；皮弁冠服一副：七旒皂皱纱皮弁冠一顶，玉圭一枝（袋全）；五章绢地纱皮弁服一套：大红皮弁服一件，红白素大带一条，白素中单一件，纁色素前后裳一件，纁色素蔽膝一件（玉钩全），纁色妆花锦绶一件，大红素纻丝舄一双（袜全），丹矾红平罗销金夹包袱四条，纁色妆花佩带一副（金钩、玉玎珰全）；纻丝二匹：黑绿花一匹、深青素一匹；罗二匹：黑绿一匹、青一匹；白㲲丝布十匹。

成化十四年七月初九日

颁赐国王（尚清）纱帽一顶（展角全），金厢犀束带一条，常服罗一套：大红织金胸背麒麟圆领一件、青褡𧞣一件、绿贴里一件；皮弁冠服件（一副）：七旒皂皱纱皮弁冠一顶（旒珠、金事件全），玉圭一枝（袋全），五章绢地纱皮弁服一套，大红素皮弁服一件，素白中单一件，〔纁色素前后裳一件〕，纁色素蔽膝一件（玉钩全），纁色妆花锦绶一件（金钩、玉玎珰全），红白素大带一条，大红素纻丝舄一雙（袜全），丹矾红平罗销金夹包袱四条；纻丝二疋：黑绿花一疋、深青素一疋；罗一（二）疋：黑绿一疋、青素一疋，白㲲丝布一疋。

嘉靖十一年八月十七日

颁赐国王（尚永）纱帽一顶（展角全），金厢犀束带一条；常服罗一套：大红织金胸背麒麟圆领一件、青褡𧞣一件、绿贴里一件；皮弁冠服一副：七旒皂皱纱皮弁冠一顶（旒珠、金事件全），玉圭一枝（袋全）；五章绢地纱皮弁服一套：大红素皮弁服一件，素白中单一件，纁色素前后裳一件，纁色素蔽膝一件（玉钩全），纁色妆花锦绶一件（金钩、玉玎珰全），红白素大带一条，大红素纻丝舄一双（袜全），丹矾红平罗销金夹包袱四条；纻丝二疋：黑绿花一疋；深青素一疋；罗二疋：黑绿一疋、青素一疋，白㲲丝布十疋。

万历四年九月初九日

颁赐国王（尚宁）纱帽一顶（展角全），金厢犀束角带一条；常服罗一套：大红织金胸背麒麟圆领一件、青褡〔褸〕一件、绿贴里一件，皮弁冠〔服〕一副：七旈皂绉纱皮弁冠一顶（旈珠、金事件全），玉系（圭）一枝（袋全），五章绢地纱皮弁服一套：大红素皮弁服一件，素白中单一件，纁色素前后裳一件，纁色素蔽膝一件（玉钩全），纁色妆花锦绶一件（金钩、玉玎珰全），红白素大带一条，大红素纻丝舄一双（袜全），丹矾红平罗销金夹包袱四条；纻丝二疋：黑绿花一疋、深青素一疋；罗二疋：黑一疋、青素一疋，白氁丝布十疋。

万历三十一年三月初三日

辽河情韵

——浅析辽宁地区满族民间服饰文化

袁芳[1]

摘　要：从中国历史学纪年的辽、金、元时期到满族统治下的清朝，满族服饰文化与中原汉族服饰文化一直相互碰撞、交融。本文以辽宁地区考古出土纺织品的研究成果为背景，梳理了辽宁地区服饰文化形成脉络，简述了满族服饰文化发展史和满族民族习俗特征，对辽宁满族民间服饰文化进行梳理研究。选取辽宁省博物馆藏具有满族特色的民间服饰品、织绣品及服饰配件进行分析研究，探寻辽宁地区满族服饰文化的特点。

关键词：满族；服饰文化；民间；刺绣；融合

Liaohe Rhyme

— Analysis of Manchu Folk Dress Culture in Liaoning Area

Yuan Fang

Abstract: From the Liao, Jin and Yuan dynasties to the Qing dynasty which was dominated by Manchu, the dress cultures of the Manchu and the Han have been colliding and blending. The development of Manchu dress culture history and the characteristics of Manchu ethnic customs are briefly described. The Manchu folk dress culture in Liaoning is carded and analyzed. In order to explore the characteristics of the Manchu dress culture in the Liaoning area, this paper takes the folk costumes, jewelry, embroidery and accessories in Liaoning Provincial Museum for examples. Based on the research results of unearthed textiles in Liaoning area, this paper studies the formation of dress culture in Liaoning.

Key Words: Manchu; dress culture; folk; embroidery ;integration

[1] 袁芳，辽宁省博物馆助理馆员。

辽宁地处东北渔猎文化、中原农耕文化和北方草原文化接触的前沿。在辽河水的孕育滋养下，辽宁既是历史文化的生长点也是其交汇带。辽宁西部山区的红山文化因吸收了中原农耕文化的先进因素而率先升起第一道文明的曙光。其处于文明冲突与融合的核心地带，如同一个重要的穴道，暗藏在历史的肌体上，发挥着不可替代的作用。辽宁、吉林、黑龙江三省，旧时称之为关东，以山海关为界，有关里、关外之称。所以辽宁与关内的文化、风俗、习惯既相互影响又有区别。

辽宁最早出现织绣品的时间，可根据海城小孤山遗址（今鞍山海城）出土骨针（图1）的时代进行推断。骨针长约5~7cm，时代为考古学上的旧石器时代，其文化特征与华北地区的旧石器时代文化相近，仙人洞人所创造的物质文化水平居于人类进化史前列。据《后汉书·乌桓传》记载“妇人能刺韦，作文绣，织氀毼（毛布）。男子作弓矢、鞍勒，锻金铁为兵器。”以此推断当时的刺绣品出现于200多年前，乌桓族人因居住于东北兴安岭一带的严寒地区，冬季穿着皮衣，为使皮衣耐用美观，妇女在皮衣上刺绣。

据史料记载，契丹族在织造、刺绣方面比较擅长。五代初，契丹族汲取异族文化，积极发展纺织业、冶铁业，同周边民族开展频繁的贸易活动，快速发展强大起来。公元916年辽国建立后，手工业、织绣业发展迅速，并通过战争俘虏大批技艺精湛的手工匠人。辽太祖“应天皇后从太祖征讨，所俘人户有技艺者置于帐下，名属珊，盖比珊瑚之宝”。又设置官方经营的手工作坊绫锦院为皇室提供丝绣品。绫锦院分布在辽上京、中京、祖州。中京道宜州设弘政县（今辽宁省锦州市义县）安置俘虏中从事织造、刺绣的工匠。设有专门提供纺织原料的基地，中京道的锦州、宜州、川州（今辽宁省朝阳市北票）、霸州（今辽宁省朝阳市）生产桑麻。这些生产地除了向绫锦院提供纺织品原料外，还自主生产丝织品缴纳贡赋。

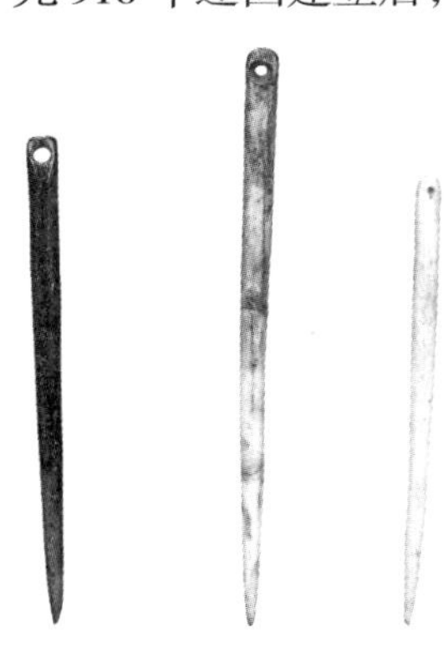
图1 骨针

辽宁省博物馆藏辽宁法库县叶茂台村契丹贵族墓出土辽代丝绣品，从中可看出当时辽代的刺绣工艺水平与同时期的北宋不相上下。出土的纺织品有绢、纱、绫、刺绣、缂丝等七大类九十余品种，其中一些绣品中可见“双天鹿缠枝花”纹样。出土物缂金山龙纹尸衾（图2）以褐黄色为地，金线缂织山龙、火珠纹。辽时缂丝技术传入北方，形成了具有北方草原民族特色的缂丝制品。东北地区的少数民族信仰萨满教，将鹿尊为神，能在空中飞翔。其中部分纺织品还运用了龙、凤等汉族常用纹样。可见当时的纺织品图案既保留了北方游牧民族的特点，又融合了中原的艺术风格。1125年，女真族于会宁（今黑龙江省阿城区）建立金国政权。随着中原文化的传入，女真族不再执着于穿着皮毛衣服，向汉族学习以纺织面料制作衣服、配饰。当时“金俗好衣白”，女真人喜好以白色面料制作衣服，因经济发展水平有限，民风简朴，刺绣在服饰上的应用还不是很广泛，民间妇女大多在衣襟、下摆处刺绣简单纹样，或在裙摆处贴绣花裙边用作装饰。金灭北宋后，通过战争俘虏了一批刺绣、织造工匠。《容斋随笔》记载当时这批被俘工匠“寻常只团坐地上，以败席或芦秸衬之，遇客开筵，引能乐者使奏技，酒阑客散，各复其初，依旧环坐刺绣。”女真人在承袭辽代刺绣技巧的基础上，通过俘获的汉人工匠将金王朝时期的刺绣水平提高了一个层次。女真人的金主、金后、皇子、皇女及诸亲王、权贵所穿服饰上均刺绣满身。金王朝设置少府监，其下专设纹绣署，以此维持朝廷大量的服饰需求。当时宫廷服饰将刺绣图案如麒麟、鸾鸟、芙蓉等绣制于前胸、肩部、衣领、袖口等各部位，因金王朝喜好金银装饰，故多采用金银线进行绣制。与当时宫廷的奢华图案相比，民间的服饰图案则多为质朴的风格，多绣制花草、林木、熊、鹿等纹样。

图2　缂金山龙纹尸衾

1271年，蒙古族在燕京（今北京）建国，国号为元。1279年，元灭南宋统一中国。元统治者在朝廷设置绣局、纹锦局、鞍子局等供应服饰品的专门机构。元代，刺绣品在民间也广泛流行，因蒙古族原居住在黑龙江额尔古纳河的深山丛林中，故他们喜好穿着长袍靴子。蒙古牧民喜好在长袍的领口、袖口、下摆等处镶嵌华丽的花边，绣上精美图案，并盛行在靴子上绣制图案。帝王袍服上镶嵌宝石、珍珠并配以刺绣纹样。大汉靴子上刺绣金、银丝线图案。民间牧民在靴腰、靴子边上贴绣花卉等图案。到了清代，东北地区民间刺绣达到鼎盛时期，几乎家家女孩子都会刺绣、女红。因男子从事渔猎、放牧、耕种工作，故女子在家纺纱、织布、刺绣来维持日常生活所需。所以东北女孩从小跟随家族女性长辈学习针线活，缝制荷包、鞋子，刺绣枕顶等。在结婚前，女子需要自己准备结婚嫁妆，所做的织绣品的质量是衡量女子心灵手巧、慧外秀中的标志，因此，大多投入大量精力、时间用于学习钻研织绣技巧。

东北地区刺绣技艺整体水平的提高依赖于不同民族、地域间的文化交流。清代关内、关外的文化交流越发频繁、深入，使本地的服饰品、刺绣品融汇了关内的中原文化。明宣德元年，大批关内灾民涌入东北充军，集中生活在沈阳、辽阳、铁岭、齐齐哈尔等地。移民中除了灾民、士兵外还有因文字狱流放至东北的官吏和知识分子。他们带来了山东鲁绣、北京京绣、江苏苏绣的技巧和审美意趣。在当时的文化交流中，满族处于主导地位，其人口众多，分布广泛，是整个东北地区文化意识形态的主导群体。满族领袖统治近 400 年，因其特殊地位，满族的民间绣品受关内刺绣艺术影响较多。通过与关内的文化沟通，满族逐渐改变了一些服饰习俗，如满族先人喜好白色，“贵白贱红”，后来受中原文化影响，将红、黄、蓝三色列为贵族服饰品常用的色彩，朝袍用红色，祭祀、登基、庆典时帝王着明黄色朝袍，祭日时穿红色，祭月时穿月白色。满洲八旗将白、红、黄、蓝列为八旗用色。从帝王到贵族盛行满汉通婚，在民间满人的婚礼习俗中，满人也渐渐接受了汉人所喜好的婚庆吉祥颜色——红色。在服饰图案方面受汉族影响，开始使用“福禄寿喜”“吉庆有余”“瓜瓞绵绵”“龙凤呈祥”“五子登科”“刘海戏蟾”等。中原地区盛行的神话故事、戏曲、书法、绘画、小说人物等也成为满族丝绣品图案的题材。同时，在服饰品、生活用品的图案中经常可见萨满教文化的图案。满人从先人始信奉萨满教，认为万物皆有灵，崇拜自然、崇拜图腾、崇拜祖先。萨满教中尊崇的神既有动物又有植物，动物如鹿、马、虎、喜鹊、乌鸦、蟒蛇等。鹿神庇佑族人和鹿群，马神象征着萨满祖先的灵魂，虎神象征着祖先的英勇，乌鸦是天神的侍女，传说中曾救过汗王努尔哈赤，蟒蛇是吉祥之神。植物图腾中，尊崇大树为神，认为树能够穿透三界，根与地下世界相通，树冠与天相通，能够连接日月，是连接天地的天梯，树干为中界，与人相通。对萨满神的崇拜在满族民间的服饰品中多体现于满族民间枕顶的图案上。在满族刺绣枕顶中除了虎、鹿、牛、马、喜鹊等动物外，还可以见到一些人物，多不绣制眼睛，据说是为了避免鬼神在夜间查看卧室的活动，也有另一种解释，根据满族的习俗，姑娘出嫁前枕顶人物不绣眼睛，出嫁后补修眼睛（图 3）。

辽宁作为满族文化的发源地及发展中心，得益于满族历史的肥沃土壤，形成了满族服饰浓郁的地域特色，打造了质朴、简约、直率的满族织绣品艺术风格。辽宁民间织绣品来源于百姓的生活，制造者为平民百姓家女子，虽不及满族贵族的奢华精致，但综合了实用性与装饰性，直白、风趣的表现手法更富有生活气息和艺术感染力，也是清末民初时期织绣品艺术的重要组成部分之一。

图 3　绿地刺绣人物故事纹枕顶

清朝末年至民国初年，政坛风起云涌，文化观念与社会风俗在制度政权变化的同时也骤然变更着。传统意识形态与新兴社会思潮交汇、碰撞，人们的审美意识发生了巨大的变化。服装样式一改朝廷贵族阶层的奢侈、刻板，开始推崇实用、简约、方便、个性化的风格，呈现出崭新的风貌。传统满族服饰的长袍、马褂，从宽大直筒形逐渐过渡成舒适合体的形制。比较突出的变化在女性服装上，裁剪得更加科学，趋向于用平面裁剪来制作更加符合人体工程学的板型，开始打造展现女性玲珑曲线、凸显女性身材特征的服饰。刺绣工艺主要体现在女性和儿童服装上，色彩浓烈鲜明，技巧朴实可爱。服饰品上的装饰图案呈现出鲜明的地域民族特点，花卉、禽鸟、野兽是常用图案，寓意着吉祥美满；民俗故事中的人物形象也是热门的图案之一，以刺绣或贴绣的方法表现幽默、率真的风格。

一、满风霓裳

（一）清末民初满族服装

清末民初，随着民族融合，满族和汉族的服装风格也相互影响着，形成了独特的服装样式，并引领着当时的潮流。满族旗袍经改良，成为部分汉族女性体现个性的标志性服装。传统的满族长袍长度至脚面，既不方便行动又不利于调节体温，此时的袍装逐渐趋于变短，上衣多为短款衣裳，下配汉族裙装，将满族旗装与汉族服装完美结合起来。满族旗装的袍身和衣袖逐渐变窄、变瘦，到民国时期，裁剪上开始强调胸腰围度差异，制作时将腰线收紧，以此突出女性的胸腰臀差异，在视觉上

图 4　紫缎地贴绣花鸟纹女旗袍

使腰部显得更细，通过服装造型体现女性的优美曲线，运用此种裁剪方式制作的服饰在满汉女性中颇为流行（图 4）。

1. 百褶裙

百褶裙亦称“百裥裙”，为多褶女裙。裙子由裙腰、裙片两大部分组成，前后裙片有刺绣花纹，其余裙片部分缝制等间距的裙褶。百褶裙历史悠久，春秋时期即出现带有褶裥的裙子，既美观又便于行走，受到女性青睐。几经形制演变，在唐代达到多幅宽裙发展的顶峰，进入宋代出现多幅多褶裙，裙子由六幅、八幅、十二幅布帛拼缝制成。据福州宋代黄昇墓出土褶裙来看，多为六幅布帛拼缝，除裙两侧两幅无褶，其余四幅上有六十个褶裥。这种褶裥裙逐渐演变成为明清时期汉族妇女的裙装，裙装成为汉族女性的标志性服饰。明清时期女子以穿着多幅多褶裙最为时尚。“褶多则行走自如，无缠身碍足之患，褶少则往来局促，有拘挛桎梏之形，褶多则湘纹易动，无风易似飘飘……”[1] 清末民初汉族女性流行穿着百褶裙配短上衣，风格绚丽清雅，因褶裥层叠裙摆较大，走起路来摇曳多姿。当时汉族妇女无论地位尊卑，大多穿着裙装。此时女裙的种类名目繁多，自清初期流行的“百褶裙”兴起于苏州，此类裙通常前后各有20cm左右的平幅裙门，也是裙子刺绣图案的主要装饰部位。裙门两侧打均匀褶皱，有时多达百褶以上。图 5~图 7 辽宁省博物馆藏的“马面裙”就是此种形制的百褶裙。清末民初，红地刺绣龙凤或吉祥花卉图案的马面裙套装，通常作为结婚礼服，当时东北地区的满族女性深受汉族女性穿着风潮的影响，也热衷于穿着百褶裙。

图 5　紫缎地刺绣龙纹马面裙

[1] 李渔．闲情偶寄［M］．上海：上海古籍出版社，2000：158.

图 6　红缎地刺绣花鸟纹马面裙

图 7　红缎地刺绣牡丹纹马面裙

2. 霞帔

霞帔是妇女披肩的装饰品，因色彩绚丽好似虹霞而得名，为历代命妇专用服饰，明清时期百姓妇女出嫁时允许穿着。入关后，满族妇女深受汉族女装风尚的影响，汉族婚嫁习俗的服饰品对满族妇女有很强的吸引力，其中凤冠霞帔成为当时满族女性热衷的婚嫁装扮，而刺绣龙凤图案的服装则是满族婚嫁女子最时尚的嫁衣。图 8 这件霞帔前后缝缀白鹇补子，是清代五品文官的象征。清末民初，此类图案在民间刺绣作坊也可以定制，刺绣龙凤图案的霞帔配上凤冠，成为当时新娘热衷的“凤冠霞帔”装束。

图 8　刺绣白鹇补子霞帔

（二）满族服饰面料

满族入关初期，衣裳面料颜色流行天蓝、宝蓝色，因其颜色淡雅、明快，多用于宫中皇帝、嫔妃的礼服。若面料为明黄、石青色，里料则多配天蓝、月白色。乾隆年间，流行玫瑰紫色，取其“红火”之意，当时宫廷、民间流行大红、粉红、紫红色等面料，男女老少皆流行穿着红色系服饰。乾隆末年，因福文襄王（福康安）喜好穿着深绛色，被传为“福”色，因其寓意好，民间也摹效起来，流行穿着“福色”袍子。嘉庆时期，深绛色不再流行，而亮灰、浅灰、银灰色面料较为流行。嘉庆、道光年间，一些艺人或青楼女子喜好用青色倭缎或漳绒作为衣服的镶边，并渐渐在京城民间妇女中流行起来。清晚期的满族女子服饰上多了很多镶宽黑边的袍褂和坎肩。

当时满族贵族、宫廷的衣料多用大团花纹样。大团花纹样运用在刺绣、缂丝、锦缎、丝绸上，取其寓意吉祥。逐渐民间效仿宫廷，也多采用象征吉祥的纹样。比较盛行的有几下几种（图 9~ 图 13）。

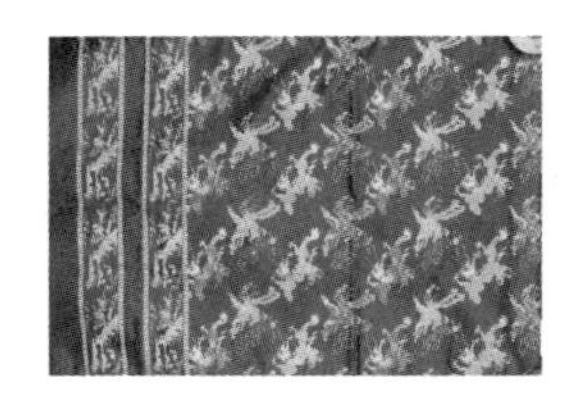
图 9　成都龙凤呈祥缎

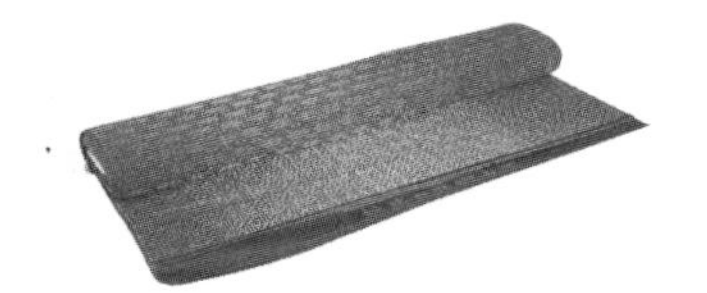
图 10　光绪元年品蓝织金卐字缎

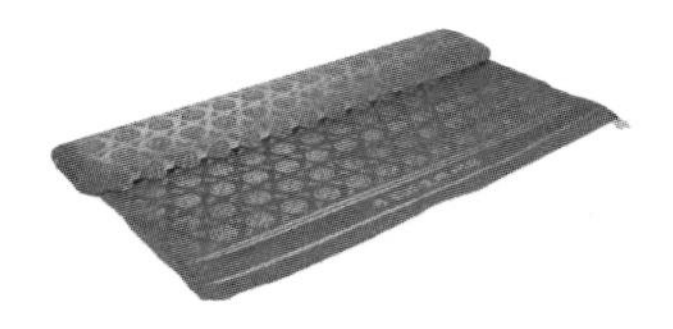
图 11　苏州大红织金蝠寿缎

图 12　织金庆寿缎

图 13　织金团花缎

1.“富贵长春”纹样

“富贵长春”用牡丹花、长春花组合成纹样。牡丹被称为富贵花，象征富贵，与长春花音译相配，组成“富贵常春”之意。

2.“福寿绵长”纹样

“福寿绵长”用蝙蝠、团寿字、盘肠、绶带等组成纹样。蝙蝠取“福”之音，盘肠取音“长”，绶带象征连绵不断的意义。将四种搭配起来寓意“福寿绵长”。

3.“万事如意”纹样

“万事如意”用“卍”字（或万年青花）与灵芝组成纹样。取“卍”字和万年青花的谐音“万”，取“灵芝”似“如意”的形状，组合起来寓意“万事如意”。

4.“四季平安”纹样

“四季平安”用五只蝙蝠围成圆形，取意“五福”，中间加篆文“寿”字，取意捧寿。有时寿字用金、银线织成“寿”字。

5.“子孙万代”纹样

“子孙万代”由葫芦上系上长长的彩带，加“卍”字组成。葫芦是爬藤植物，一年生攀援草本，有软毛，夏秋开白色花，雌雄同株，植株结果实较多。取其连绵繁衍，果实不断之意，象征其子嗣如“葫芦”结果连续不断，寓意“子孙万代”。

6.“鹿鹤同春”纹样

“鹿鹤同春”以鹿、鹤、松枝组成。取鹿、鹤长寿之意，取松枝四季常青之意。鹿、鹤还有“六合”之音，也称这种纹样为“六合同春”。慈禧曾在其六十大寿时，令江南织造局定制大量此纹样衣料。

二、新风时尚

（一）满族服饰配件

1. 挽袖

挽袖是妇女礼服上的接袖（图14、图15）。使用时缝缀在衣袖内，挽出在外，既用作装饰，又便于拆洗。在女性衣襟袖口上装饰花边，是中国服装的传统。清代中后期，挽袖的滚条道数与日俱增，从二镶二滚到五镶五滚，清后期的咸丰、同治年间达到极致，号称“十八镶”，可见满族服饰的审美取向。从故宫博物院藏《雍正行乐图》中的妇女服饰可见，清雍正时期的满族女装具有宽袍大袖的特点，在领口、衣襟处已经开始流行镶嵌花边。据记载清末满人的穿着为“满俗，妇人衣皆连裳，不分上下，此古制也。”[1]“八旗妇女衣皆连裳，不分上下，盖即古人男子有裳、妇人无裳

[1] 震钧．天咫偶闻［M］// 车吉心．中华野史．济南：泰山出版社，2000：5201.

之遗制也。”[1]清初的易制改服中对汉族女性传统服饰习惯有所保留，满、汉两种女性服饰文化相互冲击并彼此影响。原先满族女服的窄袖、马蹄袖的特征逐步消失，袍服袖口开始演变成宽幅平直的样式，道光时期，满族女性旗袍的袖口发生了更明显的变化，如故宫博物院藏清朝贺世魁《喜溢秋庭图》中所呈现的女服，袖口平直宽大，受汉族服饰影响形成了以白色挽袖代替马蹄袖的满族女性服饰特征。

图 14　民国蓝绸地刺绣梅竹纹挽袖料

图 15　民国紫缎地刺绣花果纹挽袖料

2. 衣领

满族服饰区别于汉族服饰的主要特征之一在于衣领。衣领，即领子，古人称“领衣”，是衣服上起保护颈项作用的部分。清代服饰中衣服和领子是单独存在的，这源于满族的习俗。满族入关前，衣领独立存在已成定式。当时男子袍、褂的领子，类似于现代男式中山装的领子，略肥大，一般用鸭青色、浅湖色绸、缎制作，并浆硬，夏天很少佩戴，若需在炎热季节佩戴，则多用浅色纱制作。冬季佩戴的领子用深色的绒、皮条制作。佩戴时多穿在外褂里面，翻出来显得更加整齐。满族旗袍除圆领本身的低领外还出现了风格独特的领饰——卷领，即女子在脖子上围一条约二寸宽的绸“带子”，类似于“小围巾”，将一头掖在外衣的大襟里，另一头垂于胸前。根据季节不同选配面料，卷领之上常装饰有与衣襟、袖口相呼应的刺绣图案。后随着社会发展，到同治、道光时期，衣服款式演变成附加领与衣服连在一起，长袍、短褂、坎肩都带有领子，但官服中还是保持领、衣服分离的样式。清末民初，人们受西方文化影响，开始称卷领为“围巾”。清中后期，满族妇女贺岁时有“以敞衣有绣花挽袖加卷领为恭”[2]之说，光绪帝皇后裕隆赐予德菱的礼物中有记载“绣花颈带数事”。除卷领外，领挖也较为常见（图 16、图 17），它是脖领部分的装饰，与挽袖一样往往单独制作后缝到衣服上，清末民初在市场上有售。同时，装饰衣襟和下摆的边饰也绣成半成品出售。

[1] 徐珂．清稗类钞［M］．北京：中华书局，2010：6152.

[2] 崇彝．道咸以来朝野杂记［M］．北京：北京古籍出版社，1982:83.

图 16　黑缎地刺绣花卉蝴蝶纹领挖

图 17　黑地刺绣松竹梅纹领挖

3. 云肩

云肩，也叫“领饰”，是披肩的一种形式，因外形呈云朵状，故名，是清代女子喜用的一种服饰配件，“云肩以护衣领，不使沾油，制之最善者也”[1]。云肩集实用性与装饰性于一体，宋元时期开始流行。清代汉族妇女新婚时作为礼服穿用，也用于戏曲服装。东北地区气候寒冷，云肩还可防寒护颈，满族妇女喜爱佩戴，男子中也有穿戴云肩。

从明清两代的云肩形制演变来看，云肩与披肩有着密切关联，云肩是披肩的另一种形制（图 18~ 图 21）。图 22 为辽宁省博物馆藏“黑地刺绣人物花卉璎珞式云肩”，此云肩由 39 片花瓣或如意形状的绣片连接，分为三层，每层用珍珠穿连，呈璎珞状，挂垂于女子肩上，更显轻盈飘逸。绣片上刺绣人物及花卉图案，鲜活生动。人物表现技法简略，具有儿童画般的天真和稚拙，体现出浓郁的满族民俗风情。

图 18　刺绣龙凤呈祥如意形云肩

[1] 李佳瑞 . 北平风俗类征：上册［M］. 北京：商务印书馆，1937:240.

图 19　红地刺绣花卉纹云肩

图 20　红地刺绣狮子滚绣球云肩

图 21　白地打籽绣山水花卉纹云肩

图 22　黑地刺绣人物花卉璎珞式云肩

4. 荷包

在满族的习俗里，讲究戴配饰，其中荷包、香囊等较为常见。男子有时还兼佩戴解石刀、火镰、扇套、匙、箸、牙签等日用杂品。但是，其中的荷包，却是必不可少的。满语中称荷包为“法都”（fadu），满族人佩戴“法都”的历史悠久，据说女真族以山林聚居，野外狩猎时腰间常挂一个用皮子做成的“囊”，里面装有食物，为远途狩猎中充饥，用皮条将囊口抽紧，是“荷包”最原始的样子。后演变成用绫、罗、绸、缎等精贵面料精心缝制的小巧配饰，里面装有香料、烟草、小零食之类。满族贵族中盛行佩戴荷包，《总管内务府先行则例》（广储司卷三）规定：“衣库每年成造荷包二百对，交四执事太监处收贮，预备赏用。”“乾隆三十年十一月总管太监王成传旨，年例交衣库绣作花大荷包五十对……此项花大荷包于每年底做成交进。”宫廷中女眷每年要绣制许多精巧荷包以备赏赐所用。满族民间使用荷包比较广泛，除日常佩戴外，如生日、满月、放定、过礼、迎亲等事常用荷包作为赠礼。青年男女更以荷包作为定情的礼品或信物（图 23、图 24）。满族男子佩戴荷包多挂于束带的两侧。女子多挂于“大襟嘴”上或旗袍领襟之间第二个纽扣上。年纪大一些的女子有时戴在腋下与巾子挂在一起。青年女子和小孩，通常在佩戴荷包的同时搭上小怀镜、香串、香牌等物，这也是满人进关后受汉族风俗影响所致。

图 23　红缎地盘金绣吉祥纹荷包

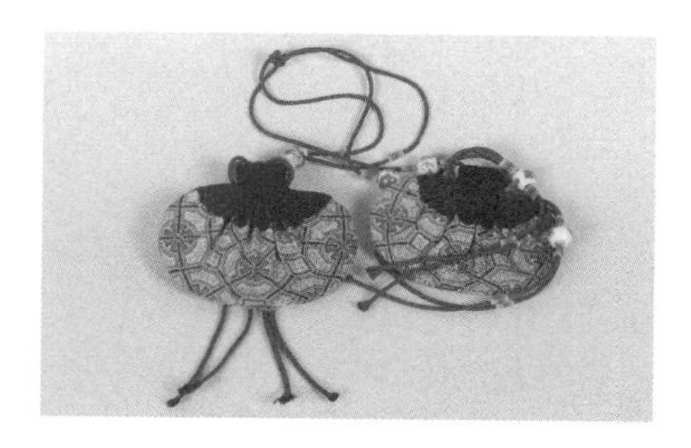

图 24　纳纱绣几何纹荷包

荷包，是随身佩戴的小囊，一般拴在腰际，按用途分为香荷包、钱荷包、褡裢荷包、烟荷包等多种。香荷包用于盛放香料，佩在身上可散香气，驱虫除秽，入寝时挂在床帐内（图 25、图 26）。满族人在春节和端午节互送荷包，尤其是端午节，为了平安度过夏天，避瘟防疫，把艾蒿或雄黄面装进荷包里互相赠送。钱荷包随意制作成各种形状（图 27、图 28）。褡裢是昔日我国民间使用的长方形的布袋，中间开口，两端可盛钱物。褡裢荷包是模仿褡裢的形式制成的荷包，清末到民国时期极其流行（图 29~ 图 31）。烟荷包流行于清中晚期至民国初年，多呈葫芦形，故也称“葫芦荷包”（图 32）。东北民族一向以敬烟为致敬礼，“装烟”成为一种礼节。

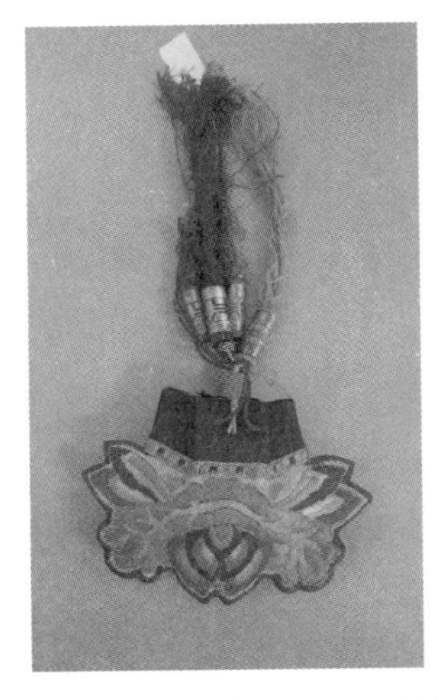

图 25　刺绣莲花纹葫芦形香荷包

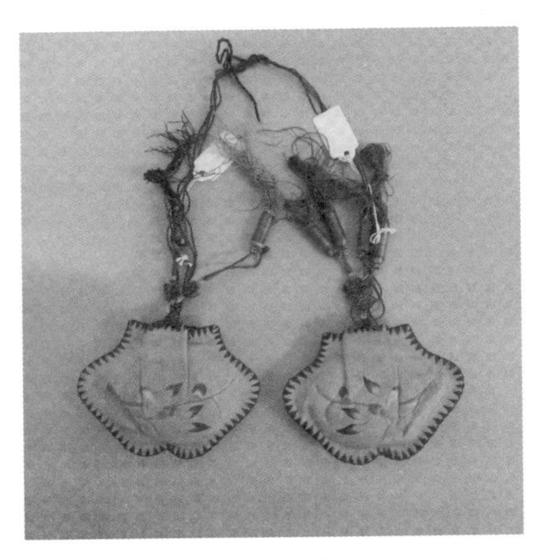

图 26　黄地刺绣花卉纹香荷包

图 27　剪贴绣钱荷包

图 28　刺绣麒麟送子钱荷包

图 29　刺绣鹤鹿同春褡裢荷包

图 30　盘金绣福寿纹褡裢荷包

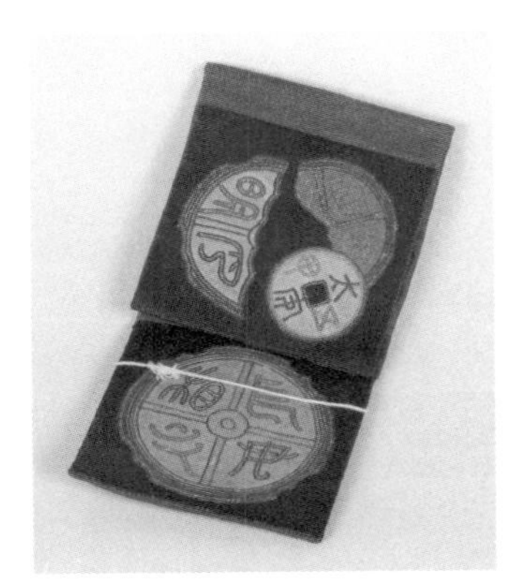

图 31　刺绣文字纹褡裢荷包

双方通媒议婚后，互相往来，一般是男方父母到女方家。女子盛装接待，并给旱烟袋装烟，依次相敬，称为“装烟”。东北女性中不乏吸烟者，烟口袋自然成为身上的装饰品，刺绣精美的烟口袋成为姑娘们晒手艺的物件。烟荷包也是蒙古族传统配饰之一，年轻女子出嫁前有给新郎绣制荷包的习俗。它是表达爱慕之情的信物。烟荷包长度约16cm，宽6cm，配8个飘带。用色上喜好红、绿等艳丽的色彩，装饰图案以蝴蝶、花卉为主。蒙古族烟荷包较汉族的荷包尺寸要大很多，这是因为其游牧生活所需。

图32　烟荷包

当时女子喜欢在长袍右上襟纽扣上悬挂长约10cm的“哈布特格”。这是一种囊式饰品，其功能、外形与“荷包”相似。形状常见的有石榴、葫芦、金鱼、蝴蝶、花瓶等，外面裹绸缎，用金银线绣花卉、走兽等具有蒙古民族特色的图案。囊内装有一个“舌头”，里面可装香料、药物、针线等。这种饰物具有实用性的同时也被当作表达友谊和爱情的信物。

5. 扇袋、镜袋

清代不论达官显贵还是平民百姓都习惯在腰间佩戴香荷包、烟荷包、扇袋、眼镜盒（图33、图34）、火镰等用品，称“腰间杂佩”。流传下来的民间扇袋（图35~图38）、镜袋（图39、图40）常常非常精致，虽然本身作为实用品，但从造型、图案设计、面料色彩搭配和做工上看，都称得上是艺术品，呈现出个性化的设计，精湛的刺绣手艺。

手帕袋，原为装手帕的囊袋，汉代已有佩戴于腰际的习俗，清以后逐渐演变为单纯的配饰，悬挂在大襟纽襻上，上有豁口，可以装进小手帕（图41、图42）。

图33　寿考纹眼镜盒

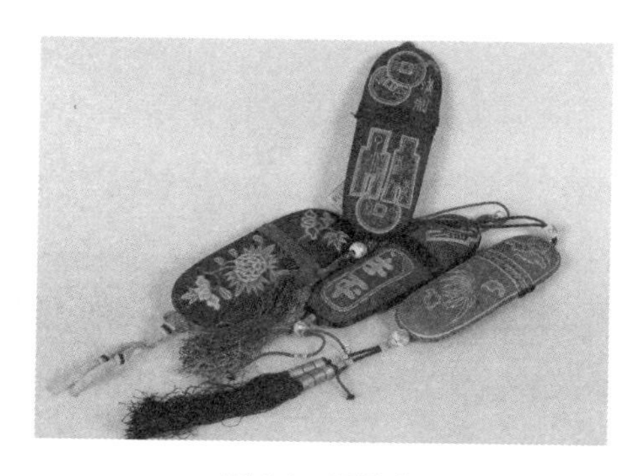

图34　眼镜盒

图 35　盘金绣扇袋

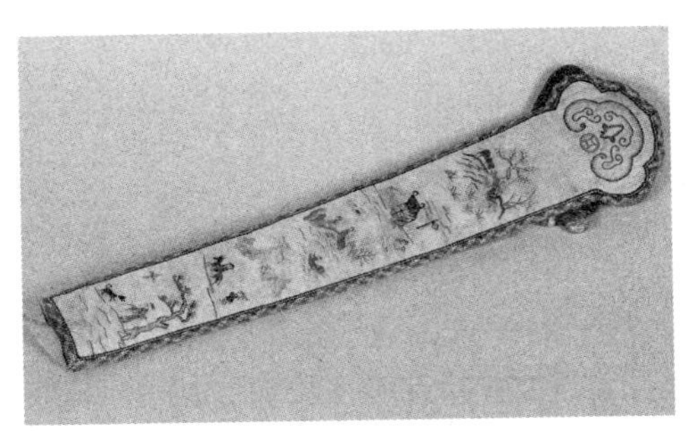

图 36　白缎地刺绣人物故事纹扇袋

图 37　黑地刺绣花卉纹扇袋

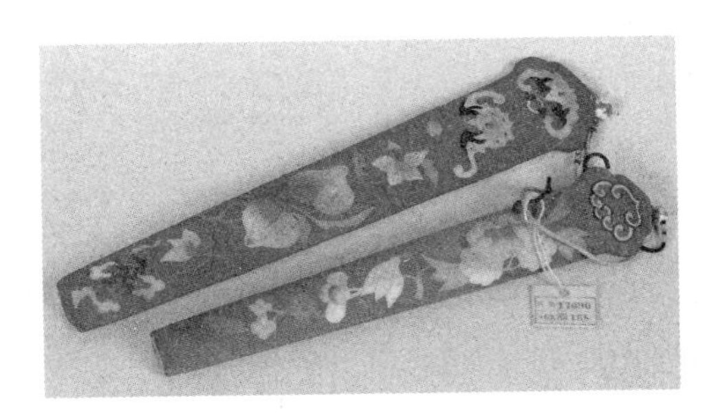

图 38　剪贴绣扇袋

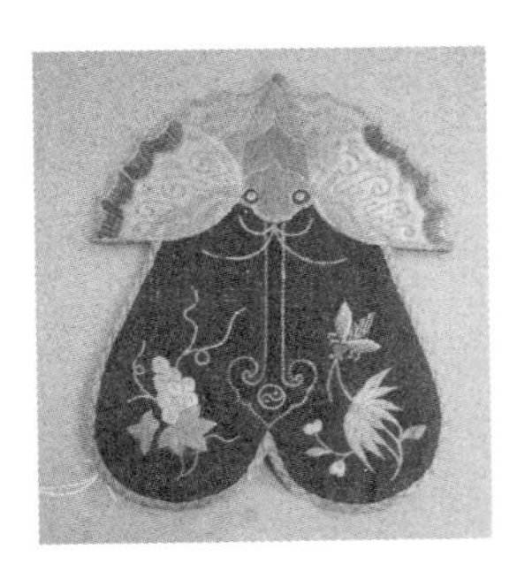

图 39　刺绣蝶恋花镜袋

图 40　黑缎地盘金绣石榴纹镜袋

图 41　红地珠绣手帕袋

图 42　蓝地珠绣手帕袋

6. 眉勒子

清代女性于头上佩戴的首饰中有一种独具特色，当时称“兜勒”，受汉族头饰的影响而在清代流行。满族富贵阶层和民间女子常根据季节需求选择不同样式进行佩戴，称其为眉勒子，清代北方也称其为脑箍、勒子。《续汉书·舆服志》中胡广注“北方寒凉，以貂皮暖额，附施于冠，因遂变成首饰，此即抹额之滥觞。”抹额即眉勒子。清代文学作品《红楼梦》第六回中描写刘姥姥初见王熙凤的穿着佩戴“家常带着紫貂昭君套，围着那攒珠勒子”。清初时期，汉族女子装饰有“只爱吴中梳裹”[1]之描述，这种“兜勒”作为额饰广为流传。

眉勒子是女性系在额头上的包头巾（图43~图45）。天气炎热时可用来固发，做成窄带；冬天有保暖功能。富贵阶层用貂、水獭等毛皮制作，俗称“貂覆额”或“卧兔儿”。

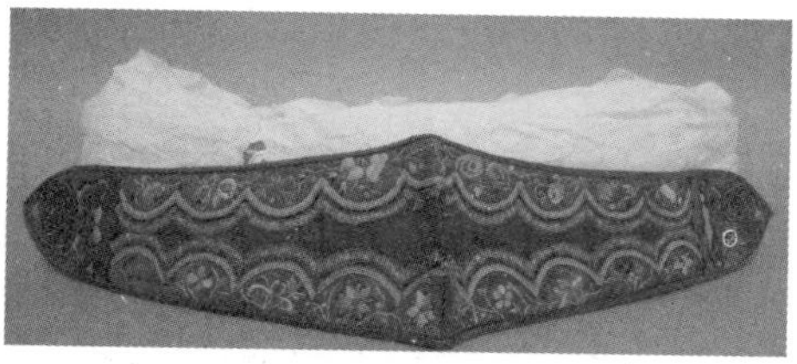

图43　平绣福寿纹眉勒子

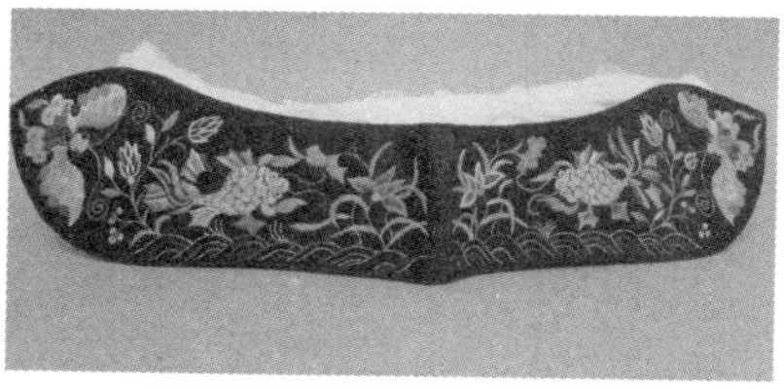

图44　平绣连年有余眉勒子

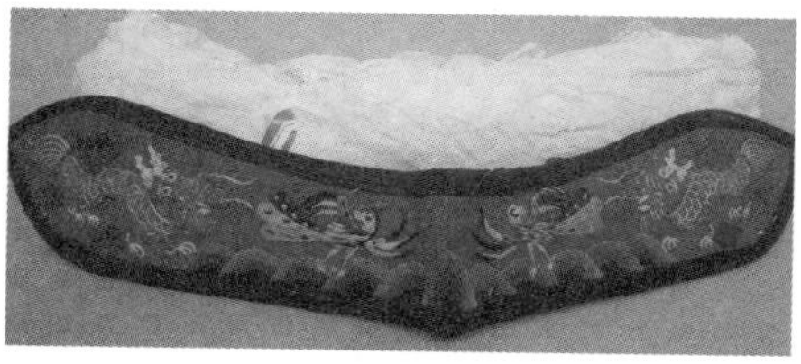

图45　平绣龙凤呈祥眉勒子

（二）鞋

清代男子因骑射民族的生活习惯，一般都穿靴子。满族人们身处关外之时，因地处北方，冬季寒冷，多穿带鞡的皮靰鞡鞋。民间将“人参、貂皮、靰鞡草”称作关东三件宝。靰鞡草是莎草科薹草属植物，主要生长于中国东北长白山脉以及外兴安岭以南。其叶细长柔软，纤维坚韧，不易折断，经过加工后松软易保暖，常用来填充在靰鞡鞋中，是当时常用的御寒用品。《建州图录》中记载“足纳鹿皮靰鞡鞋，或黄色或黑色”。

清军入关后，满族人居住地地理位置优越，气候温和，经济条件有所提升。人们根据季节变换进行调节，逐渐摒弃了笨拙厚重的皮靰鞡鞋，改用布料或夹棉制作鞋靴。清朝宫廷规定入朝官员允许穿方头靴，民间男子一律穿尖头靴。因贫富差距，鞋靴的样式、面料不同。富者春秋季节穿素缎靴，冬季穿青建绒靴，贫者穿青布靴。清代妇

[1] 徐珂．清稗类钞：第十三册［M］．北京：中华书局，1986：6149.

图 46　红缎地刺绣花卉纹马蹄鞋

女多穿木底鞋，源于满族“削木为履”的习惯，因满族女子从小学习骑射不裹脚，当时汉族女性为缠足弓履，满族妇女为自然天足。满族妇女习惯穿一种高跟木底鞋，后称之为“旗鞋”，因形似“马蹄”被称为马蹄鞋（图 46~ 图 48），马蹄鞋兴起于清代中期，因鞋底高，故起到隔凉保暖的作用，适合东北的寒冷气候。还可增加身高，走路步态婀娜。同时配合当时流行的比较高的官家座椅，不必欠脚即可入座；并与旗妆中的两把头、旗袍配套穿戴[1]。

图 47　黑缎地刺绣花卉纹马蹄鞋

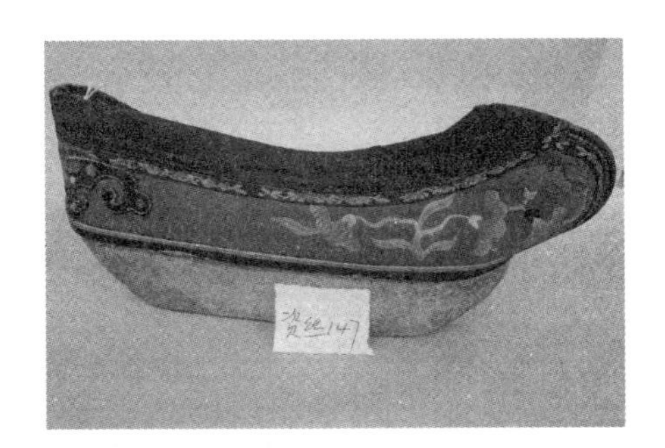
图 48　蓝缎地刺绣花卉纹马蹄鞋

清朝建立初期，社会对汉族缠足小脚（图 49）的推崇已经风靡，为警示满族统治者有可能被汉民族悠久的文化所折服，清顺治元年，孝庄太后颁谕旨“有以缠足女子入宫者斩”。当时有记录“华风纤巧束双缠，妙舞争夸贴地莲。何似珠宫垂厉禁，防微早在入关年。”[2]清末民初，伴随着妇女解放运动的兴起和女子学堂的兴办，汉族女性也开始不缠足，满族女性因高底鞋的不舒适逐渐改穿平底鞋。图 50 为辽宁省博物馆藏刺绣花蝶纹旗鞋。这双鞋的鞋帮上刺绣蝴蝶和花卉图案，民间俗称“蝶恋花”，寓意男女之间的爱情。大红色地，往往是结婚时用的喜庆颜色，加上精致的刺绣手法，猜测这应是为新婚准备的婚鞋。

图 49　黑缎地刺绣花卉纹弓鞋

---

❶ 常人春 . 老北京的穿戴［M］. 北京：北京燕山出版社，1999：188.

❷ 裘毓麟. 清朝佚文：卷三［M］. 北京：中华书局，上海书店联合出版，1989：162 .

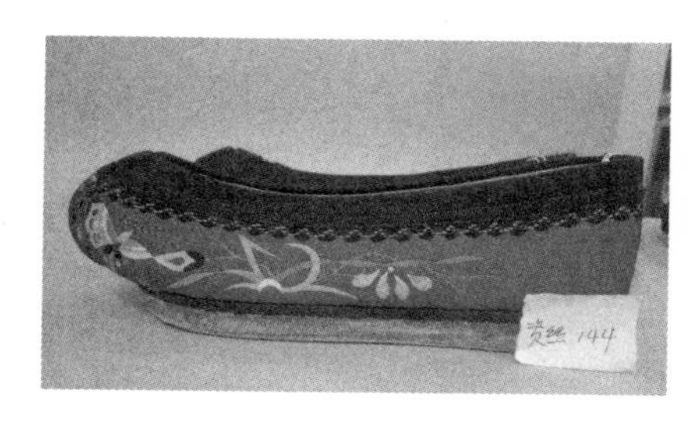
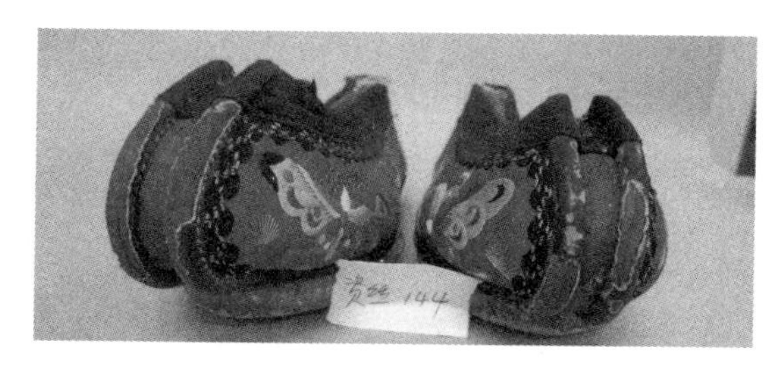

图 50　红地刺绣蝶恋花女鞋

三、小结

纵观满族服饰发展史，从金崛起到清军入关，满族女性服饰在较短的时间内发生了巨大的变化。与满族男性服饰不同，清王朝在易服改制时对汉族女性服饰传统的保留，使入关后的满族女性服饰受到中原文化的熏陶与影响。为避免被传承时间长、文化底蕴深厚的汉族服饰文化所彻底同化，清王朝采取了一些措施，力图通过诏令来巩固满族女性服饰的民族性和民族地位。清初，王朝统治者们在汉族男性中强制推行的易服改制，也为满族女性服饰后来的演变和固定形制的形成与完善奠定了基础。从清王朝建立起，满汉两种服饰文化一直相互影响着，这不仅促成了各自民族服饰形式的丰富与发展，也成就了清末满汉服饰的交流与融合。从满族民间服饰品中可以看出满族民俗的淳朴、奔放，配色大胆，表现直白，形式可爱。虽然部分流传下来的刺绣品、织绣品不如中原地区的做工精细、色彩搭配雅致，但在黑土地和骑射民族文化的孕育下呈现出独特的风貌。特别是女性的衣裳、裙摆、鞋的改良既迎合了社会和时代的潮流，也体现出满族人的豪放、勇猛、热情、率真的民族性格。纵观我国民族服饰文化发展史，满族服饰为其添加了浓墨重彩的一笔。

参考文献

[1] 辽宁省博物馆 . 古代辽宁 [M] . 北京：文物出版社，2017.
[2] 孙彦贞 . 清代女性服饰文化研究 [M] . 上海：上海古籍出版社，2008.
[3] 侯维佳，侯瑞芳，杨景秀 . 民间刺绣珍赏 [M] . 沈阳：辽宁美术出版社，2006.
[4] 王云英 . 清代满族服饰 [M] . 沈阳：辽宁民族出版社，1985.
[5] 周锡保 . 中国古代服饰史 [M] . 北京：中国戏剧出版社，1984.
[6 [周汛，高春明 . 中国历代妇女妆饰 [M] . 上海：上海学林出版社，1997.
[7] 赵丰 . 锦程：中国丝绸与丝绸之路 [M] . 合肥：黄山出版社，2016.

“蓝色花蝶纹织成大袄”的织成技术可行性初探[1]

杨然[2] 王越平[3] 朱丽娉[4]

摘 要：“织成”是运用定位织造技艺加工成具有可成型性的纺织产品的总称，其历史久远，适用范围较广。文章通过重新界定“织成”的定义，从“织成”的织造技法、组织结构和产品等方面梳理了“织成”的适用性，并以北京服装学院民族服饰博物馆藏的“蓝色花蝶纹织成大袄”为例，从“织成”服饰上的花本设计与排板的技术要求两方面进行技术可行性分析。利用花本与排板的相互配合有效地解决了花本的顺序性与方向性问题。

关键词：织成；花本；排板；技术可行性

Study on the “Zhicheng” Weaving Technical Feasibility of “The Blue Flower and Butterfly Pattern Woven Coat”

Yang Ran Wang Yueping Zhu Liping

Abstract: “Zhicheng” is a general term for the use of location weaving techniques to produce formable textile products. It has a long history and a wide range of applications. By clearing the definition of “Zhicheng”, the paper summarized the applicability of “Zhicheng” in the aspects of weaving techniques, weave structure and product application. A“blue flower and butterfly pattern woven coat”being exampled, which collected in the National Costume Museum of Beijing Institute of Fashion Technology, the technical feasibility were analyzed from two aspects: the design of rope pattern cards and the technical requirements of the typesetting. The problem of sequence and direction of the rope pattern cards are effectively solved by cooperating of rope pattern cards and typesetting.

Key Words: Zhicheng; rope pattern cards; typesetting; technical feasibility

---

[1] 项目资助：2018 年大学生创新创业训练计划项目“清代丝绸面料的研究与仿制”。

[2] 杨然，北京服装学院硕士（在读）。

[3] 王越平，北京服装学院教授。

[4] 朱丽娉，北京服装学院本科（在读）。

一、前言

“织成”这一名称最早出现于汉代，曾经也称为“织絾”“偏诸”等。《说文解字》有：“织而成之，不待裁剪之物”。“织成”在朝代更替的历史进程中经历着反复的兴盛与衰落。汉书上最早记载有“斜纹织成”以及赵飞燕皇后的女弟所送礼物“织成上襦”和“织成下裳”；到了魏晋时期，“织成”产品更为普遍，其种类也逐渐丰富，出现了“织成靴袜”“织成合欢裤”“晋织成流苏武帐”“织成褥”等❶。《南齐书·舆服志》中也有：“衮衣，汉世出，陈留襄邑所织。宋末用绣及织成，建武中，明帝以织成重，乃采画为之，加饰金银薄，世亦谓为天衣”，表明了“织成”作书画的用途。明清丝绸服装常见用料中的“织成料”均是利用这一技艺完成。

关于“织成”的定义，研究者们持有多种观点。陈维稷先生认为，“织成是从锦分化出来的一个品种，是在经纬交织的基础上，再以彩纬挖花的实用装饰织物”❷；中国社会科学院考古研究所王岩在《论“织成”》一文中也持相似观点，他进一步明确“织成”是一种特殊的织造方法。而陈娟娟在《中国织绣服饰论集》中阐述了不同观点，即“织成是泛指按照各种服用或装饰用的成品形制规格，进行设计加工织造的各种纺织品的通用名词”❸。书中摘引了从汉至宋的部分“织成”名称，将“织成”概念具象化。还有一些学者将古代丝织品种缂丝与“织成”进行对比，认为“织成”是一种按照实用物的具体形式和尺寸规格，进行纹样设计和整体图案布局安排的设计手段❹。此观点更强调“织成”是一种成品织造形式和设计手段。史料《天工开物·乃服》中记载道：“其中节目微细，不可得而详考云”，说明当时这项技术是保密的，

❶ 陈维稷 . 中国纺织科学技术史［M］. 北京：科学出版社，1984:361–362.

❷ 同❶361.

❸ 陈娟娟 . 中国织绣服饰论集［M］. 北京：紫禁城出版社，2005:141.

❹ 李斌，李强，黄琳 . 缂丝起源与传播的问题［J］. 丝绸，2016，53(11):74–79.

因此对“织成”的认知少之又少，造成了“织成”概念的混乱。

本文认为，“织成”可以理解为运用定位织造技艺加工成具有可成型性的纺织产品的总称。相对于普通提花技术而言，“织成”技术最大特点在于成衣制作的专一性与规范性。它要求服装形制、服装尺寸、花本纹样、服装排板与织造技术之间的相互配合，服装加工过程的各个细节都要在织造前设计好，制作花本的难度与工作量之大成为一个关键技术环节，再加上织造过程耗时费力，可见织成料的独特与尊贵之处。

关于“织成”的适用范围，相关资料及实物产品表明，“织成”产品在织造技法上除了有运用缂丝技法织造的“织成”外，还有妆花织造（如妆花绢、妆花纱、妆花绫、妆花罗等）、漳绒/缎织造、大花楼提花织造等，这些技艺都可实现织成料。在组织结构上，“织成”并不局限于简单的平纹组织，还可以是斜纹、缎纹及其他变化组织。缂丝技艺运用平纹组织以通经断纬的方式实现“织成”，使“织成”图案及装饰部位等自由、丰富，也将“缂丝”与“织成”两项高超技艺融为一体，更显服饰的高贵感。妆花技艺采用通经通纬加回纬的织造技法，使“织成”图案立体感非常强，在服装上的装饰效果更突出，同时图案色彩纹样及装饰部位也比较自由、丰富。史料《天水冰山录》记载明代服装用料中，织成料占50%左右，基本上都是妆花技艺织造而成[1]。以漳缎织造的“织成”，由于地经起经缎、绒经起绒花，采用双经轴系统装造，以解决地经和绒经用量不同步问题，保证绒经纱能够单独运动，从而形成各种疏密纹样。北京服装学院民族服饰博物馆馆藏的清末时期粉紫色蝶恋花团花纹漳缎女袄便采用了该类织成料，说明“织成”也可适用漳缎品种。此外，“织成”产品还在衣、襦、袄、下裳、袴衫、履、袜、褥、帘、书画等方面有着广泛的应用。“织成”广泛的适用范围为本文的技术可行性探讨提供了丰富的文物资源，更呈现出极强的生命力和深刻的艺术、技术价值。

二、“织成”技术的可行性分析

研究发现，“织成”的技术难点集中在织造前的挑花结本工艺，恰当的服装排板一定程度上可以减少花本的数量，降低织造难度。本文以北京服装学院民族服饰博物馆馆藏“蓝色花蝶纹织成大袄”（缎纹提花组织）为例，从技术角度初探“织成”

[1] 黄能馥，陈娟娟.中国服饰史［M］.上海：上海人民出版社，2004：470-485.

的可行性。

（一）“织成”服饰上花本的技术分析

花本是储存纹样信息的载体，智慧的古人利用花本将图案纹样转换为可以上机织造的一套程序语言。根据纹样的装饰部位不同，可以分为衣身装饰纹样和边缘装饰纹样，边缘装饰部位包括领口边缘、袖口边缘、门襟及下摆边缘等位置（图1）。对此件织成大袄而言，衣身装饰纹样为遍地花蝶纹装饰，有蝶、兰、梅等纹样，边缘装饰部位沿着边缘线紧密饰有兰、盘长和茉莉头等纹样，在表达美好寓意的同时，也起到强调服饰结构、归拢边缘纹样的功能。对比图1、图2，经过严格的拼合比对发现，这两件服饰的纹样和位置分布是完全相同的，仅仅由于剪裁的不同导致服装的造型风格产生了变化。由此可推断这匹织成料在织造前存在一套贮存纹样，并且有可以反复使用的祖本花本（祖本是指挑花结本产生的原始花本，通常作为长期保存的样本，不直接上机使用）。

图1　蓝色花蝶纹织成大袄
（北京服装学院民族服饰博物馆藏）

图2　蓝色花蝶纹织锦缎女袄
（北京服装学院民族服饰博物馆藏）

"织成"纹样一般为循环较大的独幅设计，因此需要将服饰各部位的纹样分别挑制成多个小花本，经过多次倒花（根据已挑的花本，再复制出一个新花本的工艺称倒花）、拼花（将两本以上的花本或拼本经过拼合成为一本花的工艺称为拼花）等工序，形成一套套相对完整的局部大花本，织造时在需要起花的部位根据所要起的花型自由更换花本，以此方式保证每次织造出来的匹料相同，结构与纹样没有差别。

如图3所示为此件织成大袄的款式图和样板图，①为大身右片，前后衣身连裁，②为大身左片，③为大襟片。从结构与形制来看，前①作为此件织成大袄的里襟，衣长较前②部分短，且下摆边缘线为水平线；其余部位如前②与后②、后①与后②分别关于肩线和后中线翻转对称。从纹样及位置分布来看，此件织成大袄的纹样整体对称性很好。通过分析可知，除前①的下摆边缘装饰纹样外，①与②的纹样关于中心线翻转对称；若暂不考虑领部边缘的纹样，前①与后①、前②与后②的纹样分别关于肩线翻转对称，故可以认为，除了前①的下摆边缘与领部边缘的纹样外，前①与后②、后①与前②的纹样关于领围中心点旋转对称。这四部分的服装结构与纹样可以通过相互之间的翻转、旋转等方式实现重合。因此，挑花仅需1/4（按后②），再通过倒花和拼花制成一套1/2的局部花本，为方便描述记为花本a，按照花本a可织造出样片②的大身部分纹样（不包括领缘装饰纹样）。对于领部边缘的纹样而言，①与②的领部纹样关于中心线翻转对称，但前、后领纹样不满足对称关系，基于领部纹样的特殊性，挑制1/2领缘纹样，单独制作一套领缘纹样的局部花本，记为领缘花本b。将花本a与b进行拼花，即将两个拼本经线并列拼合在一起，用a的花本纬线穿入b的花本纬线里，替换出b的花本纬线，这样就可以把两本花a与b拼合成一本花，记为大身花本Ⅰ（a+b），按照大身花本Ⅰ上机可织出完整的样片②的纹样。此外，③的衣身装饰部位纹样与前①完全重合，③的下摆边缘纹样与前②的对应部分关于前中线翻转对称，因此还需分别制作前①下摆缘饰小花本c和大襟③斜向门襟缘饰小花本d。先将花本a中前身下摆边缘部分的纹样用小花本c替换，再将领缘花本b倒花后与替换后的花本a拼花，得到大身花本Ⅱ（a+b+c）。以同样的方式，将后②的纹样中与大襟③相同纹样的花本从花本a中提取出来，与小花本d进行拼花，得到完整的大襟花本Ⅲ（a+d）。

综上所述，整件织成大袄共有4个小花本，分别为局部衣身花本a，领缘花本b，前①下摆缘饰花本c，大襟③斜向门襟缘饰花本d，由4个小花本经过倒花、拼花等工序最终共制得三个用于排板的局部大花本，分别为大身花本Ⅰ、大身花本Ⅱ和大襟花本Ⅲ。

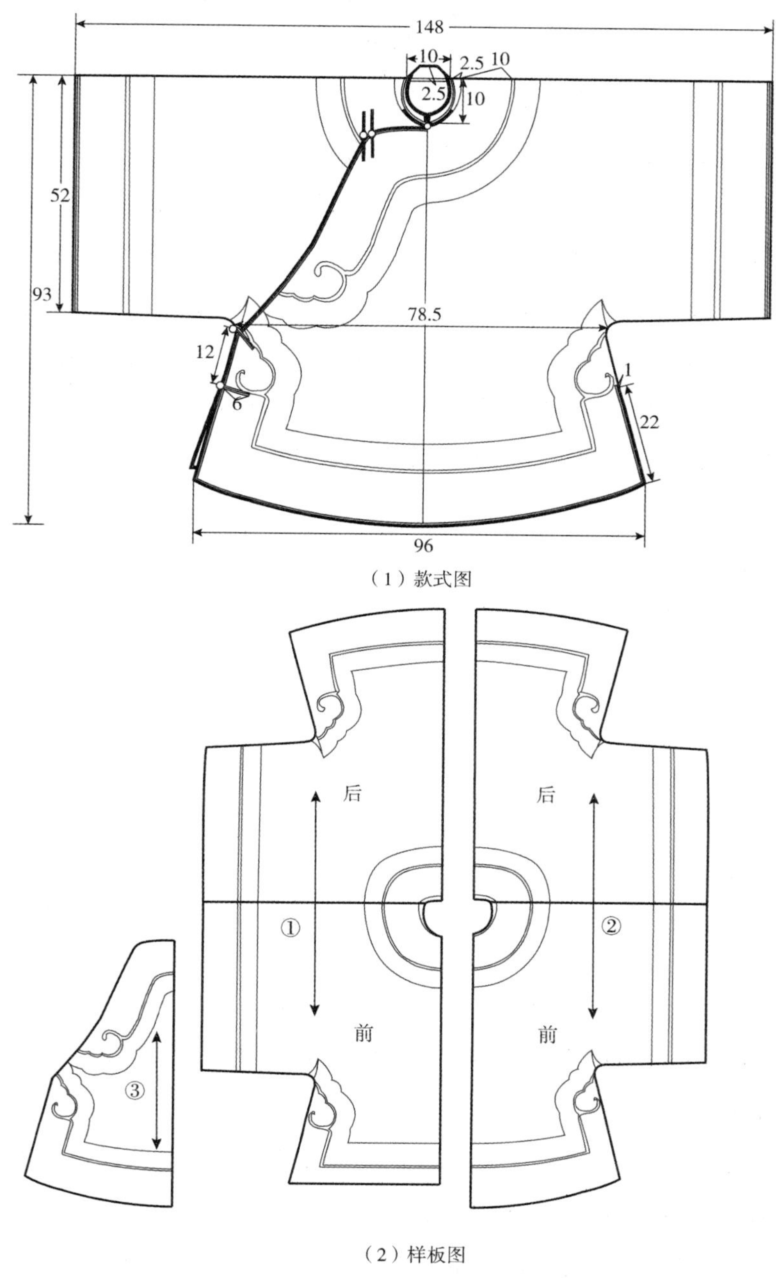

（1）款式图

（2）样板图

图3 “蓝色花蝶纹织成大袄”款式图及样板图

（二）排板的技术要求

此件“蓝色花蝶纹织成大袄”的排板依据主要有两点，一是面料幅宽，二是尽可能通过排板减少对祖本的翻花或卷花（倒花操作的基本形式，倒花时用原花本纬线在同本经线的上下张口间的转移，由上往下称“卷花”，由下而上称“翻花”）等倒花工序，降低织造难度。相较于普通排板来说，排板省料的问题在“织成”中显得微不足道。由图3（1）织成大袄的款式图知，半袖长为74cm，袖子无其他拼缝。由于清代面料幅宽仍受织造机器的限制，日常穿着便服的面料幅宽一般在75cm左右，满足此袄的半袖长，因此可认为此匹织成料的幅宽为75cm。

排板时，依照服装结构及顺序，将制作好的衣片花本进行合理编排，以便后续分段依次上机织造。值得注意的是，由于大身片①与②的纹样关于领围中心点基本满足旋转对称关系（除前①下摆处和领缘处），所以排板时将大身片②旋转180°后进行编排。利用这种方式保证了大身片①和②的纹样方向一致，有效地减少了花本的更换。为方便研究，以净板数据进行排板，最终所需用料长度为453cm。图4为此件织成大袄的花本排板图，箭头所指方向为花本正向。

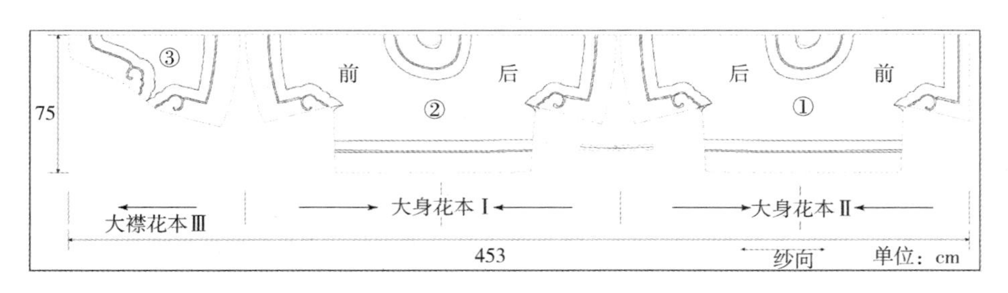

图4 “蓝色花蝶纹织成大袄”的花本排板示意图

三、结语

“织成”是运用定位织造技艺加工成具有可成型性的纺织产品的总称。本文对北京服装学院民族服饰博物馆藏的“蓝色花蝶纹织成大袄”进行技术可行性分析，得到如下结论。

首先，对“织成”的技术可行性分析主要从两方面展开，一是“织成”服饰上的花本设计，二是排板的技术要求，二者相互配合。恰当的排板技术一定程度上可以减少挑制花本的数量，保证花本的有序性；同样，科学合理的花本也为排板创造了便利，有效避免了花本方向的混乱。

其次，通过对“蓝色花蝶纹织成大袄”的纹样及其布局分析，将其分解为四个局部小花本，再通过倒花、拼花等工艺整合成三个衣片花本，从而实现该服装的织成工艺。

最后，依照此件织成大袄的服装结构及顺序，通过翻转衣片的方式实现了对花本的合理排板，从而减少祖本翻花或卷花，保证了花本方向的一致性。

“织成”在当代计算机化的今天是很有前景和应用价值的。在当代针织成型产品应用的潮流中，可成型机织产品的开发有助于拓宽可成型产品的应用领域，这将有待于进一步研究与推进。

致谢

感谢在本文文物分析过程中，北京服装学院民族服饰博物馆及高丹丹老师关于藏品信息以及文物分析等方面给予的指导与帮助！

参考文献

[1] 王岩 . 论“织成”[J]. 丝绸，1991（03）:44–46.
[2] 赵承泽 . 中国科学技术史：纺织卷 [M]. 北京：科学出版社，2002.
[3] 钱小萍 . 丝绸织染 [M]. 郑州：大象出版社，2005.
[4] 蒋玉秋 . 明代柿蒂窠织成丝绸服装研究 [J]. 艺术设计研究，2017（03）:35–39.
[5] 周萍 . 缂丝产业的可持续发展研究 [J]. 丝绸，2010（08）:57–60.
[6] 朱华 .“缂丝”的称谓 [J]. 四川丝绸，2007（04）:49.
[7] 郑丽虹 . 中国缂丝的源流与传承 [J]. 丝绸，2008（02）:49–51.

明清礼服中的灵动之美

——霞帔与彩帨

赵芮禾[1] 胡晓坤[2]

摘　要：以江西南昌明代宁靖王夫人吴氏墓出土霞帔与河北遵化清东陵温僖贵妃墓出土彩帨的文物修复保护为基础，探讨明清两代命妇服制中装饰品的演变与发展。在中国悠久的封建历史长河中，贵族女性的服饰在中国服饰史上都是浓墨重彩的一笔，随着织造工艺、装饰手法的不断创新，明清时代的贵族女性服饰制度却受到了不同程度的限制。在厚重烦琐的礼服服制中，霞帔与彩帨的装饰之美起到了画龙点睛的作用。

关键词：明清服制；命妇礼服；霞帔；彩帨

The Beauty of Spirit in Ming and Qing Dynasty Dresses

— Xiapei and Caishui

Zhao Ruihe　Hu Xiaokun

Abstract: This article is based on the study of restoration and protection of the embroidered clothes(Xiapei) unearthed from the tomb of Mrs. Wu of highness Ningjing in Nanchang of Ming dynasty, and silk handkerchief(Caishui) from tomb of noble— consort Wenxi of Qing dynasty in Zunhua, Hebei province, tries to survey the evolution and development of decorations of the clothes of the titled women in Ming and Qing dynasty. In ancient China, the style of the dresses of aristocratic women is an important topic in the history of chinese dress. With the continuous innovation of weaving technology and decoration techniques, in the Ming and Qing dynasties, the aristocratic women's clothing system was restricted to certain models. In the heavy and cumbersome dress system, the decoration of Xiapei and Caishui played a role in making the finishing point.

Key Words: Ming and Qing clothing system; aristocrat women's dress; Xiapei; Caishui

[1] 赵芮禾，北京大葆台西汉墓博物馆助理馆员。

[2] 胡晓坤，中国社会科学院考古研究所文化遗产保护研究中心助理馆员。

一、明清命妇礼服之溯源

命妇礼服制度在千年的封建王朝中始终处于不断变化的过程之中，这在《二十四史》的《舆服志》中都有体现。随着封建王朝的发展，唐宋伊始，儒家思想的深入与程朱理学的诞生逐渐形成了中国社会礼教规范严苛的大风气，这对后世贵族礼服制度的细致规范起到了极大的推动作用。

明代是汉族统治者建立的最后一个封建王朝，清代是满族统治者建立的中国最后一个封建朝代，因距今时间较近，流传下的史料与实物资料都较为齐备，两个朝代的命妇服制都拥有较为完整的记录。两朝的服制既有其本民族的风俗特征，也吸收了传统儒家经典中的礼仪文化含义，霞帔与彩帨分别是明、清两朝女性服制的代表性装饰物之一。

（一）霞帔

对于霞帔的起源，有的学者认为，霞帔是从魏晋时期广为流传帔帛演变而来的[1]；也有学者认为霞帔的起源是隋唐的帔，与中亚东传的佛教艺术带来的风习影响有关[2]。帔帛此词最早出现在秦汉时期的文字资料中，到了魏晋南北朝时期，随着汉末玄学的影响，服饰风格宽衣博带，追求一种灵动飘逸的立体效果，与襳髾一样轻薄飞扬的帔帛随之产生，并影响了后世帔帛的发展[3]。唐代开始流行用金银粉绘花或夹缬等印染在薄纱或罗等轻薄的织物上，从胸前或者背后环绕披搭肩上，然后在旋绕于手臂间。传世的画作中有不少女性形象都搭有帔帛（图 1、图 2）

---

❶ 丁文月．明代霞帔研究［J］．苏州工艺美术职业技术学院学报，2012（1）：41.

❷ 孙机．唐代妇女的服装与化妆［J］．文物，1984（4）：58.

❸ 于长英．古代霞帔探源［J］．华夏文化，2007（2）：41.

图1 《簪花仕女图》局部

图2 《捣练图》局部

帔帛流传发展到宋，帔被分为两种：霞帔，开始正式作为命妇礼服与民间婚嫁使用；直帔，为民间女性保留传承前代帔帛形式而使用。霞帔此词也作为命妇礼服配饰与民间婚服配饰所用的专有名词开始确立[1]，与帔帛形成了不同的发展路线。明代霞帔的使用达到了顶峰，从宋代的史料中很难发现对于礼服使用霞帔的具体制度规范，但是明代前期却对霞帔制度的规范从用料、颜色、纹饰等各方面进行了极为细致的四次修正。挂在身体正前方下垂尖端，会连接一坠子，材质或金、玉，纹饰或凤、翟，皆有明文规定。清代霞帔形制变化，宽度增加，似长款马甲，前胸与后背装饰以补子，下面尖端多缀有各色流苏，但官方并未给出等级规定。

（二）彩帨

彩帨作为命妇礼服固定饰品，始于清朝，但帨巾的历史却比帔帛更为久远。《诗经》有云："无感我帨兮，无使尨也吠。"《礼记·内则》篇云："妇事舅姑，如事父母……左佩纷帨、刀、砺、小觿、金燧，右佩箴、管、线、纩，施縏帙，大觿、木燧、衿缨，綦屦。"《礼记·曲礼上》载"尊卑垂帨。"及唐代小说《朝野佥载》中也有描述"上元年中，令九品以上配刀砺等袋，彩帨为鱼形，结帛作之。"可见彩帨的历史远可追溯到先秦，且流传有序，甚少间断。"帨"字本意即为配巾，这

[1] 朱曼．论明代凤冠霞帔的定制与婚俗文化影响力［J］．美术教育研究，2013（9）：45.

与清代命妇所佩戴的彩帨含义多有相同，彩帨是“手巾与装饰杂物的结合[1]。”

清代的彩帨初期是将早期少数民族流行的蹀躞带与配巾结合的产物。随着蹀躞带实用功能的逐渐降低，彩帨上的坠饰发展成多有象征吉祥寓意的葫芦、宝剑等丝织与角雕饰物（图3）。乾隆三十七年对清代官服制度进行敲定时，将彩帨作为命妇服饰的定制，一同颁旨明文。

图3　乾隆慧贤皇贵妃朝服线描画像（作者自绘）

二、文物修复与保护

（一）明宁靖王夫人吴氏墓出土霞帔

宁靖王夫人吴氏墓出土的霞帔属于明代外命妇等级出土霞帔中现存状态最好、等级最高的。其前身半段保存较好，少许部位还可以看罗地上的颜色，压金彩绣凤纹翅羽的渐变蓝色还依稀可见。但后半段保存程度较差，有大量墓主尸体沉积的脂肪酸钙盐污染物贯穿文物，这些坚硬的盐类块状污染物经由博物馆的一次不当处理后，直接被熨烫在脆弱的罗地上，造成严重板结。压金彩绣用圆金线也因此次修复未做护金保护，金箔脱落严重。

乳白色盐类污染物贯穿薄弱的蚕丝组织结构，渗透织物内部，导致文物整体的

[1] 梁惠娥，李坤元．清代“彩帨”的形制与图案［J］．丝绸，2016（10）：53.

板结黏连（图 4、图 5）。局部严重污染部位，盐类覆盖住圆金线云凤纹刺绣，文物的基础信息提取被影响。在整体清洗之前，应当注意到整体圆金绣的脆弱情况。古代圆金线是将金箔纸切成约 0.5cm 宽的长条，通过黏合剂，缠绕粘贴在丝线之上，根据所需刺绣的图案将制作而成的金线盘绕在织物表面，再使用较细的丝线钉缝而制。金线经过了六百年的棺液浸泡，黏合剂多失去效用，入水则松散开来，或有零散金箔漂浮于水面上。

霞帔清洗的步骤为物理剔除、护金、试色、局部清洗、整体清洗。

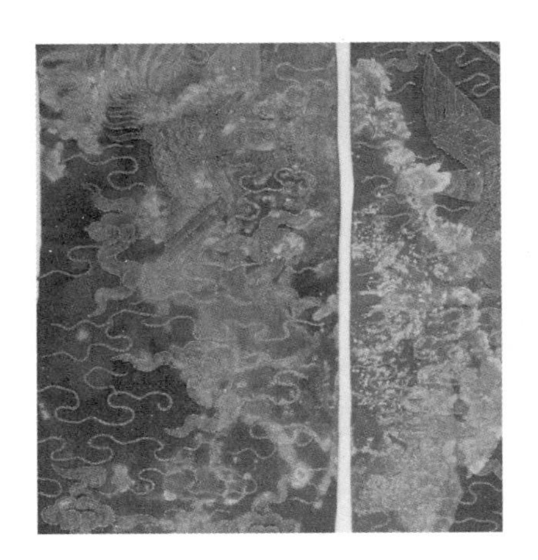

图 4　霞帔修复前污染物（正）

图 5　霞帔修复前污染物（背）

在不损伤织物的基础上剔除附着物，主要使用修复书画时常用的针锥，透过织物结构将固化的污染物大而化小，至碎屑状，再用胶皮吹球轻轻吹开（图 6、图 7）。待表面可见碎屑全部清除，便可从固化污染物的包裹中看到清洗的圆金线与刺绣纹饰，此时使用勾边毛笔蘸取 2%~3% 密度的聚乙烯醇缩丁醛溶液，顺沿刺绣纹路描画（图 8）。根据金线保存状况的不同，描画次数保持在 3~5 次。

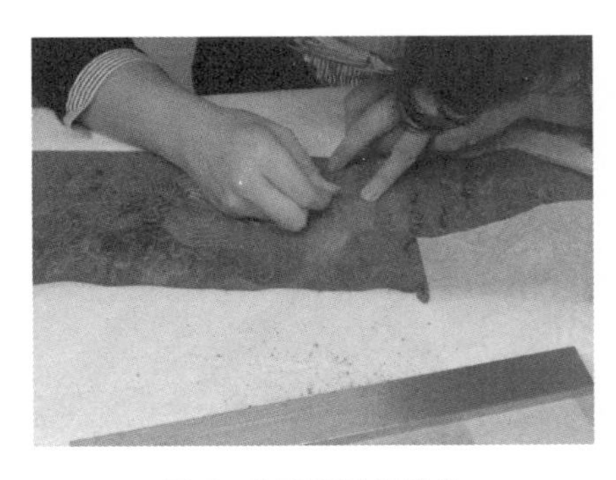

图 6　物理剔除污染物

图 7　清理出的污染物碎屑

图 8　固护金线

霞帔的清洗经过两个步骤：其一局部清洗，其二整体清洗。清洗前先用不同温度的清水做褪色实验，确认其在热水中也没有颜色减退后，开始进行局部清洗（图9）。选取污染最为严重的部位浸泡入 50~70℃的热水中，不断添加热水，保证水温，文物经过完全浸泡之后，污染物会逐渐松动，使用毛笔反复轻刷文物表面，或双手震荡水面，促进水流冲洗织物组织间的污染物。文物正反面清洗完成后将霞帔展开，按照同样的方式清洗内里。大量黄白色污染物被清洗渗出，清水逐渐变成乳黄色，水面上方漂浮一层油脂（图 10、图 11）。

图 9　局部清洗

图 10　清洗用水

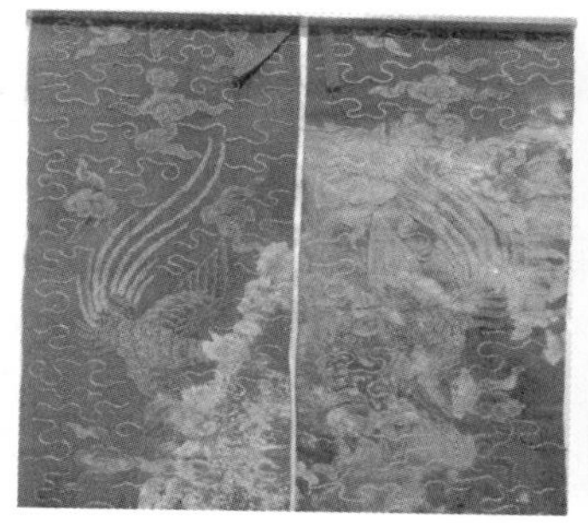

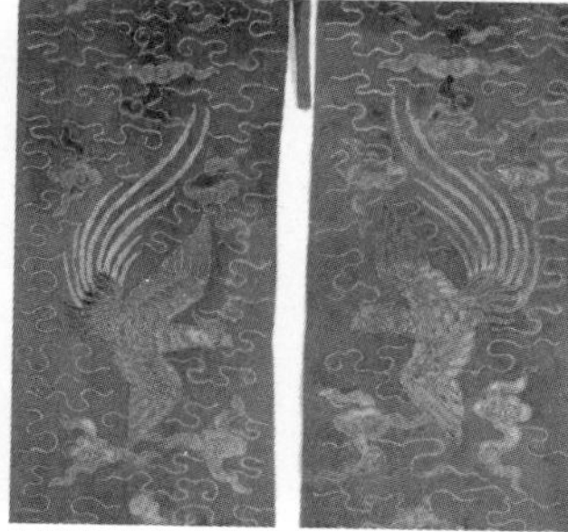

图 11　霞帔同一位置清洗前后对比

（二）清东陵温僖贵妃墓出土彩帨

由于长久埋藏于地下及特殊埋藏环境的限制，且出土后并没有得到最为紧急的保护措施，因此长时间暴露在空气之中，接受阳光紫外线等外界因素的直接或间接照射，使得棺内纺织品文物劣化。彩帨由于长期经受地下埋葬环境中的水、泥土、腐败生物体、酸碱盐类化学物质、霉菌等的侵蚀作用，织物强度变差，纺织品表面附着了各种污染物，也有少许生霉现象（图 12）。

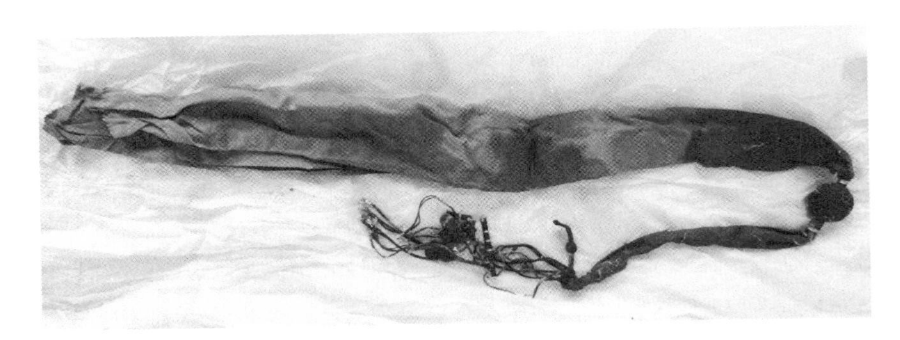

图 12　修复前原状

彩帨通长 120 cm、最宽部位 9.7 cm，呈上窄下宽状，帨身最下端为一折叠形成的尖角。帨身以素绢制成，保存比较完整，但帨身通体污染严重，表面附着许多的棉絮（疑为同墓室其他织物相互黏连），并伴有大量霉菌。由于织物在墓室中被棺液浸泡时间过长，导致织物已失去了原有光泽，并触感黏腻，疑似有穿透性油脂类污染。

帨身上端配有六组坠饰，修复前已绞结成团，互相黏连，墓葬中各类污染物全部附着其上，织物整体处于极度饱和的饱水状态，强度极低（图 13、图 14）。

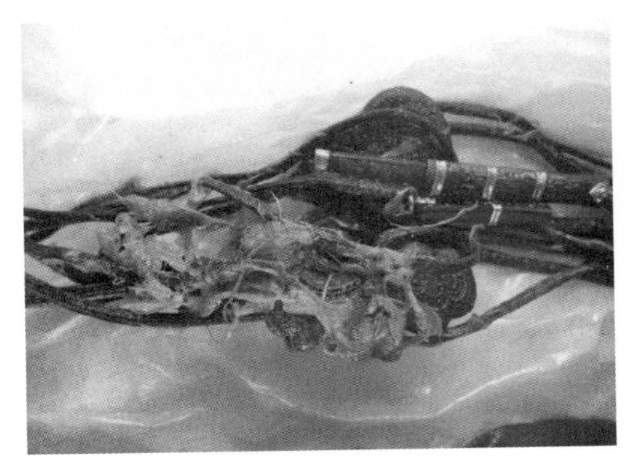

图 13　修复前坠饰缠绕状态

图 14　修复前的犀角球

距离彩帨顶端36cm、底端80cm处有一透雕云龙纹犀角球，此球横向中心开合，将角雕装饰球分为上、下两部分，球体内侧被絮状污染物所填充，并伴有大量白色霉斑。球体外侧被霉菌与油脂状污染物包裹。

针对此件文物现阶段状况的保护修复，是无法按照正常工作顺序进行的。因此需要采取应急保护措施，进行边清理、边检测、边保护加固的方案，这是目前唯一能较好处置的手段。

为了尽可能减少修复工序对于文物的消耗，清理工作必须十分的谨慎，并且对工作室的温湿度要求也严格规范，18℃的温度为了确保织物不会长出新生成的霉斑，湿度逐渐降低，为保证犀角和织物不会因为突然脱水而开裂糟朽。清理文物时，需完全使用纯净水或蒸馏水，才可以确保普通自来水中的氯离子不会残存在织物结构之内，造成缓慢腐蚀。

彩帨的前期清理保护步骤主要分为物理剔除附着物、局部清洗、整体清洗、整形。首先在不损害织物的前提下，使用弯头医用镊子缓慢剔除缠绕在挂坠之间的絮状掺杂物，将蒸馏水倒入大培养皿中，毛笔蘸取蒸馏水去除覆盖在绦带表面的全部污染物。清晰地整理出每一组坠饰的结构关系，逐一放置于吸水毛巾上缓慢阴干（图15、图16）。方便后续观察每组挂坠的材质以及所运用的装饰手法。

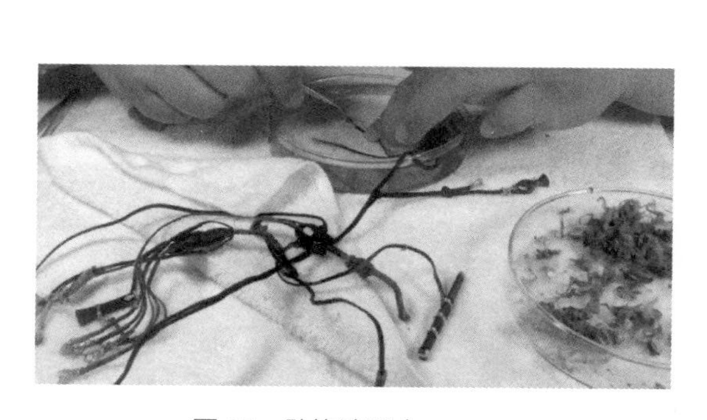

图15 坠饰清理中

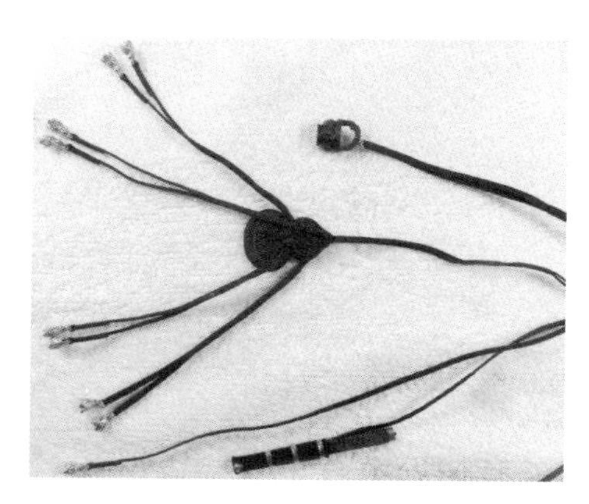

图16 坠饰缓慢阴干

坠饰配套有数条丝绦，在清除掉表面的污染物后，可以清楚地观察到丝绦底端分别挂有碧玉花篮、寓意吉祥的葫芦、青金石宝瓶、鞘刀、烟荷包、扇形小盒等精致物件。并且在每条绦带下端都缀有金包首，共计15只，但遗憾的是包首内所镶嵌的宝石皆已丢失（图17、图18）

帨身及犀角球外侧覆着的棉絮，同样需要结合镊子先采用物理剔除法缓慢揭取，再使用毛笔蘸去离子水彻底清除表面的泥土以及其他油脂类污染物（图 19）。由于素绢质地的帨身是从犀角球中心穿过，若要彻底清洗，则需要将犀角球摘取，进行单独清洗，才能彻底清除球体内侧的霉斑以及油脂类污染物（图 20~ 图 22），为了防止球体干裂变形，造成二次损坏，在清洗后需要缓慢阴干。

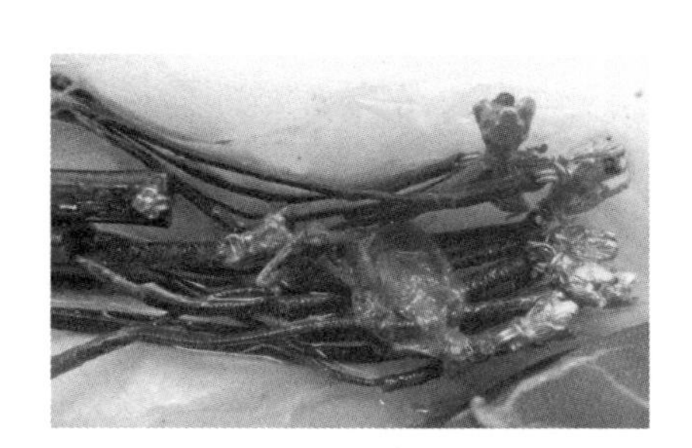

图 17　金包首坠饰

图 18　整理后的坠饰

图 19　犀角球外侧霉菌类污染

图 20　犀角球污染去除

图 21　犀角球内侧霉菌类污染

图 22　清除犀角球内侧污染物

摘取犀角球后，织物的清洗需在清洗前做试色实验，测试织物是否掉色。素绢质地的帨身保存较好，且强度较大，因此对其进行清洗的过程中可采取流动水的漂洗，以期清洗程度的彻底。

因帨身被大量的油脂类污染包裹，需要将织物置入 40~70℃的去离子温水中浸泡，将油脂状污物软化，并在温水中加入少量的活性酶中性洗涤剂浸泡 15~30 分钟，随时添加热水，控制水温。浸泡过程中，织物上的油脂类污物与活性酶慢慢发生反应，使用小毛笔按织物织造丝路轻刷，清除污物（图 23）。最后用去离子水反复涤荡数遍，取出阴干。

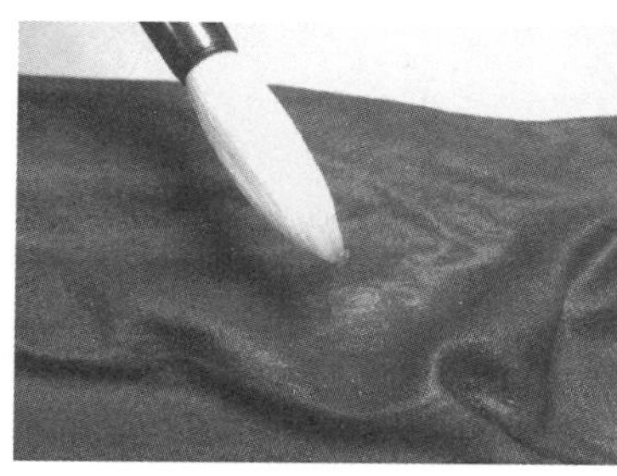
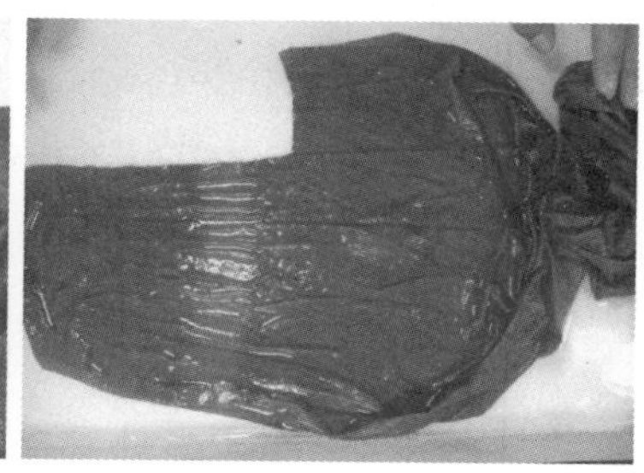

图 23　素绢质地帨身清洗中

清洗素绢质地帨身时，在织物右侧有一整齐的剪裁缺口，初步判断其作用是通过减少织物厚度的方式，来方便织物穿过犀角球中心。对彩帨的文物修复完成后，可将织物重新套入犀角球内（图 24）。

图 24　彩帨修复完成图

三、森严等级下的灵动

每一个朝代贵族女性的服饰，往往都代表了这个朝代最高超的丝织技艺。明清两代命妇的朝服、礼服、燕居服等也都有其搭配穿着的发冠、金银玉饰等饰品。尽管穿着上有着近乎严苛的等级划分，但是都阻挡不了女子天生爱美的心。通过明代流传下来的帝后画像可见霞帔、大衫、鞠衣、翟冠的搭配方式，以此彰显封建服制的森严等级。但是到了清代，许多命妇画像中都可看到各式纹饰凤冠霞帔的搭配，服饰制度的放宽，使得女子有了更丰富的心思装饰服装。清代彩帨定级工作是在乾隆朝中后期确定，在此之前的清宫女子画像上多以素色彩帨为主，但如蹀躞带一般的坠饰装饰却多种多样，所坠宝石也是五颜六色。

服饰等级的确定象征着一个封建国家社会阶层的明显划分，本意是为了突出统治阶级的特权性，但发展到封建社会的后期，却变成了束缚工匠艺术发挥的阻碍。众多贵族女子为了在装扮上体现个人意志，只得在法律规定的前提下，转而专注服装的小型佩饰。“行步则有环佩声”的贵族女子们将越来越多的装饰技艺施于其上。霞帔与彩帨在或则宽袍大袖、或则敷领长靴的沉重礼服之上，为其增添了一丝跳跃的灵动之感。

秦代服装初步研究

张卫星[1]

摘　要：秦代服装研究是古代服饰研究的重要组成部分，秦代服装的主要材料基础是秦始皇陵发现的各类模拟服饰材料。在近年新发现考古材料的支持下，基本上可建立起秦代服装的分类，并在此基础上对秦代服装形成体系性认识。本研究拟结合前人的研究成果，以客观的形制结构为基础、辅以功能等因素，初步形成秦代服装的体系性认识，以期在此基础上从不同层面深化对秦代服装的认识。

关键词：秦代；服装；形制结构

The Preliminary Study Clothing in Dynasty

Abstract: The study of clothing in the Qin dynasty is an important part of the study of ancient Chinese costume. The main material basis of clothing in the Qin dynasty is various materials of simulated clothing found in the Emperor Qin's Terra Cotta Warriors. With the support of the newly discovered archaeological materials in recent years, the classification of clothing in the Qin dynasty can be established basically. And on this basis, the clothing in the Qin dynasty can form a systematic cognition. This study intends to conibine the previous research results, and be based on the objective shape & structure of clothing and supplemented by functional factors research. Finally, a preliminary systematic understanding of clothing in the Qin dynasty was formed, so as to deepen the understanding of clothing in the Qin dynasty from different levels.

Key Words: Qin dynasty; clothing ; shape and structure of clothing

[1] 张卫星，秦始皇帝陵博物院研究馆员。

服装是人类文明进步的产物，也标志着文明的程度与阶段。在这个层面上服装的研究具有重要意义。目前对古代服装研究的总体模式首先是对材料的认识与整理，其次是对古代服装形制的梳理与复原，最后在此基础上从服装角度对古代社会、思想观念等内容进行研究。此外，服装研究还需要结合服装的专业知识。服装是人工制作的产物，它的构成有款式、材质、色彩、纹饰等诸要素。[1]服装之间的差别首先是整体形制的差别，其次是以上各类构成要素的差别。

史前时期人类已开始制作服装，其形制结构虽不可考，但从民族学材料可判断史前的服装相对来说粗糙简单，这也是人类文明早期阶段所有人工制品的共有特征；中华民族进入文明的高级阶段后，服制也与社会生活的诸多方面一样，逐步受到等级观念的影响，形成了具有礼制意义的章服制度，这一制度从夏商时期出现、发展到西周逐步完善并确立起来。[2]东周时期，随着经济的发展、社会结构的变化以及思想的多元等，服饰制度进入到一个关键的发展阶段。秦代服装总体上是前期服装的延续，但秦代又是处于数百年的政治、思想、经济、文化变化之后的新时代，又加之秦代自身的时代特点，在服饰上形成了自己的体系与制度，影响了汉代及后期的服装制度的发展演变。

由于目前发现的秦代服饰考古材料有限，且集中于陶俑所表现的服饰，目前的研究还没有完全建立起秦代服饰的体系及与之相关的总体认识；学术界对秦代服装的研究也仅局限于表面材料，难以纳入古代服装研究的体系认知中去。从秦代服装的研究史看，虽然前期有一些研究成果与学术积累，但是囿于材料的限制，取得的收获与认识还是有一定的局限性，与秦代服饰考古材料基础有一定的差距。以目前的材料来判断，秦代服饰总体特点有三：一是突出其功能性；二是对传统服饰的继承与变革；三是秦代服饰集中体现出了时代共同的审美特征。但是这些特点需要从

[1] 高春明．中国古代平民的服装［M］．北京：商务印书馆国际有限公司，1997：6.

[2] 朱和平．中国服饰史稿［M］．郑州：中州古籍出版社，2001:34.

更广泛的材料去印证。本文拟从考古材料入手，对秦代服装的体系、分类及总体特征作初步研究，以利于服装研究的整体进步。

一、秦代服制考古材料与文献基础

（一）考古材料

目前发现的秦代服饰相关材料主要见于秦始皇陵出土各类陶俑所着的雕塑衣服。目前发现的俑的形象有兵马俑三个坑约1200件陶俑[❶]、上焦村马厩坑出土的坐姿俑[❷]、K0007出土的跪姿俑和平坐姿俑[❸]、K9901出土的陶俑（原称为百戏俑）[❹]、K0006出土的陶俑（原称为文官俑）[❺]、曲尺形马厩坑出土的立姿俑（原称为圉人俑）、铜车马两乘车的驭手俑等。

图1 睡虎地M9出土木俑

明确为秦代的人物形象还有睡虎地M9出土的木俑（图1）。[❻]近年西安高陵也出土有小型泥塑陶俑。[❼]咸阳塔儿坡出土了两件战国晚期的骑马俑(图2)，[❽]其服饰也可作为秦代服饰的参照物。

图2 塔儿坡出土陶俑

❶ 陕西省考古研究所，始皇陵秦俑坑考古发掘队.秦始皇陵兵马俑坑一号坑发掘报告1974~1984（上）［M］.北京：文物出版社，1988：46-141.

❷ 秦俑考古队.秦始皇陵东侧马厩坑钻探清理简报［J］.考古与文物,1980（4）：31-41.

❸ 陕西省考古研究所，秦始皇兵马俑博物馆.秦始皇陵园K0007陪葬坑发掘简报［J］.文物，2005（6）：17-38.

❹ 陕西省考古研究所，秦始皇兵马俑博物馆.秦始皇帝陵园考古报告（1999）［M］.北京：科学出版社，2000：166-195.

❺ 始皇陵考古队.秦始皇陵园K0006陪葬坑第一次发掘简报［J］.文物，2002（3）：15-20.

❻ 湖北孝感地区第二期亦工亦农文物考古训练班.湖北云梦睡虎地十一座秦墓发掘简报［J］.文物，1976（9）：51-62.

❼ 陕西省考古研究院内部材料。

❽ 咸阳市文物考古研究所.塔儿坡秦墓［M］.西安：三秦出版社，1998：125-128.

（二）传统文献记载

《史记·秦始皇本纪》记述了秦代服制的最重要规定，“始皇推终始五德之传，以为周得火德，秦代周德，从所不胜……衣服旄旌节旗皆上黑。数以六为纪，符、法冠皆六寸，而舆六尺，六尺为步，乘六马。”

秦朝皇室的服装由御府来管理，《史记·李斯赵高列传》载公子高欲奔，恐收族，乃上书曰：“先帝无恙时，臣入则赐食，出则乘舆。御府之衣，臣得赐之；中厩之宝马，臣得赐之。臣当从死而不能，为人子不孝，为人臣不忠。不忠者无名以立于世，臣请从死，愿葬郦山之足。唯上幸哀怜之。”

一般平民之衣可能被称为素服。《史记·李斯赵高列传》载：二世乃出居望夷之宫。留三日，赵高诈诏卫士，令士皆素服持兵内乡，入告二世曰：“山东群盗兵大至！”二世上观而见之，恐惧。

至于一些秦代衣服的专有称谓，可参照战国时代的文献记载。如《史记·范雎列传》记载有袍，（须贾）曰：“范叔一寒如此哉！”乃取其一绨袍以赐之。《索隐》曰：“绨，厚缯也”。《正义》曰：“今之粗袍”。

（三）出土文献记载

1.里耶秦简的记载[1]

缭可年可廿五岁，长可六尺八寸，赤色，多发，未产须，衣络袍一、络单胡衣一，操具弩二、丝弦四、矢二百、钜剑一、米一石☒Ⅱ 8-439+8-519+8-537[2]

□□殴，课过程，士五（伍）阳里静以当襦绔（裤）。8-1356

2. 云梦睡虎地 4 号墓出土木牍家书[3]

木牍甲（11 号木牍正面）：“二月辛巳，黑夫、惊敢再拜问中，母毋恙也？黑夫、惊毋恙也。前日黑夫与惊别，今复会矣。黑夫寄益就书曰：遗黑夫钱，母操夏衣来。今书节（即）到，母视安陆丝布贱，可以为禅裙襦者，母必为之，令与钱偕来。其丝布贵，徒（以）钱来，黑夫自以布此。黑夫等直佐淮阳，攻反城久，伤未可智（知）也，愿母遗黑夫用勿少。书到皆为报，报必言相家爵来未来，告黑夫其未来状。闻

---

[1] 陈伟．里耶秦简牍校释：第一卷［M］．武汉：武汉大学出版社，2012：149-315.

[2] 8-439+8-519+8-537，指该文书由 8-439、8-519、8-537 三枚残简拼合而成，内容主要记录缭可逃亡的时间、方式，以及缭可的体貌特征、随身携带物资等信息。

[3] 湖北孝感地区第二期亦工亦农文物考古训练班．湖北云梦睡虎地十一座秦墓发掘简报［J］．文物，1976（9）:51-62.

王得苟得？”

木牍乙（6号木牍正面）：“惊敢大心问衷，母得毋恙也？家室外内同……以衷，母力毋恙也？与从军，与黑夫居，皆毋恙也……钱衣，愿母幸遣钱五、六百，布谨善者毋下二丈五尺……用垣柏钱矣，室弗遗，即死矣，急急急。惊多问新负（妇）、嫛皆得毋恙也？新负勉力视瞻两老。”

3. 睡虎地11号秦墓秦简❶

睡虎地11号秦墓出土了大量的简牍，其中有不少关于服饰的记载。分别见于《秦律十八种》《封珍式》以及《日书》。在《金布律》中规定了囚徒的衣衫领用有夏衣、冬衣，囚犯寒冷时还可穿褐衣，分别有大褐、中褐、小褐，所用的丝有分量的差别，也有价值的差别。囚衣的供给有地方与中央官府的差别。囚衣的颜色也有具体规定，如城旦舂衣赤衣，帽为赤（毡）。

在《封诊式》中几个案例描述了秦代服装的具体细节。在一起盗马案中查到的嫌疑人着缇覆（複）衣，帛里莽缘领亵（袖），及履。在另一起案件的案发现场，死者着布禅裙、襦各一，死者的襦北（背）及中衽□污血，西有漆秦綦履一两。在另一个案例中作为重要财物的衣服被盗，这件衣服是二月新做的，其具体用料为“五十尺、帛里，丝絮五斤（装），缪缯五尺缘及殿（纯）。”

在秦朝，制作一件新衣在一个家庭中是一件大事，《日书》记载一些吉日利制衣、裁衣，也有一些日子不利，为衣之忌日。具体细节分别见于《甲种》《乙种》。

二、秦代服饰的研究基础

目前关于秦代服饰的研究多见于对秦俑服饰的研究。袁仲一先生将秦俑表现出的秦代服装分为上衣和下衣两大类，上衣有长襦、短襦、褶服、中衣、汗衣等；下衣有裤、行滕、絮衣等。王学理先生分析秦俑服装的总体特征有三：一是交领、曲裾、右衽，束带；二是厚实，端庄，直袖；三是长度一般及膝，还有长短、狭复、掩法深浅的差异。总体上为“袍”。❷此外，党焕英还讨论过秦俑的服饰分类以及与礼仪的问题；❸陈春辉讨论过秦俑上衣的用布情况。❹

❶ 湖北孝感地区第二期亦工亦农文物考古训练班．湖北云梦睡虎地十一号秦墓发掘简报［J］．文物，1976（6）:1-10.

❷ 王学理．秦俑专题研究［M］．西安：三秦出版社，1994:485.

❸ 党焕英．秦俑服饰及其礼仪初探［J］．文博，1995（3）:75-79.

❹ 陈春辉．秦兵俑上衣的一般情况［J］．文博，1993（5）：76-78.

近年王煊就如何建立秦代服饰的体系进行了相关讨论。[1]同时在既往关于古代服饰的研究中，也形成了一些关于服饰的体系性认识，其主要工作就是建立起各种标准的分类系统。总括这些分类，除了将一些服饰简单地按男女性别分类或按军戎、常服等使用功能分类外，还形成了按礼制、功能、形态、结构等的分类体系。

按功能、礼仪、用途的分类，主要是出于文献记载中礼仪因素的考虑。因为在礼仪为标志的宗法社会里，服装除了蔽体保暖的实用功能外，还有身份、等级标志的作用。礼仪的场合不同，服装的名称也不同。朝会时的服装称为朝服，天子的朝服称为弁服，诸侯的朝服则称为元端素裳之服；祭祀时的服装称为冕服；而贵族女性之服称为六服。周锡保的研究将西周时期的服装分为冕服、弁服、元端、深衣、袍等。[2]此外还有一些学者将西周的章服分为冕服、弁服、一般服装、命妇之服、屐以及军服。[3]

由于实物材料出土较少，基于文献记载的分析便成为研究的重要基础。如有些学者结合文献区分出早期的服饰有深衣（直裾单衣、曲裾深衣）、襦裙、胡服等。[4]特别是对文献中深衣问题的研究蔚为大观。深衣应该是衣与裳相连属的服装。《礼记·深衣》郑注："名曰深衣者，谓连衣裳而纯之采者。"深衣，有南、北方文化在形式上的差异，有人认为它是南方兴起的[5]，或者由南向北流传。

从文献记载的服装结构出发，也有学者认为服装总体上可分为衣裳分属制和上下连属制两类衣服。衣裳分属制的服装上衣和下裳分别制作和穿着；而上下连属制的服装分为两种情况：一种是上衣下裳分裁但是合缝，这种衣服以《礼记》所记的"深衣"为典型，另一种是上下通裁，文献中多称之为"袍"。

结合以前的研究，个人以为秦代服装目前基于文献记载，建立以功能、名谓为标准的分类体系尚有困难。因而本研究主张以客观的形制结构为基础、辅以功能等因素，先建立秦代服装的初步体系，据此再进一步丰富其类型、功能、色彩与纹样等内容，从而逐步建立起秦代服装的体系性研究。

三、秦代服装的初步分类

总体上除甲胄之外的秦代常服，以部位、形态及功能来判断，秦代服装可分为

---

❶ 王煊 . 关于秦俑服饰分类体系的探讨［J］. 秦陵秦俑研究动态，2018（1）：8–15.

❷ 周锡保 . 中国古代服饰史［M］. 北京：中国戏剧出版社，1984：47.

❸ 朱和平 . 中国服饰史稿［M］. 郑州：中州古籍出版社，2001：38.

❹ 戴钦祥 . 中国古代服饰［M］. 北京：商务印书馆，1998：30.

❺ 赵超 . 云想衣裳：中国服饰的考古文物研究［M］. 成都：四川人民出版社，2004：65.

四大类，分别为上衣、下裳；此外上有头衣或者首服（冠、帽、帻、巾等），下有鞋或者足衣（履、袜等）。

（一）头衣

秦俑的头衣总体上分为冠、帽、帻、巾等。

冠，见于铜车马驭手俑、兵马俑中高级别的军吏俑、K0006文官俑等。目前发现的冠从形态上暂可分为鹖冠、板冠（不一定为其原名谓）。鹖冠，见铜车马驭手俑、兵马俑中的高级别军吏俑（图3）。板冠，见于K0006文官俑和兵马俑中的一般军吏俑、车左俑、驭手俑等（图4）。

图3　鹖冠

图4　板冠

帽，见于兵马俑中的军士俑、骑兵俑和 K0007 出土陶俑，有系带型和非系带型，帽体分圆形和椭圆形两类（图 5）。

图5　帽

帻，见于兵马俑中的一般军士俑（图 6）。

图6　帻

（二）上衣

此处的上衣为统称，指罩住上体及下肢的衣服。文献中的深衣可能是这种形制，单独的上衣也是这种形制。

从目前发现的文物看，秦代的上衣有长短之分。分别以身体的腰、膝、踝等部位为标准来衡量，可分为以下三型上衣。

（1）一型上衣：衣长及腰。见于K9901出土陶俑，目前已发现两件（图7）。

图7　一型上衣

（2）二型上衣：衣长过腰不到膝。见于兵马俑二号坑出土的骑兵俑、跪射俑，一部分军吏俑所着外衣也为此型上衣，部分军士俑也着此型上衣。此类上衣总体上交领右衽，但是裾有大小之分，其中骑兵俑的裾相对较小，并且位于身体右前侧，而不是右后侧（图8）。

图8　二型上衣

（3）三型上衣：衣长过膝不到踝。主要见于K0006、K0007、曲尺形马厩坑、上焦村马厩坑中的陶俑、兵马俑中的一般军士俑及铜车马驭手俑。总体上交领右衽，裾较长，并在身体的左后侧伸出一个燕尾（图9）。

图9　三型上衣

（三）下裳

秦代的下裳，目前发现明确的类型有裙、裤。

1. 裙

裙不仅是现代概念也是古代下裳的典型形态，是覆盖于臀部与腿部的服装，但是没有分裆及裤腿结构。目前发现全部为不过膝的短裙。结构上总体为单幅的裹裙。目前主要见于K9901出土陶俑（图10）。

2. 裤

现代的裤装是覆盖于臀部与腿部的服装，与裙相比有裆、裤腿的结构。目前发现的陶俑所着的裤有长短之分。古代情况类似，但是在合体、曲线、宽松度等方面有所不同。秦代裤的基本结构已定型，具备了明显的分裆、双筒的结构特征。以膝为界定部位可分为两类裤。

（1）短裤：长度不过膝。主要见于K9901出土陶俑及兵马俑二号坑出土跪射俑的所穿裤。

（2）长裤：长度过膝，甚至及踝。主要见于兵马俑所着裤、K0007 陶俑所着裤（图 11）。

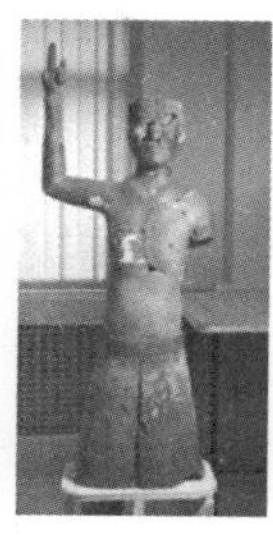

图10　裙

图11　长裤

（四）履

可分为方头船形结构及圆头靴形两种结构。见于除穿袜的 K0007 陶俑、光脚的 K9901 陶俑之外的陶俑（图 12）。

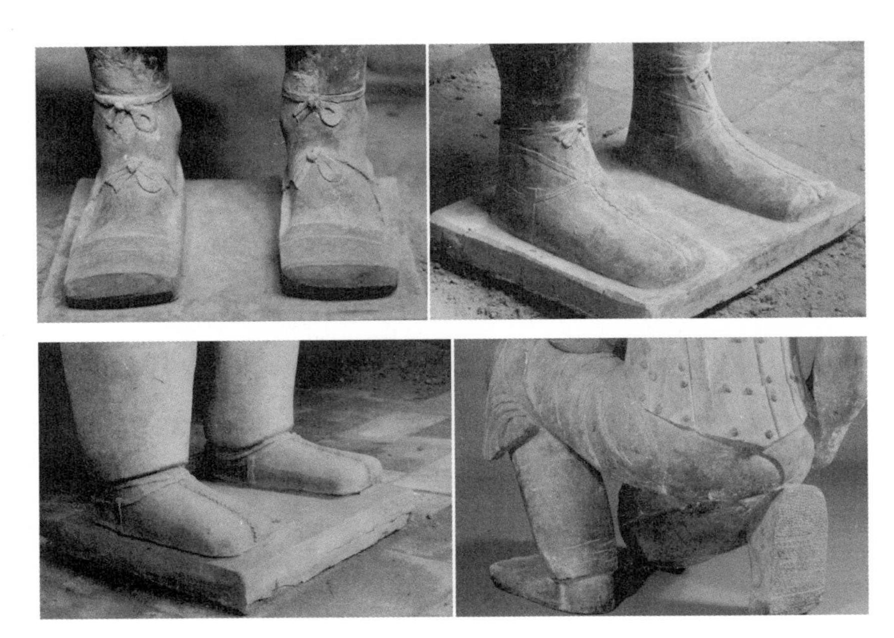

图12　履

表1　出土各类陶俑所着的雕塑衣服类型

品类		首服					上衣			下裳				履	
		无	鹖冠	板冠	帽	帻	短	中	长	短裙	长裙	短裤	长裤	方形	圆形
兵马俑坑	军吏俑		●	●				●	●				●	●	
	驭手			●					●				●	●	
	车士	●		●					●				●	●	
	军士	●						●	●			●	●	●	●
	骑兵				●			●					●		●
	立射					●			●			●			●
	跪射					●		●				●		●	
上焦村	跽坐俑	●							●						
K0007	跽姿俑				●				●				●		

续表

品类		首服					上衣			下裳				履	
		无	鹖冠	板冠	帽	帻	短	中	长	短裙	长裙	短裤	长裤	方形	圆形
	坐姿俑				●				●				●		
K9901	2012 四号俑	●					●			●					
	2012 三号俑	●								●					
	2012 一号俑	●										●			
	1999 二号俑										●				
曲尺形马厩坑	圉人俑			●					●				●		●
K0006	文官俑			●					●				●	●	
铜车马坑	驭手俑		●						●				●	●	

四、余论及问题探讨

秦代服装上承先秦、下启两汉，是早期服装发展过程中的一个重要环节。以上只是从总体角度初步构建了秦代服装体系，在这个体系中还有很多内容需要填充，以便完善体系的结构细部。目前材料中更多的是秦代陶俑所表现的服装，其优势是直观，而且社会等级较高，内容丰富；但是这类材料的劣势也不言而喻，与真正的实物相比只是模型，而且这批陶俑具有丧葬属性，不具备广泛性。秦代服装的研究不能局限于仅对秦俑服装的研究。

在与文献的互证问题上，本研究主张以服装形态为切入点，而非以文献记载的服制入手。但是作为系统的研究，结合各类文献还原秦代服装是应该努力的方向。但是秦代短祚，文献记载有限，与有大量文献、实物较为丰富的先秦、两汉相比，秦代服制的研究难度较大。但是，秦代服制研究的重要性与其前后的先秦、两汉时期同样重要。

周代以来，服制是社会礼仪制度的重要内容。在实用性之外，服装也是社会等级体系的标志。而战国以来，旧的社会体系瓦解，新的社会秩序逐步产生。在激烈竞争中胜出的秦国，其社会要素与新建立的秩序是相适应的。秦代的服装以及服制是社会体系的重要部分。目前的研究尚未关注到这一点，但是好在秦代的陶俑有等级之分，据之可分析一些服制等级方面的内容。但是与更宏大的二十等爵制相协调的服制研究则是更复杂的问题。

秦代的服装和其他社会要素一样，不仅有其功能性的一面，还蕴含了更多的社会性内容，成为社会体系的标志物。始皇统一天下后，推五德终始学说，衣服等以黑为上，开启了服制与社会整体观念相联系的先河。虽然目前的发现尚不能印证历史上这一重大变革，但是通过对秦代服装进一步的探讨，可望逐步解决这一重大问题。

生态美学视域下的瑶族服饰[1]

赵玉[2] 魏娜[3] 孔凡栋[4]

摘　要：采用文献查阅方法，结合生态美学要义从自然属性、文化属性以及社会属性方面分析瑶族服饰的面料、色彩、文化和社会功能等部分所蕴含的生态审美观。认为瑶族服饰中“平等”“共生”“亲自然”的生态美学观念彰显出了瑶族人们的生存智慧，也符合了当代生态美学和社会发展的需求。

关键词：瑶族服饰；头饰；生态美学；文化传承

The Costumes of Yao Minority in the Perspective of Ecological Aesthetics

Zhao Yu&Wei Na&Kong Fandong

Abstract: Combining with the essence of ecological aesthetics,this paper analyzed the fabric, color, culture and social function of the Yao costumes from the aspects of natural attributes, cultural attributes and social attributes by application of literature. The concept of ecological aesthetics in Yao costumes —— “equality”“symbiosis”and “close to nature” shows the survival wisdom of Yao people, and also conforms the demand of contemporary ecological aesthetics and social development.

Key Words: the costumes of Yao minority; headwear; ecological aesthetics; cultural heritage

---

[1] 本文为国家社科基金艺术青年学项目“中国发型发饰史”（15CG161）的阶段性研究成果。

[2] 赵玉，烟台南山学院工学院助教，硕士，研究方向为服装设计与服饰文化。

[3] 魏娜，青岛大学应用技术学院讲师，博士，主要研究方向为中国传统服装服饰研究。

[4] 孔凡栋，通讯作者，青岛大学纺织服装学院副教授，硕士研究生导师，主要研究方向为服饰文化与现代服装科技。

瑶族服饰是瑶族人民在长期的迁徙与劳作中创造的物质文化财富。穿戴在瑶族人身上的绚丽多彩的瑶族服饰实现了瑶族无文字条件下的文化传承，以其外在的独特形式和内含文化的独立性延续至今。

目前，有关瑶族服饰的研究主要集中在以下几点：第一，瑶族服饰的源头、内涵及其变迁的研究；第二，服饰元素在现代服装、家纺等方面的设计及应用研究；第三，从符号学视角，对瑶族服饰进行的深度解析；第四，瑶族服饰审美特征的研究。其中，对于瑶族服饰审美特征的研究主要是从色彩、图案、意蕴、审美意识、审美观照等方面进行的探析，而从生态美学角度对其解释的较少。因此，立足于生态美学内质，对瑶族服饰进行进一步的研究，窥探瑶族服饰在自然属性、文化属性、社会属性中的精神价值。

一、生态美学概念

当代社会，经济快速发展，人类生存的自然环境却在很大程度上受到了现代工业的威胁，“生态”概念也逐渐引起各个领域的高度关注。在美学方面，生态美学作为美学的一个重要分支，是“以生态哲学为基础，把生态的观念引入美学研究的一种理论尝试。”[1]它结合了中国古代“天人合一”、辩证统一的思想，试图通过人与自然之间的“主体间性”效果，构建一种新的人与自然的关系。“生态美学研究的视角是人类生态系统中人与生态环境（包括自然生态、社会生态）构成的审美关系以及人与自身的生态审美过程，其核心是人与生态环境达到动态平衡的统一。”[2]关于生态审美观的实质概念，学术界也提出了不同的论述，在《生态美学》一书中，徐恒醇先生提出：“生态审美观正是以生态为价值取向而形成的审美意识，它体现

[1] 宋薇．生态美学、环境美学与自然美学辨析［J］．晋阳学刊，2011（4）：53.

[2] 银建军．生态美学研究［M］．北京：中国广播电视出版社，2005：41.

了人对自然的依存和人与自然的生命的关联。”[1]并且，“在这里，审美不是主体情感的外化或投射，而是审美主体的心灵与审美对象生命价值的融合。”[2]也就是在精神层面的和谐与统一。曾繁仁在《生态文明时代的美学探索与对话》中对生态审美观的内质进行重新审视，他认为生态审美观应包含两种解释，“狭义的解释就仅仅局限在人与自然的审美关系，人和自然要达到亲和关系；广义的解释指建立人与自然生态的审美关系延伸到人与社会、人与人之间的审美关系。”[3]这在理论上扩展、深入了生态审美观的横纵度。

二、瑶族服饰的生态美学内质

瑶族是个典型的山地民族，所谓“岭南无山不有瑶”。其支系众多，学术界一般把它分为盘瑶、布努瑶、平地瑶、茶山瑶四大支系。社会心理、语言以及风俗习惯等方面的差异反映在服饰上便是风格迥异、各具特色。但从本质上，瑶族服饰在自然属性、文化属性、社会属性中均诠释了生态美学的精神内涵。

（一）自然属性：取材健康

服饰的自然属性是服饰本身的物质特性，它包括服饰的材质构成、染色成分等方面，是构成服装实体的基本物质性成分。瑶族坐落的村寨竹木叠翠、风景优美，其服饰自产生之时就深深打上了人与自然和谐相处的生态美学烙印。在世代的生存活动中积淀了极为稳定而又丰富的服饰文化，形成了瑶族独特的审美理想和造物观念。

从面料选择上，瑶族先民服饰便多以棉麻为主要原料。瑶族所处的南方山区，土质疏松、水源充足，亚热带气候为种植棉麻提供了得天独厚的条件，棉麻的舒适天然无刺激性也更加满足了瑶族对于服饰的功能性需要。另外，桑蚕丝也是织物的重要材料来源。绣制图案纹样的花线也大都是从瑶族人自己养殖的桑蚕中拉丝加工制作而成。更为重要的是，人们并不将桑蚕丝的固有黄色加工漂白，而是保存其天然本色，再配合浸染其他色彩，如白裤瑶的黄色桑蚕布。当下，化纤面料虽占据相当地位，但在重大的传统节日中，人们还是认同祖先传承下的面料，在他们看来，这是天然的馈赠，着其面料制成的服饰既是对本土文化的认同，也是对自然的尊敬

[1] 徐恒醇．生态美学［M］．西安：陕西人民教育出版社，2000：9-136.

[2] 同[1]

[3] 曾繁仁．生态文明时代的美学探索与对话［M］．济南：山东大学出版社，2013:97.

和感恩。其次，面料的染色也具有自然性。汉代，瑶族人就已经用植物染色，《后汉书·南蛮西南夷列传》中记载花瑶祖先“织绩木皮，染以草实，好五色衣服。”[1]瑶族服饰底色之黑色、深蓝色、青色多是由野生的蓝靛草染色而成。蓝靛因含有大量的蓝靛素而可以浸染织物，期间则需要通过浸泡蓝叶、混合搅拌汁液与石灰、阴干、汁水浸泡织物等一系列工序，控制染色遍数还可以得到不同明度的色彩。从医学上讲，蓝靛染料成分中具有清热消炎功效，因此，用蓝靛印染的瑶族衣服也被看作是“药物衣服”。另外，慈竹叶和芝麻秆烧成黑灰，再舂细可煮染银灰色、铁灰色布；煮山黄连的茎秆切片，用其汁水可染制黄色布；红蓝草的茎叶熬制浸染可形成红色布，这些也均有清热、杀菌等功能，更加满足了身处深山密林、瘴气弥漫、遭受毒虫叮咬的瑶族人对于健康的补给需要。服饰的染料采选于自然植物，其后序的制料印染加工工序对环境也未造成任何伤害。取之自然又服务生活，绿色环保又安全，服饰、人、自然环境之间形成了和谐的生态关系，展现了瑶族人的生存智慧。

（二）文化属性：赋意自然

瑶族服饰上的各种文化符号与瑶族人的思想情感、观念信仰形成了形而下之器与形而上之道之间良好的生态关系。在色彩方面，山清水秀的栖息地使得服色也免不了流露出大自然气息。人们将自然五色中的红、黄、白排列，并以白色勾边来描绘彩虹，红色丝线绣制圆点表示太阳，家乡的大山和水的波浪也在红、黄、绿线之中隐约显现等。服饰色彩融入了瑶族人对自然的理解和心理感受，渗透了这个民族繁衍生息的环境因子，以较为朴实的装饰方法去顺应自然、融入自然。其次，作为携带和传递文化基因的最重要载体——服饰图案，也折射出了瑶人的生态和谐意识。服饰的装饰纹样多取自朝夕相伴的自然环境。植物纹样的莲花、桂花、大树、姜花、苦菜花、八角花；动物纹样的乌龟、鱼、飞鸟、蝙蝠；星辰山河纹样的万字纹、太阳纹、山纹、水纹等都蕴含着深刻意义。盘瑶妇女歌颂太阳光芒普照大地、能量滋养生命，便在头饰上绣制太阳花。在瑶族人的观念意识中，人若在地下说话，天上也能听得见，天、人之间存有感应。人们将树纹绣制于服装、融入挑花带中，是因为“树因地面耸起，直指天空，可寄托人类与天相接，与日相交的理想和愿望。”[2]地上的人们沿着撑天树，可以爬到天上去玩。“瑶人选择树作为生命的支撑，让天

[1] 范晔．后汉书［M］．北京：团结出版社，1996:829.

[2] 段圣君，龚忠玲．瑶族服饰图案的自然崇拜与生态环保意识［J］．飞天，2010（20）:73-74.

地沟通，万物就有了繁衍的空间。”[1]民间有“青蛙鸣叫，天可降雨”之说，蛙纹便绣制于服装上，以期风调雨顺。禾苗纹绣于衣襟和裤腿上，因为他们认为谷物有灵魂，会带来农业大丰收。“人公仔”蕴含后代延续之意，便将“人公仔”与禾苗纹一起绣于衣襟之上。在服饰造型方面，瑶族将自己视为神犬“盘瓠”的后人，所以服饰多模仿狗的形状。据《后汉书·南蛮传》记载瑶族先民衣裳“制裁皆有尾饰。”[2]，现代的瑶族盛装中仍有佩戴“狗头帽”、穿“狗尾衫”、装扮“犬尾饰”习俗。此外，瑶族人还崇鸟，因鸟可辨别方向，并能播报季节的信息，人们可以以此来耕种农作物。所以经常装扮成鸟的造型参加一些活动。男子头部插上锦鸡毛或者白翎，女子更为夸张，头戴凤头银钗、胸佩鸟形银饰、身披色泽艳丽的飘带，形如彩鸟。“这些自然的规律，让瑶人感到是上天赐给他们的恩泽，故他们就用自己的行动来珍惜自然中的一切，爱护自然中的一切，以此来回报自然。”[3]此外，在瑶族人眼中，鸟可为死去的人的亡灵指引道路，回到灵魂之地。所以以鸟来装扮自身，在某种程度上更加流露出人对鸟的崇敬和信仰。

“人对于生态美的体验，是在主体的参与和主体对于生态环境的依存中取得的，它体现了人的内在和谐和外在和谐的统一。”[4]在人参与的过程中，山川河流、日月星辰、虫鱼花鸟在瑶族人看来都具有灵性。人以“亲自然”的姿态与周围的环境相处，而非自然界的掌控者。这些被人化了的生命也不单纯是一种传统意义所界定的“审美客体”，人与物处于同等地位，在互相交融过程中，两者生命的关联性在人以尊敬自然取代疏远自然中还得以强化。服饰上那些传达自然性的文化象征性符号是瑶族人追求生活目标的重要工具，而瑶族服饰中的功利性更使得瑶族服饰与瑶族人的生活之间形成了良好的生态关系。对于瑶族人来说，他们既是文化的创造者又是文化的受益者，两个身份的重合使瑶族服饰文化功能的发挥变得更直接、自然。瑶族服饰的文化功能本身就是服务于人们的生活，为人们祈福、辟邪、保平安。而重合后的身份对服饰文化功利性的追求，又为瑶族服饰争取更大的生存空间和创新发展提供了合理的理由。人们在借鉴大自然的生命有机体满足瑶族人美的视觉感受之时，人与服饰文化所具有的功利性之间也形成了一种相对稳定的依存关系，即人依赖自然文化而成长，自然文化又由于人的依赖而持续

[1] 段圣君，龚忠玲．瑶族服饰图案的自然崇拜与生态环保意识［J］．飞天，2010（20）:73-74.
[2] 曾繁仁．生态文明时代的美学探索与对话［M］．济南：山东大学出版社，2013:97.
[3] 同[1].
[4] 宋薇．生态美学、环境美学与自然美学辨析［J］．晋阳学刊，2011（4）：53.

传承、发展。

（三）社会属性：秩序之美

瑶族服饰的社会属性主要指服饰的指示功能，这里的社会属性强调的是服饰信息在社会活动运行中对于人与人之间的社会关系的协调作用。“每一个民族的服饰，既是一种符号，又是一个自成一体的符号系统。”[1]瑶族服饰的指示性在规范社会秩序方面也具有重要的社会价值。首先，瑶族服饰可以指示支系类别。白裤瑶、青裤瑶、红瑶、花瑶、黑瑶、靛蓝瑶等是依据服饰色彩划分的；板瑶、顶板瑶、尖头瑶、角瑶、笠头瑶，均是以头饰样式来划分。不同地区的服饰也各不同，这便于他人根据自己的服饰信息作出准确判断，如在乳源瑶族自治县内部，“西边瑶”为了区别身份，成年男子在腰间常别上椭圆形状的、样式大小类似于现代女性的“小荷包”，即“过山带”，这样就可以和“东边瑶”划分界限，两支系内部也互不通婚。在“东边瑶”内部，营坑、大寮坑一带女子戴山字型高帽，游溪、必备一带妇女戴帆型高帽，东田片一带则戴帽角短及耳朵的僧帽型高帽，头饰极具地域性特征，外人依照服饰便可判断出来自哪个地区，以免混淆。其次，服饰区分标识着装者性别。瑶族男子头扎青布，女子则椎髻簪饰修饰；男子上身穿对襟短衣、下着长裤、束腰，女子却身着绣花服、衣缘缝以宽彩边、下穿镶边绣花百褶裙、系色彩艳丽的花腰带、脚穿绣花尖鞋。山子瑶的男孩帽子上不绣花，而绣垂直的波纹型图案，女孩子则绣葵花式图案，男女孩童的帽子不能随便换戴。瑶族服饰也携带年龄信息。男子五岁之前剃发，戴小爪帽，大一点之时便开始蓄发，十五六岁后便开始包头巾。而女子十五六岁之前戴小花帽，之后开始换帽为头帕，女子一旦包上头帕，意味着可以恋爱。越城岭猫儿山北麓的盘瑶女子多戴三角帽，不同的颜色代表不同年龄：老年妇女为青色，中年妇女为蓝色，青年女子则为花色。广西金秀一带茶山瑶族女童的头饰是以三片刻有图案、呈三角锅灶形的银板置于头上，用红色织带捆绑的“锅灶头”；少女头饰是以三块平条形的银板并列排于头顶，再以一块白布为装饰物的“曼头”；成年女子、老年妇女的头饰则是用三块两头翘起、形似牛角的银板顶戴于头上的“高头”。这样，当年轻男女在寻求意中人之时便可依据服饰来辨别年龄。此外，瑶族新娘出嫁时，如果提前得知路上会遇到迎面而来的别的新娘，则会事先准备一些适用的围裙、衣布、手镯、银簪等，在与其相互道贺后取出作为礼物交换、以示友好，

[1] 戴平．中国民族服饰文化研究［M］．上海：上海人民出版社，2000：277.

也会因为相信“手巾遮脸不宽心”的风俗而不用手帕，以防引起麻烦和矛盾。可见，服饰将瑶族直系内部的关系纳入了有序的生态轨道中。

瑶族人民“通过服饰，在与他族交际时自我认同瑶族身份，在族内交际时自我认同作数族群。”[1]但在重大节日或婚礼中，他们“穿着各自的服装，族群及其个体不会因服饰或语言差异而产生隔阂，大有‘天下瑶族是一家’的感觉。”[2]文化的差异性区分了瑶族各支系，文化的一致性却又将瑶族紧紧地联系在一起，在这种“一张一翕”的动态关系中也形成了一个服饰文化生态发展系统。

三、结语

中国古代向来推崇“天人合一”的造物观念，强调物与人的和谐关系。而当下，导致人与自然二元对立局面的主体性哲学讲究人对自然的主宰地位，在社会的前进和发展中越来越暴露出了关乎人类生存的更多生态环境问题。当我们透过生态美学的镜像，观察瑶族服饰，不难感受到人与自然之间所迸发的和谐之声，瑶族人民不忘自然对于自身生存所需的天然馈赠，以一种参与者的身份融入人与环境之中，取之自然的同时，又在服饰的一针一线中表达自身对于自然的崇敬。服饰被赋予符号性功能，也因此更加促进了社会之和谐，这便是广义上的生态美。对于瑶族服饰在发展过程中所形成的“和谐”生态审美观念不仅构成了瑶族服饰文化的重要精神价值，同时也符合了当代生态美学和社会发展的要求。

---

❶ 戴平．中国民族服饰文化研究［M］．上海：上海人民出版社，2000：277.

❷ 同❶.